普通高等教育智能飞行器系列教材

推进系统智能测试技术
（上册）

刘存良　郭涛　石小江　张志博　白晓辉　编著

科学出版社

北　京

内 容 简 介

本书第1章介绍了测试系统的基本构成和功能、智能测试系统的特征、测试系统的静态特性和动态特性;第2章详细介绍了航空动力系统传感技术,包括温度测量、压力测量、流量测量、应变测量以及振动测量;第3章介绍了人工智能技术的内涵与外延,包括智能优化算法、机器学习以及神经网络与深度学习;第4章和第5章分别介绍了智能传感技术以及测试系统智能化技术。

本书面向航空航天推进系统介绍了现有测试的基本原理和方法,并融入人工智能介绍了智能传感技术和测试系统智能化技术,可作为飞行器动力工程、能源动力工程、机械工程、电气工程以及自动化等专业的教材,也可供相关专业的教师、科研人员以及工程技术人员参考。

图书在版编目(CIP)数据

推进系统智能测试技术. 上册 / 刘存良等编著.
北京:科学出版社, 2024.12. -- (普通高等教育智能飞行器系列教材). -- ISBN 978-7-03-080620-8

Ⅰ. V23;V43

中国国家版本馆 CIP 数据核字第2024XS3620号

责任编辑:胡文治 / 责任校对:谭宏宇
责任印制:黄晓鸣 / 封面设计:迷底书装

科学出版社 出版
北京东黄城根北街16号
邮政编码:100717
http://www.sciencep.com

南京展望文化发展有限公司排版
苏州市越洋印刷有限公司印刷
科学出版社发行 各地新华书店经销

*

2024年12月第 一 版　开本:787×1092　1/16
2024年12月第一次印刷　印张:14 1/2
字数:335 000
定价:80.00元
(如有印装质量问题,我社负责调换)

"普通高等教育智能飞行器系列教材"编委会

主　　任：岳晓奎

副 主 任：张艳宁　陈　勇

委　　员（按姓氏笔画排序）：

　　万方义　王明明　王　鹏　王靖宇　石小江

　　师　鹏　吕　翔　朱学平　刘存良　孙瑾秋

　　李永波　李亚超　李军智　杨智春　肖　洪

　　沈　飞　沈　勇　宋笔锋　张　弘　张　迪

　　张　栋　孟中杰　卿新林　郭建国　曹建峰

　　龚春林

序

　　星河瑰丽，宇宙浩瀚。从辽阔的天空到广袤的宇宙，人类对飞行、对未知的探索从未停歇。一路走来，探索的路上充满了好奇、勇气和创新。航空航天技术广泛融入了人类生活，成为了推动社会发展、提升国家竞争力的关键力量。面向"航空强国""航天强国"的战略需求，如何培养优秀的拔尖人才十分关键。

　　"普通高等教育智能飞行器系列教材"的编写是一项非常具有前瞻性和战略意义的工作，旨在适应新时代航空航天领域与智能技术融合发展的趋势，发挥教材在人才培养中的关键作用，牵引带动航空航天领域的核心课程、实践项目、高水平教学团队建设，与新兴智能领域接轨，革新传统航空航天专业学科，加快培养航空航天领域新时代卓越工程科技人才。

　　该系列教材坚持目标导向、问题导向和效果导向，按照"国防军工精神铸魂、智能飞行器领域优势高校共融、校企协同共建、高层次人才最新科研成果进教材"的思路，构建"工程单位提需求创背景、学校筑基础拔创新、协同提升质量"的教材建设新机制，联合国内航空航天领域著名高校和科研院所成体系规划和建设。系列教材建设团队成功入选了教育部"战略性新兴领域'十四五'高等教育教材体系建设团队"。

　　在教材建设过程中，持续深化国防军工特色文化内涵，建立了智能航空航天专业知识和课程思政育人同向同行的教材体系；以系列教材的校企共建模式为牵引，全面带动校企课程、实践实训基地建设，加大实验实践设计内容，将实际工程案例纳入教材，指导学生解决实际工程问题、增强动手能力，打通"从专业理论知识到工程实际应用问题解决方案、再到产品落地"的卓越工程师人才培养全流程，有力推动了航空航天教育体系的革新与升级。

　　希望该系列教材的出版，能够全面引领和促进我国智能飞行器领域的人才培养工作，为该领域的发展注入新的动力和活力，为我国国防科技和航空航天事业发展作出重要贡献！

中国工程院院士　侯晓

前　言

测试是反映事物真实运行状态和特征的最直接方式,也是定量描述事物状态变化的最有效手段。随着社会生产力的不断提高和科学技术的飞速发展,测量科学也从最初对长度、时间、重量等单位的简单获取发展成了多学科、多领域的交叉性学科。特别是对于航空航天领域的推进系统来说,高温、高压、高速的极端环境下更需要通过先进的测试技术来获取推进系统及其部件的运行状态。而且,它们的运行状态需要通过很多参数来感知,温度、压力、流量、应变、振动等都是需要获取的基本参数。

测试技术的发展一方面是由于高精度测量数据获取的迫切需求,另一方面是由于测试科学、测量技术、测量设备的更新迭代。例如,材料科学的进步从根本上提升了测量设备的性能;光学测温方法的引入从技术上改变了测温方式;这些变革都促使测量技术得到了空前的发展。随着人工智能学科的兴起和快速发展,基于大数据的训练算法为测试技术提供了另一个思路,即智能测试。而且,智能测试也被认为可以很好地弥补现有传统测试显现出的不足,面对愈加复杂的被测目标,它可以更精确、快速、及时地获取被测目标的信息。因此,本书以传统测试方法的基本理论和手段为基础,详细介绍了人工智能技术和智能优化算法,并阐述了智能传感技术和测试系统智能化的构成和功能特点,力求使读者全面了解和掌握测试与智能测试的理论和方法。

本书共 5 章。

第 1 章绪论,1.1 节详细介绍了测试系统的基本构成和功能以及智能测试系统的特征;1.2 节介绍了测试系统的静态特性,包括测试系统的静态指标、测量误差的分析与处理以及系统误差的特点;1.3 节介绍了测试系统的动态特性,包括信号的表示与分类、信号的时域统计分析、信号的频谱分析以及测试系统具体的动态特性。本章详细说明了测试系统的组成和特点,为后续测试技术的介绍提供基础。

第 2 章航空动力系统传感技术,依次介绍了温度测量、压力测量、流量测量、应变测量和振动测量的基本原理、测量手段、测量仪表及其要求等内容,应变测量和振动测量部分还提到了旋转件的测量,力求使读者全面了解传统测量的方法原理、测试手段、技术特点以及未来发展瓶颈。

第 3 章人工智能技术,3.1 节介绍了人工智能技术的内涵与外延、人工智能的研究目标及内容;3.2 节~3.4 节介绍了智能优化算法(包括遗传算法、粒子群优化算法、蚁群优化算法)、机器学习、神经网络与深度学习的概念、原理、起源和发展历程,使读者能通过原理的讲述理解其潜在的应用前景。

第 4 章智能传感技术,4.1 节介绍了传统传感系统的构成和智能传感系统的功能和特点;4.2 节通过介绍非线性校正、自校准、自补偿和自诊断等方法讨论传感技术智能化的实现方法;4.3 节介绍了神经网络技术、优化技术、支持向量机技术等人工智能技术在智能传感中的应用。

第 5 章测试系统智能化技术，5.1 节介绍了自动测试系统构成和特点；5.2 节详细介绍了测试总线技术，包括总线的基本概念、总线的通信方式以及智能无线数据传输技术；5.3 节介绍了虚拟仪器技术的概念，包括虚拟仪器的硬件系统和软件系统；5.4 节介绍了多传感器信息融合的原理、结构模型以及融合过程，有利于读者深入了解测试系统智能化和智能测试的概念及方法。

本书共分 5 章，刘存良教授编写了第 1 章、第 2 章 2.1 节和第 3 章；郭涛高级工程师编写了第 2 章 2.2 节~2.5 节；中国航发四川燃气涡轮研究院石小江研究员编写了第 4 章；中国航发沈阳发动机研究所张志博研究员编写了第 5 章 5.1 节和 5.2 节；白晓辉副教授编写了第 5 章 5.3 节和 5.4 节。中国航发湖南动力机械研究所陈文彬高级工程师对第 5 章 5.3 节和 5.4 节的编写提供了大力支持。

由于作者水平有限，书中不足之处在所难免，恳请广大读者批评指正。

作　者

2024 年 9 月

目 录

序
前言

第 1 章　绪论 ··· 1
1.1　测试和智能测试 ·· 3
　1.1.1　测试系统的基本构成和功能 ··· 3
　1.1.2　智能测试系统的特征 ··· 4
1.2　测试系统的静态特性 ·· 5
　1.2.1　测试系统的静态指标 ··· 5
　1.2.2　测量误差分析与处理 ··· 8
　1.2.3　系统误差 ··· 15
1.3　测试系统的动态特性 ·· 17
　1.3.1　信号的表示与分类 ·· 17
　1.3.2　信号的时域统计分析 ··· 19
　1.3.3　信号的频谱分析 ··· 20
　1.3.4　测试系统的动态特性 ··· 26
1.4　小结 ·· 32
思考题 ··· 32
参考文献 ·· 33

第 2 章　航空动力系统传感技术 ··· 34
2.1　温度测量 ·· 34
　2.1.1　温标 ·· 34
　2.1.2　热电偶温度计 ··· 35
　2.1.3　电阻温度计 ·· 46
　2.1.4　辐射温度计 ·· 50
　2.1.5　温度探针 ··· 54
2.2　压力测量 ·· 58
　2.2.1　压力指示仪表 ··· 58
　2.2.2　压力传感器和变送器 ··· 64
　2.2.3　压力探针 ··· 69
2.3　流量测量 ·· 77
　2.3.1　速度式流量测量 ··· 78

2.3.2 差压流量测量 88
2.3.3 质量流量测量 94
2.4 应变测量 96
2.4.1 应变计与应变仪 96
2.4.2 非常温应变测量 104
2.4.3 旋转件应变测量 108
2.5 振动测量 112
2.5.1 振动传感器 112
2.5.2 激振器 118
2.5.3 频率和振型测量 119
2.5.4 旋转件振动测量 127
2.6 小结 128
思考题 129
参考文献 131

第3章 人工智能技术 132
3.1 人工智能的内涵与外延 132
3.1.1 人工智能算法的发展 132
3.1.2 人工智能的定义 134
3.1.3 人工智能研究目标及内容 135
3.2 智能优化算法 135
3.2.1 智能优化算法与人工智能 135
3.2.2 遗传算法 136
3.2.3 粒子群优化算法 140
3.2.4 蚁群优化算法 143
3.3 机器学习 144
3.3.1 机器学习的起源发展 144
3.3.2 机器学习概述 145
3.3.3 机器学习的分类与方法 147
3.4 神经网络与深度学习 154
3.4.1 神经网络与深度学习发展及应用领域 155
3.4.2 神经网络 156
3.4.3 深度学习 157
3.5 小结 162
思考题 162
参考文献 163

第4章 智能传感技术 164
4.1 传统传感与智能传感 164
4.1.1 传统传感系统的构成 164

  4.1.2 智能传感的功能和特点 165
4.2 传感技术智能化的实现方法 167
  4.2.1 非线性校正 167
  4.2.2 自校准 170
  4.2.3 自补偿 173
  4.2.4 自诊断 176
4.3 人工智能技术在传感中的应用 177
  4.3.1 神经网络技术在智能传感中的应用 177
  4.3.2 机器学习在智能传感中的应用 180
4.4 小结 182
思考题 183
参考文献 183

第5章　测试系统智能化技术 184

5.1 自动测试系统 184
  5.1.1 自动测试系统的构成 184
  5.1.2 计算机测试系统 186
5.2 测试总线技术 195
  5.2.1 总线的基本概念 195
  5.2.2 总线的通信方式 196
  5.2.3 测控系统内部总线 197
  5.2.4 测控系统外部总线 201
  5.2.5 无线数据传输 203
5.3 虚拟仪器技术 207
  5.3.1 概述 207
  5.3.2 虚拟仪器的硬件系统 209
  5.3.3 虚拟仪器的软件系统 210
5.4 多传感器信息融合 212
  5.4.1 信息融合基本原理 212
  5.4.2 多传感器信息融合结构模型 214
  5.4.3 多传感器信息融合过程 216
5.5 小结 219
思考题 220
参考文献 220

第 1 章

绪 论

【学习要点】

- 掌握：① 测试系统的基本构成和功能；② 智能测试系统的特征；③ 测试系统的静态和动态指标。
- 熟悉：① 智能测试技术的发展现状；② 信号的表示与分类、时域统计分析与频谱分析。
- 了解：① 航空智能测试技术的未来发展方向；② 限制智能技术发展的瓶颈问题和技术。

测试是用于定量描述事物状态的变化和特征最直接的方式,它依赖特定的科学技术手段和方法,来获取研究对象状态或属性的信息。测试技术包含测量技术和试验技术。测量是获取研究对象特征参数的具体过程,即借助专门的仪器、设备、仪表,基于合理的实验设计方案、可靠的实验测试手段和完善的信号分析与数据处理工具获得有用的信息,从而为工程实践与原理的准确理解、客观认识、检查维修、故障排除等提供依据[1-3]。

测量科学伴随着人类文明的进步和社会生产力的提高而产生并得到了发展,至今已成为涉及多学科、多领域的交叉性学科。最早的测量包括对长度、时间、重量等单位的获取。秦始皇统一六国之后的一个伟大功绩便是统一了度量衡,而此举也促成了中华大地上各民族的大融合和文化的认同,可见测量对促进社会发展与文化进步的重要性。随着热力机械、空天动力、信息技术等产业和科学技术的飞速发展,测量参数的范围也被不断拓展。例如,在热工测量中,除了压力、温度等热力状态参数的测量,通常还涉及与热力生产过程密切相关的多个参数的测量,比如位移、流量、振动、烟气成分以及转速等。在热力发电厂中,通过对热工参数进行测量,可以及时反映热力设备的运行状况,为操作人员提供操作依据,同时为热工自动化装置提供准确、及时的信号,并为运行的经济性计算提供数据。因此,热工测量不仅是确保热力设备安全和经济运行及实现自动化的必要条件,也是经济管理、环境保护以及研究新型热力生产系统和设备的重要手段。

人们使用专门的工具进行测量时,通过实验和对实验数据进行分析计算,将被测量的 X_0 以测量单位 U 的倍数 μ 显示出来的过程表示如下,如式(1-1)所示：

$$X_0 = \mu U \tag{1-1}$$

式(1-1)称为测量的基本方程式。式中,数值化后的比值 μ 称为被测量的真实数值,简称为真值。然而,测量方法不够完善、测量工具不够精确、观测者的主观性和周围环境的影响以及所取数值化后的比值位数有限等因素,都会引起测量误差,所以被测量的真值 μ 只能近似地等于其测量值 X_0,即式(1-1)变为式(1-2):

$$X_0 \approx \mu U \tag{1-2}$$

在一般的测量活动过程中,测量误差总是存在而无法避免的。因此,测量工作者的任务之一就是要尽量使误差减小。除采用合理的测量方案和方法以外,还必须遵循统一且明确的测量标准。国际计量大会上确定了长度、质量、时间、电流、热力学温度、物质的量和发光强度7个基本单位,并基于这7个基本单位组成的系统建立了国际单位制(International System of Units,SI),而不可直接获得的其他物理量也经过基本单位衍生被纳入到了SI标准,成为社会秩序正常发展和正当竞争的有力保障。最后,所采用的测量工具须具有足够的精度。综上,测量方法、测量单位及测量工具成为测量过程的三要素[4-6]。

航空发动机及其工作原理

推进系统(尤其是航空发动机)目前被认为是最复杂、精密的热力机械之一,它彰显了一个国家在科技实力、工业能力和综合国力方面的重要水平。推进系统研制周期长、耗费资源多、协调匹配难,为验证其总体设计方案、总体结构、各部件系统的气动性能、冷却性能等,测试已经成为发动机研发过程中每个环节的核心技术。只有通过测试,才能快速且精确地获知发动机的状态和性能。发现技术质量问题和存在的安全隐患,也只有通过测试获取实际运行参数才能验证发动机的各项性能技术指标是否满足设计要求。

推进系统的性能测试可分为零部件性能测试、系统测试、核心机性能测试以及整机性能测试等,归纳到各个相关学科领域,测试又可以细分为气动性能、燃烧行为、传热特性、机械传动、结构强度和材料性能等方面,测试种类繁多,涉及流体力学、热力学、结构力学、材料力学、光电学、电子信息等多学科。然而,数据的获取和处理又与信号传感、信号处理与传输、数据采集处理、数据分析等技术密切相关。推进系统在实际工作状态下的环境极端恶劣,例如,燃气温度高(目前已超过2 000 K)、流量大(气流速度超过600 m/s),并带有旋转部件的极高转速和振动,而且实际测量又存在测量空间狭小、测量点数多、测量量程大等困难,给测试技术及其精度带来了严苛的挑战。虽然通过数值仿真方法可以在一定程度上揭示部件和整机的性能及其影响规律,但对于实际过程的复杂性和使用状态的差异性,只有通过先进的测试技术获取重要的性能参数才能给出较为合理和准确的依据[7]。

航空发动机性能测试技术

鉴于推进系统测试的极端性、复杂性和先进性,现有的测试技术无论从测试手段、测试原理到测试能力都很难满足推进系统测试的需求。因此,基于人工智能和神经网络的测试技术便得到了行业专家的关注,即所谓的"智能"测试,其目的就是要智能仪器和设备拥有与人类大脑一样的识别、判断、推理和决策能力,从而克服传统测试系统的限制,并实现更加准确、可靠和快速的测试任务。这对加快未来高性能发动机的研制进程、推动无人武器系统和装备的发展、促进智能测试体系的完善都具有重要的意义。

本章将详细介绍测试系统的基本构成、智能测试系统的特征、测试系统的静态特性及静态指标、测试系统的动态特性及动态指标等。

1.1 测试和智能测试

1.1.1 测试系统的基本构成和功能

测试系统是为完成特定测试任务而设计的一个人工实体系统,其目标是快速、准确和真实地将被测对象的相关信息呈现给测试者,从而减少对被测对象观察的不确定性。从功能模块的组成来看,一般的测试系统主要包括三个部分:传感器、传输与记录系统以及数据处理与再现系统,如图1-1所示。

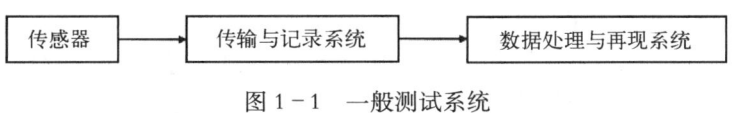

图1-1 一般测试系统

传感器是测试系统中的关键组件,它将被测参数转换为便于传输和处理的电信号,如压电加速度传感器、光电位移传感器以及温度和压力复合传感器等。传输与记录系统的任务是对传感器输出的电信号进行无失真处理,包括适配、调理、变换和传输给测试者。此外,这个系统还具备信息采集和存储能力,并能与数据处理系统进行接口通信,如电荷放大器、存储示波器和瞬态波形记录仪等。数据处理与再现系统负责对测试结果进行分类处理和特性提取,并按照测试者的要求将被测对象的受力、运动和状态信息重新展示出来。在现代测试系统中,这些数据处理和再现工作通常由计算机和谱分析仪等设备完成。

从测试系统的基本技术特性来说,测试系统需要具备输入功能模块、信号传输功能模块和输出功能模块,其关系框图如图1-2所示。

图1-2 测试系统关系图

测试系统中信号的输入和输出与系统特性密切相关。测试系统对输入信号进行激励,并在信号传输过程中进行干扰,则输出信号必然受到测试系统特性的影响,输出信号质量有可能下降甚至失真[8]。因此,为正确描述被测量的特点,提高测试精度,测试系统的传递特性及匹配成了重要的条件。图1-2中的表示方法具有高度概括性,可以描述不同的测量系统和功能组件。其中,$x(t)$表示输入量;$y(t)$表示输出量;$h(t)$表示系统的传递特性,一般为可反映某组件物理性能的数学表达关系。当该关系可以表征任意测量系统时,输入量和输出量之间的数学关系就成了主要关心的问题。因此,首先可以对这个"黑盒子"赋予某种确定的数学关系,探究这种关系下输入量与输出量的变化规律,进而确定测量系统的特征。一般情况下,如果已知输入量$x(t)$和系统的传递特性$h(t)$,则可以获得相应的输出量$y(t)$;如果已知系统的传递特性$h(t)$并获得了输出量$y(t)$,则可以推断出输入量$x(t)$;如果有办法测得输入量$x(t)$和输出量$y(t)$,也可以推断测量系统的传递特性$h(t)$。

理想的测量系统应具备单值且确定的输入-输出关系,其中,输出与输入呈线性关系是最理想的。在进行静态测量时,这种线性关系虽然是期望的,但并非必要,因为可以使用曲线校正或输出补偿技术进行非线性修正。然而,在动态测量中,测量系统本身应尽量保持线性。这不仅是因为目前只有线性系统可以被较为完善地进行数学处理与分析,同时也是因为在动态测试中进行非线性校正仍存在一定的困难。然而,在实际应用中,一些测量系统在较大的工作范围内可能无法完全保持线性。因此,只能在一定的工作范围内和在一定的误差允许范围内进行线性处理[9]。

随着科学技术的飞速发展和更新迭代,现有传统的测试系统也逐渐显现出了不足:

(1) 传统测试系统还未加入反馈环节,测试过程均需要依靠人力进行操作和监控,测试效率较低,而且缺乏自我调节机制和调整能力,更没有自适应能力,测试效果很大程度上都取决于操作者的熟练程度和工作态度,人为因素误差也不可避免;

(2) 测试系统缺乏识别、判断、推理和决策能力,这导致每次测试的可重复性较差,此外,一旦出现失误或操作错误,可能会引发其他问题,进而带来额外的误差;

(3) 测试系统缺乏知识积累和应用知识的能力,不能积累经验、自我完善或避免重复错误,因此,难以满足高性能要求,难以更准确、更真实地反映被测对象的情况。

另外,现代测试系统面临的被测目标变得越来越复杂,同时还要求测试系统能够更加精确、快速和及时地获取被测系统的信息。

1.1.2 智能测试系统的特征

智能测试系统是指具有智能功能的测试系统,它不仅具备一般测试系统的获取信息、信息传输、存储、处理与再现等功能,还包含了智能化特性,能够更有效地处理复杂的测试任务。图1-3展示了智能测试系统的原理以及基本结构。

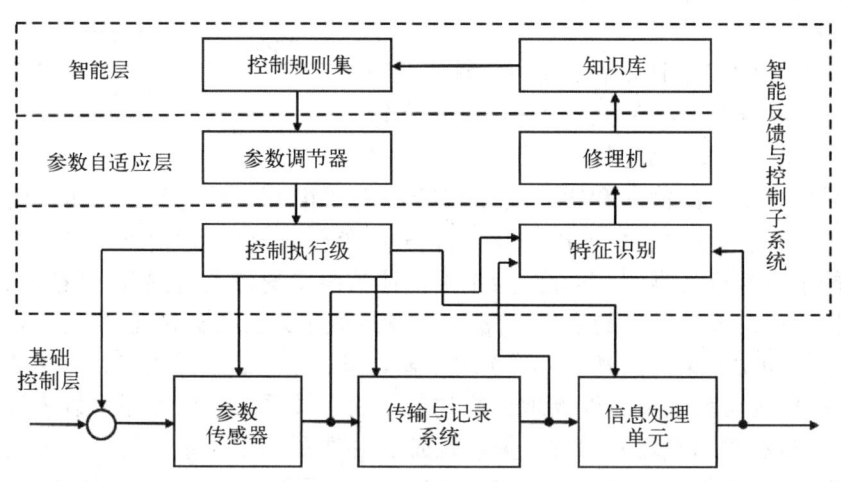

图1-3 智能测试系统的原理以及基本结构

智能测试系统及其特征

智能测试系统包含一个智能反馈与控制子系统,由人工神经元网络作为基本单元而构成,决定了系统的结构再组织、控制决策和运行状态。在传统测试系统的输入-输出模型的基础上,智能测试系统能够在知识积累和自组织、自适应控制中调整和修正,它具有学习能力,能够积累知识,不断完善自己,从而能够更准确、更可靠、更快速地完成测试任务[10,11]。

随着对热动力机械性能参数的要求不断提高,现代测试系统面对的被测对象也越来越复杂。测试系统的信息感知和数据获取能力的需求更强烈,不仅要求测试系统更精确,还需要满足全周期、多维度、多尺度、多姿态、多工况下实现及时获取测量数据和信息,并做出反馈,具体表现如下。

(1) 被测对象从研制、检测、排故、维修、保障的全周期智能监测。例如,航空装备需要智能监测传感器、非接触测试、维修智能测试系统、结构损伤智能检测系统等方法和设备进行检测,涉及全周期的智能监测和检测。

(2) 智能测试系统还能应对被测系统和参数的多维性、随机性、突变性以及参数之间的强关联性。例如,在火炮发射过程中,智能测试系统能够准确测量并综合分析膛内压力与温度参数、炮身与弹体的运动与姿态参数等,提供更全面和准确的测试结果。

(3) 智能测试系统还需要应对多重时间尺度与复杂的信息结构,以及海量数据。例如,在战略导弹飞行试验中,需要测试几百种参数,并从大量数据中快速筛选出有用数据,这就需要系统具备学习和辨识能力,以便高效处理和分析复杂信息。

(4) 智能测试系统还需要应对高强度、多样性和随机性的环境干扰。例如,军舰上的强电磁干扰、弹药发射时的高过载等因素会产生强烈的耦合影响,这种耦合影响下很难分析各因素的影响程度。

人工智能、现代控制理论和微电子学等理论和技术的高速发展,为在极端环境和复杂对象下进行智能测试提供了有利条件。这些前沿技术的进步也推动了相关智能测试技术的不断探索和发展。综上,智能测试系统一般具有以下基本功能。

1. 识别和判断能力

智能测试系统能够对已获数据和信息进行分析,在给定输入条件的基础上,通过对输出参数进行分析,获得测试系统的对应关系,掌握被测对象的特点,基于大量的数据可以进行初步的识别与判断。

2. 学习和推理能力

学习能力是智能测试系统的重要能力。学习能力即在获取知识、积累知识的基础上,借助人工智能对数据信息进行学习,掌握被测对象的特点及其数据传输规律,能够灵活应用这些知识进行推理,从而实现快速反馈和判断。

3. 预测和自适应能力

神经网络的可塑性、自适应性和自组织性使其具备出色的自学能力,而其分布式存储方式又赋予了它良好的鲁棒性和容错性。因此,将人工神经网络应用于测试系统,是实现系统自学习能力的重要途径,基于海量的测试数据进行学习和推理,在后续测量过程中能够对偏差结果进行发现和预测,对于局部的故障可以自身修复或重新组织并消除故障,根据被测信号的变化实时地调整测试系统参数。

1.2 测试系统的静态特性

1.2.1 测试系统的静态指标

测试系统的静态指标包括准确度、灵敏度、稳定性、非线性度、重复性和误差等。在测量的过程中,所用仪器仪表的准确度、环境条件的变化、测量方法的不完善以及测量人员的心理素质等因素都会导致测量结果与被测真值之间的差异,这称为测量误差[12]。因此,只有在得到测量结果的同时,指出测量误差的范围,所获得的测量结果才是有意义的。因此,准确的测量需要通过分析测量误差的规律,找出消除或减少误差的方法,科学地表达测量结果。同时,仍需合理地设计测量系统。

1. 准确度

1) 准确度和误差

准确度是表征仪表指示值接近被测量真值程度的质量指标。

(1) 仪表的示值误差:它表征仪表各个指示值的准确程度,常用示值的绝对误差 δ 和示值的相对误差 r 表示。若仪表指示值为 x,被测参数的真值为 μ,则

$$\delta = x - \mu \tag{1-3}$$

$$r = \frac{x - \mu}{|\mu|} \times 100\% = \frac{\delta}{|\mu|} \times 100\% \approx \frac{\delta}{|x|} \times 100\% \tag{1-4}$$

示值的绝对误差 δ 与被测量有一致的量纲,并有正负值之分,正值表示偏大,负值表示偏小。绝对误差是表示误差的基本形式,但相对误差更能说明示值的准确程度。例如,用温度计测量一个炉子的内部温度,温度计指示值为 1 645℃,炉子真实温度为 1 650℃。示值绝对误差为 -5℃,示值相对误差为 $(-5/1\,650) \times 100\% \approx -0.3\%$;如果测量 100℃ 的水,虽然同样有 -5℃ 的示值绝对误差,但其示值相对误差则为 -5%,显然后者示值相对误差大得多,说明后者的测量准确度要低得多。通常,被测量的真值是不知道的,在校验仪表时,常用标准仪表的示值、理论值或定义值等所谓约定真值来代替真值。

(2) 仪表的基本误差:在规定的工作条件下,仪表量程范围内各示值误差中绝对值的最大者称为仪表的基本误差 δ_j,即

$$\delta_j = \pm |\delta_{\max}|_A \tag{1-5}$$

式中,$|\delta_{\max}|_A$ 为具有量程 A 的仪表,仪表量程 A 即仪表测量上限与测量下限之差。

(3) 仪表的引用误差 r_y:是由于除基本误差以外的其他包括环境因素引起的其他误差,定义为仪表示值的绝对误差 δ 与该仪表量程 A 之比,并以百分数表示之,即

$$r_y = \frac{\delta}{A} \times 100\% \tag{1-6}$$

仪表量程范围内,示值误差中绝对误差值最大者与量程之比(以百分数表示)称为最大引用误差 $r_{y,\max}$,即

$$r_{y,\max} = \frac{\pm |\delta_{\max}|_A}{A} \times 100\% \tag{1-7}$$

这样,按引用误差的形式,仪表的基本误差也可用最大引用误差来表示[13]。

为了保证质量,对各类仪表规定了其基本误差不能超过的限值,称为该类仪表的允许误差,用 δ_{yu} 或 r_{yu} 表示。因此,允许误差也是一种极限误差。

2) 准确度等级

仪表最大引用误差表示的允许误差 r_{yu} 去掉百分号后余下的数字称为该仪表的准确度等级。工业仪表准确度等级的国家标准系列有 0.1、0.2、0.5、1.0、1.5、2.5、4 七个等级，仪表刻度盘上应标明该仪表的准确度等级。例如，一个测量范围为 0~10 MPa 的弹簧管压力计经校验，在其量程上各点处最大示值绝对误差 $\delta_{max} = \pm 0.14$ MPa，则该表的最大引用误差：

$$r_{y,max} = \frac{\pm 0.14}{10-0} \times 100\% = \pm 1.4\% \qquad (1-8)$$

若该仪表的准确度等级为 1.5 级，则该仪表的允许误差 $r_{yu} = \pm 1.5\%$。因为该仪表的基本误差未超过允许误差，故认为该仪表的准确度合格。值得注意的是，目前关于仪表准确度等级的规定尚未统一。

2. 灵敏度

仪表在到达稳态后，输出增量与输入增量之比称为仪表的灵敏度，即仪表"输入-输出"特性的斜率。若仪表具有线性特性，则量程各处的灵敏度为常数。仪表的灵敏度应与仪表的准确度相适应，即灵敏度的高低只需保证仪表示值的最后一位比允许误差 δ_{yu} 略小即可。灵敏度过低会降低仪表的准确度，过高会增大仪表的重复性误差。

3. 漂移

在保持工作条件和输入信号恒定的情况下，经过一段较长时间后输出信号的变化称为漂移。漂移的大小通常以仪表量程各点上输出最大变化量与量程之比的百分比表示。引起漂移现象的原因主要包括电子元件的老化、弹性元件的时效、节流元件的磨损以及热电偶或热电阻的污染和变质等。

此外，在被测量快速变化时，常常会由于仪表的输出信号跟不上被测量的变化而产生动态误差，动态误差的大小则与仪表的动态特性及被测量的变化规律有关。常用感受件的时间常数与仪表的全行程时间来表征仪表的动态特性。

4. 线性度

理想状态下，仪表应具有线性的"输入-输出"特性曲线。然而，由于各种影响因素，实际特性曲线通常会偏离线性关系。线性度指的就是实际特性曲线与理想线性曲线之间最大偏差的绝对值与量程之比的百分数。

5. 回差

当输入量增加和减少时，对于相同的输入量，两个对应输出值的平均值之间的最大差异与量程之比的百分数被称为仪表的回差。回差通常是由于仪表运动系统中的摩擦、间隙以及弹性元件的弹性滞后等因素所导致的。

6. 重复性和重复性误差

在相同工作条件下，多次按同一方向输入全量程范围内的信号时，对相同输入信号值的输出一致性称为重复性。重复性误差指的是在全量程范围内且相同工作条件下，对同一输入值进行多次连续测量时，输出值两极限之间的代数差或均方根误差。该误差通常以量程的百分比来表示[14]。

7. 分辨率

引起仪表示值可察觉的最小变动所需的输入信号的变化,称为仪表的分辨率,也称灵敏限或鉴别阈。输入信号变化不致引起示值可察觉的最小变动的有限区间与量程之比的百分数,称为仪表的不灵敏区或死区。为保证测量准确,一般规定不灵敏区不应大于允许误差的 1/3。

1.2.2 测量误差分析与处理

1. 测量误差的分类

根据测量误差性质的不同,一般将测量误差分为粗大误差、系统误差、随机误差三类,以便于对它们采取不同的误差处理方法[15]。

1）粗大误差

指测量结果出现显著偏差,导致该次测量无效的误差。这种误差所导致的测量值称为坏值。导致粗大误差的原因可能包括测量者的主观疏忽、操作失误以及测量系统的突发故障等。这类误差应尽量避免,如存在这类误差也应将其测量值剔除,甚至应重新测量。如已离开测量现场,则应根据统计检验方法来判别是否存在粗大误差,以决定是否剔除坏值[16]。

2）系统误差

在同一条件下,多次测量同一被测量,绝对值和符号保持不变或按某种确定规律变化的误差称为系统误差。前者称为恒值系统误差,后者称为变值系统误差。系统误差通常是由于测量仪表本身的原因,或仪表使用不当,以及测量环境条件发生较大改变等原因引起的。测量系统和测量条件不变时,增加重复测量次数并不能减少系统误差。例如,仪表的零位如未调整好就可能会引起恒值系统误差。这种系统误差可通过校验仪表,求得与该误差数值相等、符号相反的校正值,加到测量值上来消除。当仪表使用时的环境温度与校验时不同,并且是变化的,这就会引起变值系统误差。变值系统误差可以通过实验方法找出产生误差的原因及变化规律,通过改善测量条件进行消除,也可通过计算或在仪表上附加补偿装置加以校正[17]。

3）随机误差

在相同的条件下对同一被测量做多次测量时,误差的绝对值和符号以不可预测的方式变动,这种误差被称为随机误差。这类误差对于单个测量值来说,误差的大小和正负都是不确定的,但对于一系列重复测量值来说,误差的分布服从统计规律。随机误差大多是由测量过程中大量彼此独立的微小因素对测量影响的综合结果造成的。这些因素通常是测量者所不知道的,或者因其变化过分微小而无法加以严格控制的,如气温和电源电压的微小波动、气流的微小改变等[18]。值得指出,随机误差与系统误差之间并无绝对的界限,在一定条件下可以相互转化。随着测量条件的改善和测量人员认识水平的提高,一些过去视为随机误差的测量误差可能分离出来作为系统误差处理。

2. 随机误差的分布规律

1）随机误差的正态分布性质

随机误差对于单个测量值来说,其大小和正负都是不可预知的。然而,对于在相同条件下对同一被测量进行的一系列重复测量(测量值为 $x_1, x_2, \cdots, x_n$),其误差分布会服从统计规律。通过对大量测量值进行观察和统计分析,可以了解随机误差分布的性质。

(1) 有界性:绝对值很大的误差出现的概率几乎为零。这意味着在实际测量中,随机误差的绝对值不会超过某个特定的界限值。

(2) 单峰性:绝对值小的误差出现的概率大于绝对值大的误差出现的概率。

(3) 对称性:出现绝对值相等但符号相反的随机误差的可能性是相同的。

(4) 抵偿性:当测量次数 n 不断增加而趋于无穷多时,全部随机误差 δ_i 的平均值趋于零,即

$$\lim_{n\to\infty}\frac{1}{n}\sum_{i=1}^{n}\delta_i = \lim_{n\to\infty}\frac{1}{n}\sum_{i=1}^{n}(x_i-\mu) = 0 \tag{1-9}$$

也就是说,此时测量的平均值趋于被测量的真值 μ。

随机误差是由许多相互独立的小因素对测量结果综合影响所引起的。根据概率论中的中心极限定理,若重复测量的次数足够多,测量值的随机误差概率密度分布将服从正态分布。分布密度函数可用下式表示:

$$f(\delta) = \frac{1}{\sigma\sqrt{2\pi}}\exp\left(-\frac{\delta^2}{2\sigma^2}\right) \tag{1-10}$$

和

$$f(x) = \frac{1}{\sigma\sqrt{2\pi}}\exp\left(-\frac{(x-\mu)^2}{2\sigma^2}\right) \tag{1-11}$$

式中,x 为测量值;δ 为随机误差;μ 为真值,即概率论中的数学期望;σ 为标准误差或均方根误差,它是概率论中方差 σ^2 的平方根,表征了测量值在真值周围的离散程度。μ 和 σ 是决定正态分布的两个特征参数,它们确定之后,正态分布也就完全确定了。

应该指出,在测量技术中,还存在着一些非正态分布的随机误差,如模拟显示仪表估计末位读数的误差,数字仪表的量化误差等均可看作服从均匀分布;圆形分度盘偏心产生的读数误差属于反正弦分布,等等,但绝大多数测量误差服从正态分布。

2) 正态分布的概率运算

根据随机误差的正态分布特性,利用概率运算可以估算随机误差 δ 的数值范围,或者计算误差在某个区间 $[a,b]$ 内出现的概率。由于随机误差具有对称性,通常使用对称区间 $[-a,a]$。随机误差 δ 在 $[-a,a]$ 区间内出现的概率可以通过概率积分来求得:

$$P\{-a\leq\delta\leq a\} = P\{|\delta|\leq a\} = 2\int_0^a \frac{1}{\sigma\sqrt{2\pi}}\exp\left(-\frac{\delta^2}{2\sigma^2}\right)d\delta \tag{1-12}$$

因为 σ 反映了测量的精密度,故常以 σ 的若干倍数来描述对称区间,即令

$$a = z\sigma \tag{1-13}$$

式中,z 为置信系数,$z = a/\sigma$。

将 z 代入式(1-12),得

$$P\{|\delta|\leq a\} = P\{|\delta|\leq z\sigma\} = P\left\{\left|\frac{\delta}{\sigma}\right|\leq z\right\} = \frac{2}{\sqrt{2\pi}}\int_0^z \exp\left(-\frac{z^2}{2}\right)dz = \Phi(z)$$

$$\tag{1-14}$$

通常称 $\Phi(z)$ 为误差函数,其部分数值如表 1-1 所示。区间 $[-a, a]$ 或 $[-z\sigma, z\sigma]$ 被称为置信区间,置信区间的上限和下限被称为置信限。置信概率或置信水平表示为 $P\{|\delta| \le a\} = 1 - a$,而显著性水平 a 表示随机误差落在置信区间之外的概率。置信区间和置信概率通常一起用于描述测量结果的可靠性。

表 1-1 误差函数表

z	0	0.1	0.2	0.3	0.4	0.5	0.6	0.7	0.8	0.9
0	0.000 00	0.079 66	0.158 52	0.235 82	0.310 84	0.382 93	0.451 49	0.516 07	0.576 29	0.631 88
1	0.682 69	0.728 67	0.769 86	0.806 40	0.838 49	0.866 39	0.890 40	0.910 87	0.928 14	0.942 57
2	0.954 50	0.964 27	0.972 19	0.978 55	0.983 60	0.987 58	0.990 68	0.993 07	0.994 89	0.996 27
3	0.997 30	0.998 06	0.998 62	0.999 03	0.999 32	0.999 53	0.999 68	0.999 78	0.999 85	0.999 90

注:表中,第 1 行横向表头表示 z 的小数部分,第 1 列纵向表头表示 z 的整数部分。

对于一组重复测量中的任何一个测量值来说,随机误差超过 $\pm 3\sigma$ 的概率仅在 0.3% 以下,超过 $\pm 2\sigma$ 的概率为 5%,可认为是小概率事件。因此,人们常把 3σ 或 2σ 称为随机不确定度,亦称极限误差。

3. 直接测量值的误差分析与处理

正态分布的特征参数 μ 和 σ 是在测量次数趋于无穷大时的理论值。而在实际测量中,不可能进行无限多次的测量。这意味着只能测量整体(母体)中的一部分,这部分被称为样本。样本中包含的测量次数被称为样本容量,当样本容量较大时称为大样本,容量较小时称为小样本。通常通过样本来求取母体特征参数 μ 和 σ 的最佳估计值。

1) 真值的估算

可以证明,n 个重复测量值 $(x_1, x_2, \cdots, x_n)$,其被测量真值的最佳估计值 $\hat{\mu}$ 就是各测量值的算术平均值,即测量值子样平均值 $\bar{x} = \hat{\mu}$

$$\hat{\mu} = \bar{x} = \frac{1}{n}(x_1 + x_2 + \cdots + x_n) = \frac{1}{n}\sum_{i=1}^{n} x_i \qquad (1-15)$$

算术平均值是子样的一个统计量。同一母体的各个子样,其平均值也会有差异。因此,测量值的子样平均值 $\bar{x}$ 也是一个随机变量,亦服从正态分布,当子样容量 n 趋于无穷大时,$\bar{x}$ 趋近真值 μ。

2) 标准误差的估算

当有限个测量值的真值未知,其随机误差 $\delta_i = x_i - \mu$ 也无法求得。因此,只能得到测量值与算术平均值之差 v_i,称为残差或剩余误差,可表示如下:

$$v_i = x_i - \bar{x} \quad (i = 1, 2, \cdots, n) \qquad (1-16)$$

可用贝塞尔公式求取母体标准误差 σ 的估计值 S,即

$$S = \sqrt{\frac{\sum_{i=1}^{n}(x_i - \bar{x})^2}{n-1}} = \sqrt{\frac{\sum_{i=1}^{n} v_i^2}{n-1}} \qquad (1-17)$$

式中,$n-1$ 称为自由度。由于残差有 $\sum_{i=1}^{n} v_i = 0$ 的性质,所以 n 个残差中只有 $n-1$ 个是独立的,这时自由度是 $n-1$,而不是 n。

在仪表检定等工作中,如果通过标准仪表或定义点获知了约定真值 μ,则 n 个重复测量值的自由度就为 n,可用下式来计算标准误差 S 的估计值。

$$S = \sqrt{\frac{\sum_{i=1}^{n}(x_i - \mu)^2}{n}} \quad (1-18)$$

3) 算术平均值的标准误差

如前所述,子样的算术平均值 $\bar{x}$ 是一个服从正态分布的随机变量。可以证明,平均值 $\bar{x}$ 的标准误差 $S_{\bar{x}}$ 可以表示为

$$S_{\bar{x}} = \frac{S}{\sqrt{n}} = \sqrt{\frac{1}{n(n-1)}\sum_{i=1}^{n}(x_i - \bar{x})^2} \quad (1-19)$$

由此可以看出,子样算术平均值的标准误差仅为单个测量值 x_i 标准误差 S 的 $1/\sqrt{n}$。这意味着,通过多次重复测量得到的子样平均值作为最终测量结果,相比于单次测量值更为精确,而增加测量次数有助于提高平均值的精密度。但由于是平方根关系,n 超过 30 次之后,再增加测量次数所取得的效果就不明显了。此外,亦很难做到长时间的重复测量而保持测量对象和测量条件的稳定。

4) 小子样误差分析

在实际测量中,子样容量通常非常小(例如,$n<10$),并且在这种情况下往往不清楚测量条件下的具体测量精度。因此,若按照上述方法使用小子样推断标准误差 S,结果往往不准确,这是因为上述方法假定子样平均值服从正态分布,而小子样的平均值偏离正态分布的可能性更大,而用小子样得到的标准差 σ 代替总体的标准差 σ 可能会导致较大误差。在这种情况下,为了扩大相同置信概率下的置信区间,应使用 t 分布的置信系数,即 $t(a,v)$,而不是正态分布的置信系数 z。t 分布的置信系数与置信水平 a 和自由度 v 都有关,即考虑了子样容量大小的影响,而正态分布的置信系数 z 仅与 a 有关,且认为 n 趋于无穷大。随机变量 t 的定义如下:

$$t = \frac{\bar{x} - \mu}{S_{\bar{x}}} = \frac{\bar{x} - \mu}{S}\sqrt{n} \quad (1-20)$$

随机变量 t 的概率密度 $f(t)$ 服从 t 分布,而当 $n \to \infty$ 时,分布很快收敛于正态分布。由式(1-20)可得到 μ 的置信区间为

$$\bar{x} - t(a,v)\frac{S}{\sqrt{n}} < \mu < \bar{x} + t(a,v)\frac{S}{\sqrt{n}} \quad (1-21)$$

或

$$\bar{x} - t(a,v)S_{\bar{x}} < \mu < \bar{x} + t(a,v)S_{\bar{x}} \quad (1-22)$$

表 1-2 列出了不同置信水平 a 及自由度 v 条件下，相应 t 分布置信系数 $t(a,v)$ 的数值。对于子样，特别是小子样，其测量结果 X 最终应表示为

$$X = x \pm t(a,v)S_{\bar{x}} = \bar{x} \pm t(a,v)\frac{S}{\sqrt{n}}（在 P 置信概率下） \qquad (1-23)$$

而已经知道同样测量条件下的标准误差估计值 S，用单次测量结果作为测量结果 X 时，应表示为

$$X = x \pm t(a,v)S（在 P 置信概率下） \qquad (1-24)$$

表 1-2　t 分布的置信系数 $t(a,v)$ 数值表

$v=n-1$ \ $a=1-P$	0.05	0.01	$v=n-1$ \ $a=1-P$	0.05	0.01
1	12.71	63.7	14	2.14	2.98
2	4.30	9.92	15	2.13	2.95
3	3.18	5.84	16	2.12	2.92
4	2.77	4.60	17	2.11	2.90
5	2.57	4.03	18	2.10	2.88
6	2.45	3.71	19	2.09	2.86
7	2.36	3.50	20	2.09	2.84
8	2.31	3.36	21	2.06	2.79
9	2.26	3.25	22	2.04	2.75
10	2.23	3.17	23	2.02	2.70
11	2.20	3.11	24	2.00	2.66
12	2.18	3.06	25	1.98	2.62
13	2.16	3.01	26	1.96	2.58

4. 间接测量测量误差的分析与处理

间接测量就是通过直接测量与被测量有某种确定函数关系的其他各个变量，再按函数关系进行计算，从而求得被测量数值的方法。间接测量值的误差不仅取决于有关各直接测量值的误差，还与它们之间的函数关系有关[19]。

间接测量的误差分析与处理，主要是为了解决如何从各直接测量结果中推导出间接测量结果的问题。

1）间接测量值的最佳估计值

假设间接测量值 y 是直接测量值 $x_1, x_2, \cdots, x_m$ 的函数，其一般形式表示为

$$y = f(x_1, x_2, \cdots, x_m) \qquad (1-25)$$

则可以通过将各直接测量值的算术平均值 $\bar{x}_i(i=1,2,\cdots,m)$ 代入上述函数，得到间接测量值的最佳估计值 y，即

$$\overline{y} = f(\overline{x}_1, \overline{x}_2, \cdots, \overline{x}_m) \qquad (1-26)$$

2）间接测量值的标准误差的估算

如果各直接测量值是相互独立的，那么间接测量值的标准误差 σ_y 可以通过以下方式计算，即先求出每个直接测量值的标准误差和函数对该直接测量值求偏导数的乘积的平方，最后将这些平方相加，并取平方根，即

$$\sigma_y = \sqrt{\sum_{i=1}^{m} \left(\frac{\partial f}{\partial x_i}\right)^2 \sigma_{x_i}^2} \qquad (1-27)$$

式(1-27)称为随机误差传递公式，其中 $\partial f/\partial x_i$ 为第 i 个直接测量值的误差传递系数，表示该测量值误差对间接测量值误差影响的大小。

【例 1-1】 铜电阻值与温度之间的关系为 $R_t = R_{20}[1 + a_{20}(t-20)]$，现通过直接测量，已知20℃下的铜电阻值 $R_{20} = 6.0\ \Omega(\pm 0.3\%)$，电阻温度系数 $a_{20} = 0.004/℃(\pm 1\%)$，铜电阻所处的温度 $t = (30\pm 1)℃$，置信概率皆为68.27%，求电阻值 R_t 及其标准误差。

解：

（1）求电阻值 R_t：

$$R_t = R_{20}[1 + a_{20}(t-20)]$$
$$= 6[1 + 0.004 \times (30-20)] = 6.24(\Omega)$$

（2）求电阻值的标准误差，先求函数对各直接测量量的偏导数：

$$\frac{\partial R_t}{\partial R_{20}} = [1 + a_{20}(t-20)] = 1 + 0.004(30-20) = 1.04$$

$$\frac{\partial R_t}{\partial a_{20}} = R_{20}(t-20) = 6(30-20) = 60$$

$$\frac{\partial R_t}{\partial t} = R_{20}a_{20} = 6 \times 0.004 = 0.024$$

再求各直接测量量的标准误差：

$$\sigma_{R_{20}} = R_{20} \times (\pm 0.3\%) = 6.0(\pm 0.003) = \pm 0.018(\Omega)$$

$$\sigma_{a_{20}} = a_{20} \times (\pm 1\%) = 0.004(\pm 0.01) = \pm 4 \times 10^{-5}(1/℃)$$

$$\sigma_t = \pm 1℃$$

所以，

$$\sigma_{R_t} = \sqrt{\left(\frac{\partial R_t}{\partial R_{20}}\right)^2 \sigma_{R_{20}}^2 + \left(\frac{\partial R_t}{\partial a_{20}}\right)^2 \sigma_{a_{20}}^2 + \left(\frac{\partial R_t}{\partial t}\right)^2 \sigma_t^2}$$
$$= \sqrt{1.04^2 \times 0.018^2 + 60^2 \times (4 \times 10^{-5})^2 + 0.024^2 \times 1^2}$$
$$= 0.03(\Omega)$$

综上，最后间接测量电阻值 R_t 的测量结果可表示为

$$R_t = 6.24 \pm 0.03(\Omega, P = 68.27\%)$$

3）微小误差取舍原则

根据误差传递公式，间接测量值的误差为

$$\sigma_y = \sqrt{\sum_{i=1}^{m}\left(\frac{\partial f}{\partial x_i}\sigma_{x_i}\right)^2} = \sqrt{D_1^2 + D_2^2 + \cdots + D_m^2}$$

式中，$D_i = \frac{\partial f}{\partial x_i}\sigma_{x_i}$ 称为局部误差。假如某个局部误差小于间接测量值标准误差的三分之一，就可以认为这是微小误差，可以忽略不计，从而简化计算过程。反之，为提高间接测量的精密度，应着力于减小局部误差中的较大值。

4）误差分配

在测量系统设计中，若规定了拟求间接测量值的标准误差，要求取各直接测量值应达到的标准误差限值，就要涉及测量系统设计中的误差分配问题。如果不再给出其他条件，就会有许多组解。因此常按等分配原则决定各直接测量值的局部误差，即令 $D_1 = D_2 = \cdots = D_m$。然后，根据测量的难易程度，对各局部误差进行调整并进行验算，以核查间接测量值的标准误差是否在规定值以内。如果局部误差中的一部分已确定，则分配时先扣除这部分，再将余量向其余各局部误差分配，即

$$\sigma_v^2 - D_1^2 = D_2^2 + D_3^2 + \cdots + D_m^2$$

式中，D_1 为已确定的局部误差。

5. 间接测量值的标准误差检验

在相同条件下，对同一个被测对象进行多次测量得到的一组测量值，可以使用多种统计检验方法来判断是否存在粗大误差。

1）拉依达准则

在大量重复测量中，如果某一测量值的残差 v_i 的绝对值超过该测量值标准偏差的 3 倍，就可以认定该测量值包含粗大误差，即

$$|v_i| = |x_i - \bar{x}| > 3\sigma \tag{1-28}$$

因此，该准则又称为 3σ 准则。在实际操作中，可以用标准误差的估计值 S 代替 σ。依据这一准则剔除坏值后，应该重新计算剩余测量值的算术平均值和标准误差估计值 S，并继续判断，直到不再发现坏值为止。

虽然 3σ 准则判断粗大误差的方法相对简单，但它是基于正态分布假设的。当样本容量较小时，界限较宽，坏值可能无法准确剔除。特别是当样本容量 $n<10$ 时，问题更加严重。因此，当前推荐采用基于 t 分布的格拉布斯准则。

2）格拉布斯准则

首先，将重复测量值按大小顺序排列，$x_1 \leq x_2 \leq \cdots \leq x_n$。然后，计算首、尾测量值的格拉布斯准则数 T_i：

$$T_i = \frac{|v_i|}{S} = \frac{|x_i - \bar{x}|}{S} (i \text{ 为 } 1 \text{ 或 } n) \quad (1-29)$$

根据样本容量 n 和选择的显著性水平 a，从表 1-3 中查找对应的格拉布斯准则临界值 $T(n,a)$。如果 $T_i > T(n,a)$，则认为 x_i 为坏值，应该剔除，但每次只能剔除一个测量值。

若 T_i 和 T_n 都大于或等于 $T(n,a)$，则应先剔除值较大的 T_i，然后重新计算 $\bar{x}$ 和 S。此时样本容量变为 $n-1$。继续判断，直至不再发现坏值。显著性水平 a 通常选择 0.05 或 0.01，其意义在于按该临界值判定为坏值但实际上并非坏值的概率，即判断错误的可能性。

表 1-3 格拉布斯准则临界值 $T(n,a)$ 表

n \ a	0.05	0.01	n \ a	0.05	0.01
3	1.153	1.155	17	2.475	2.785
4	1.463	1.492	18	2.504	2.821
5	1.672	1.749	19	2.532	2.854
6	1.822	1.944	20	2.557	2.884
7	1.938	2.097	21	2.580	2.912
8	2.032	2.221	22	2.603	2.939
9	2.110	2.323	23	2.624	2.963
10	2.176	2.410	24	2.644	2.987
11	2.234	2.485	25	2.663	3.009
12	2.285	2.550	30	2.745	3.103
13	2.331	2.607	35	2.811	3.178
14	2.371	2.659	40	2.866	3.24
15	2.409	2.705	45	2.914	3.292
16	2.443	2.747	50	2.956	3.336

1.2.3 系统误差

系统误差指测量过程中存在的固定误差或按特定规律变化的误差，前者称恒值系统误差，后者称变值系统误差。系统误差通常很难发现，采用重复测量的方法也很难减小系统误差对测量结果的影响，并且有时误差数值可能很大。例如，在测量高温烟气的温度时，测温元件对低温壁面辐射散热的忽略就可能引起上百摄氏度的误差。因此，测量中特别要重视这项误差。

1. 恒值系统误差

恒值系统误差的存在只影响测量结果的正确度，并不影响测量的精密度。因此，可以采用更准确的测量系统和测量方法相比较来发现恒值系统误差，并提供修正值。采用"交换法"就可以在一定程度上消除恒值系统误差。例如，用天平称重时，交换砝码与被测量

的左右位置,取两次称重平均值作测量结果可消除天平臂长不等引起的系统误差[20]。又如,用平衡电桥测电阻,交换电阻的两个接点来消除接触电势造成的误差等。

2. 变值系统误差及其检验

根据变化的特点,变值系统误差可分为:累积系统误差、周期性系统误差、复杂变化的系统误差三种。累积系统误差往往是因为元件老化或磨损、工作电池电压下降等原因造成的,在测量过程中是随时间变化的;周期性系统误差的大小和符号在测量过程中均按一定周期发生变化,如秒表指针与度盘不同心就会产生这种误差;复杂变化的系统误差是一种变化规律仍未被认识的系统误差,即未定系统误差,其上、下限值常常确定了测量值的系统不确定度。

在容量相当大的测量值中,如果存在变值系统误差,那么测量值的分布将偏离正态分布的特性。此时,可以通过观察测量值残差的变化情况或者其他较简洁的判据来检验是否存在变值系统误差。

1) 根据测定值残差的变化检验

将测量值按测量的先后次序排列,若残差的代数值有规则地向一个方向变化,则测量值中可能有累积系统误差;若残差的符号呈规律性交替变化,则含有周期性系统误差。这种方法,只有在变值系统误差比随机误差大时才是有效的。

2) 马尔可夫准则检验

采用马尔可夫准则检验,将测量值按取得的顺序排列,将前一半测量值的残差之和减去后一半测量值的残差之和,若差值较大,则说明测量序列中存在累积系统误差。在实际操作中,当测量次数 n 很大时,只要差值不为零,通常即认为测量序列中存在累积系统误差。而在 n 较小时,通常只有当该差值大于测量序列中的最大残差时,才能确认存在累积系统误差。

3) 阿贝准则检验

将测量值按取得的顺序排列,首先计算测量序列的标准误差估计值 S,然后计算统计量 $C = \sum_{t=1}^{n-1} v_t v_{t+1}$,若 $|C| > \sqrt{n-1} S^2$,则可以认为该测量序列中存在周期性系统误差。

3. 系统误差的估计

通过物理方法求得系统误差的修正值后,对测量值进行修正,测量结果中便不再包含该项系统误差。然而,对于无法确知变化规律的系统误差,确定其产生原因可能耗费过多时间和资源。因此,只能以某种依据为基础来估计其上限值 a 和下限值 b,进而估计其误差的恒值部分 θ 和系统不确定度 e,表示如下:

$$\begin{cases} \theta = (a+b)/2 \\ e = (a-b)/2 \end{cases} \quad (1-30)$$

由于估计误差时常带有主观臆断因素,故这种系统不确定度虽常作为极限误差,但它不像随机不确定度那样具有明确的置信概率。

4. 间接测量中系统误差的传递

如果间接测量值 y 与 m 个相互独立的直接测量值 x_i ($i=1,2,\cdots,m$) 有如下函数关系:

$$y = f(x_1, x_2, \cdots, x_m) \tag{1-31}$$

则

$$y + \varepsilon_y = f(x_1 + \varepsilon_{x1}, x_2 + \varepsilon_{x2}, \cdots, x_m + \varepsilon_{xm}) \tag{1-32}$$

式中，ε_y、ε_{xi} 为间接测量值和各直接测量值的系统误差。

由于一般情况下测量值远大于不确定度，故按泰勒级数展开上式，并略去高次项得

$$\varepsilon_y = \sum_{i=1}^{\infty} \frac{\partial f}{\partial x_i} e_i \tag{1-33}$$

但由于各直接测量值的系统不确定度带有正负号，故在应用各直接测量值的系统不确定度 e_i，求取间接测量值 y 的系统不确定度 e_y 时，应采用如下公式：

$$e_y = \sum_{i=1}^{\infty} \left| \frac{\partial f}{\partial x_i} \right| e_i \tag{1-34}$$

1.3 测试系统的动态特性

测量系统的动态特性是指测量系统的输出对快速变化的输入信号的动态响应特性[21]。对于动态信号的测量，需要测量系统能迅速而准确地测出信号的大小并真实地再现信号的波形变化。换言之，就是要求测量系统在输入量改变时，其输出量能立即随之不失真地改变[22]。因此，研究测量系统的动态特性有着十分重要的意义。被测量的信号一般都是时间的函数，反映着被测对象的状态或特性。因此，根据信号分析理论方法并采用适当的手段和设备，对信号进行变换与处理的过程称为信号分析[23]。

1.3.1 信号的表示与分类

1. 信号的表示

信号代表特定的物理现象，蕴含大量信息，因此可作为探究外界事物状态或特征的基础。例如，航空发动机因动不平衡而引起振动，振动信号便揭示了该发动机机械系统的动不平衡状态。因此，这些信号成为研究发动机动不平衡现象的基础依据。为了从信号中提取有用信息，需要对信号进行多种不同变量域的分析，以研究信号的构成或特征参数的估计等[24]。

数学上，信号可以表示为一个或多个自变量的函数或序列[25]。例如，信号 $x(t)$，其中 t 是自变量，可以是时间变量，也可以是空间变量。信号也可以有其他多种表示方式，但在所有的情况下，信号所包含的信息总是包含在某种变化形式的波形之中。除了时域波形外，信号的常用表示方法还包括"频谱"，它是频率的函数，与信号的时域波形相对应。如果信号的频谱随时间变化而非恒定，则可以采用"时频分析"方法，以更准确地描述信号的频谱分布及其变化。

由此可见，信号通常以时间域、频率域和时频域来表示，相应的信号分析则分为时域分析、频域分析和时频分析。值得指出的是，对同一被分析信号，可以根据不同的分析目的，在不同的分析域进行分析，提取信号不同的特征参数。从本质上看，信号的各种描述

方法仅是在不同域进行分析,从不同的角度去认识同一事物,并不改变同一信号的实质。而且信号的描述可以在不同的分析域之间相互转换,如傅里叶变换可以使信号描述从时域变换到频域,而傅里叶反变换可以从频域变换到时域。

2. 信号的分类

为了深入了解信号的物理实质,有必要对其进行分类研究。对于测试信号(或测试数据),常用的分类方法如下。

1) 按所传递信息的物理属性分类

信号可以分为机械量(如位移、速度、加速度、力、温度、流量等)、电学量(如电流、电压等)、声学量(如声压、声强等)、光学量(如光通量、光强等)。

2) 按照时间函数取值的连续性和离散性分类

按照时间函数的取值情况,信号可以分为连续时间信号和离散时间信号,如图 1-4 所示。

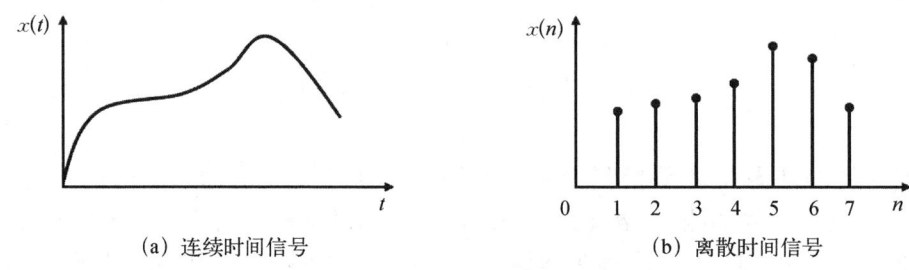

图 1-4 连续时间信号和离散时间信号

若信号的自变量时间 t 在某一时间区间内连续取值,则称为连续时间信号,如图 1-4(a)所示。相反,如果信号的时间 t 仅在一些确定的时刻取值,则称为离散时间信号,图 1-4(b)所示为离散时间信号,是根据图 1-4(a)中的连续信号经过等间距采样后得到的结果。模拟信号通过计算机模数转换(A/D 采样)后得到的数字序列也是离散信号,亦称为数字信号。

3) 按照信号随时间变化的特点分类

信号可分为确定性信号和非确定性信号两大类。

a. 确定性信号

确定性信号是指那些可以用明确的数学关系式描述,或通过实验方法以足够精度重复产生的信号。确定性信号又可以进一步分为周期信号和非周期信号两类。

周期信号是经过一定时间可以重复出现的信号,满足条件:

$$x(t) = x(t + nT) \tag{1-35}$$

式中,T 为周期,$n = 0, \pm 1, \pm 2, \cdots$。简谐(正弦、余弦)信号和周期性的方波、三角波等非简谐信号都是周期信号。

非周期信号是那些不具有周期重复性的信号。非周期信号可分为准周期信号和瞬变非周期信号两种。准周期信号是由两个或更多周期信号合成的,但这些周期信号的频率不成整数倍关系,其合成信号也不满足周期信号的条件,例如:

$$x(t) = \sin t + \sin(\sqrt{2}t) \quad (1-36)$$

这是两个正弦信号的合成,其频率比不是有理数,无法按某一时间间隔重复出现。在发动机工程测试领域,这类信号通常出现在转子振动和齿轮噪声信号中。除准周期信号之外的非周期信号是一些在一定时间内存在,或随着时间的增长而衰减至零的信号,称为瞬变非周期信号[26]。例如,按指数衰减的振荡信号以及各种形状(如矩形、三角形)的单个脉冲信号等都属于此类。

b. 非确定性信号

非确定性信号也称随机信号或随机过程,分为平稳随机信号和非平稳随机信号。一般认为,如果描述随机信号的各种统计特征(如平均值、均方根值、概率密度函数等)不随时间推移而变化,则这种信号称为平稳随机信号。反之,如果在不同时间点测量的统计参数并不恒定,则称为非平稳随机信号。

在实际工程测试中,随机信号广泛存在,例如,机械系统运行时的振动信号、环境噪声信号以及切削不均匀工件时的切削力信号等。

1.3.2 信号的时域统计分析

直接观测或记录的信号通常是随时间变化的物理量,这种以时间为自变量的信号表示方法称为时域描述。时域描述是对信号最直接的表示方式,能够展示信号幅值随时间变化的特性。信号的时域分析就是求取信号在时域中的特征参数以及信号波形在不同时刻的相似性和关联性。

1. 时域信号特征参数

对信号 $x(t)$ 进行时域分析,可以获得信号的峰值、峰-峰值、平均值、方差、均方值、均方根值等时域特征参数。

1) 峰值和峰-峰值

峰值是信号在时间间隔 T 内的最大值,用 x_p 表示,即

$$x_p = \max\{x(t)\} \quad (1-37)$$

峰-峰值是信号在时间间隔 T 内的最大值与最小值之差,用 x_{p-p} 表示,即

$$x_{p-p} = \max\{x(t)\} - \min\{x(t)\} \quad (1-38)$$

它表示了信号的动态变化范围,即信号的分布区间。

2) 平均值

平均值是信号在时间间隔 T 内的平均值,用 μ_x 表示,即

$$\mu_x = \frac{1}{T}\int_0^T x(t)\,dt \quad (1-39)$$

它表示了信号变化的中心趋势,也称为固定分量或直流分量,即不随时间变化的分量。

3) 方差和均方差

在时间间隔 T 内信号的方差定义为

$$\sigma_x^2 = \frac{1}{T}\int_0^T [x(t) - \mu_x]^2 \mathrm{d}t \tag{1-40}$$

它表示了信号的分散程度或波动程度。σ_x 称为均方差或标准差，也表示了信号的分散程度。

4）均方值和均方根值

在时间间隔 T 内信号的均方值定义为

$$\varphi_x^2 = \frac{1}{T}\int_0^T x^2(t)\mathrm{d}t \tag{1-41}$$

也可称为平均功率，它表示了信号的强度大小。

信号的均方根值 φ_x 是均方值的平方根，也称为有效值，它表示了信号的平均能量。

可以证明，均方值、方差和均值之间存在下述关系：

$$\varphi_x^2 = \sigma_x^2 + \mu_x^2 \tag{1-42}$$

这些统计参数从不同方面反映了信号的特征，如在故障诊断中一种最简单常用的方法就是将均方根值作为故障程度的判断依据。

2. 时域相关分析

为了反映一个信号幅值随时间变化的波动规律，即在不同时刻的相关程度，可以采用自相关函数来描述。而对于不同的信号来说，为了描述它们之间的相关程度，可以采用互相关分析方法。

1）自相关函数

信号 $x(t)$ 的自相关函数定义为

$$R_x(\tau) = \frac{1}{T}\int_0^T x(t)x(t-\tau)\mathrm{d}t \tag{1-43}$$

它描述了信号一个时刻的取值与相隔 τ 时刻取值的依赖关系，或相似程度。自相关函数是偶函数，且周期信号的自相关函数是与原信号周期相同的周期信号。

自相关函数主要应用于判断信号的性质和检测混淆在随机噪声中的周期信号。

2）互相关函数

信号 $x(t)$ 和 $y(t)$ 的互相关函数定义为

$$R_{xy}(\tau) = \frac{1}{T}\int_0^T x(t)y(t-\tau)\mathrm{d}t \tag{1-44}$$

它表示两个信号之间的依赖关系，可定量地表征它们幅值之间的相互依赖关系。互相关函数主要用于检测和识别存在于噪声中的两信号的关联信息。互相关函数不是偶函数，两个相互独立的信号的互相关函数等于零。

1.3.3 信号的频谱分析

根据工程应用的需要，有时要把时域信号变换到频域加以分析，即以频率作为独立变量建立信号与频率的函数关系，称其为频域分析，或频谱分析[27]。频谱分析的目的是把复杂的时间信号，经傅里叶变换分解为若干单一的谐波分量来研究，以获得信号的频率结构以及各谐波幅值和相位信息[28]。

频谱分析是工程信号处理应用最广泛的分析方法。通过频谱分析,一是可以了解被测信号的频率构成,选择与其相适应的测试仪器或系统,从而获得准确的测试数据;二是可以从频率的角度了解和分析测试信号,获得测试信号所包含的更丰富的信息,更好地反映被测物理量的特征[29]。

根据信号的分类,本节将从周期函数的傅里叶级数展开对其进行频谱分析,在此基础上,通过使周期函数的周期逼近无穷大,引出非周期函数的频谱分析方法(傅里叶变换),最后利用相关函数的傅里叶变换,给出随机信号的频谱分析采取功率谱密度函数。

1. 周期信号的频谱分析

通过数学分析可以得出,任何周期函数 $x(t)$ 在一个周期内是连续的,或者仅存在有限个间断点,并且在这些间断点处的函数值不会跃升至无穷大,即满足狄利克雷(Dirichlet)条件,则此函数可以展开为傅里叶级数。周期函数(信号)的傅里叶级数展开有三角函数形式以及复指数形式[30]。

1) 周期信号的三角函数展开式与频谱

周期信号傅里叶级数的三角函数展开式为

$$x(t) = a_0 + \sum_{k=1}^{\infty}(a_k\cos k\omega_0 t + b_k\sin k\omega_0 t) \qquad (1-45)$$

式中,$k = 1,2,3\cdots$ 为正整数;

$a_0 = \dfrac{1}{T}\displaystyle\int_{-T/2}^{T/2}x(t)\mathrm{d}t$,是函数在一个周期内的平均值,也称直流分量;

$a_k = \dfrac{2}{T}\displaystyle\int_{-T/2}^{T/2}x(t)\cos k\omega_0 t\mathrm{d}t$,是第 k 次谐波分量余弦项的幅值;

$b_k = \dfrac{2}{T}\displaystyle\int_{-T/2}^{T/2}x(t)\sin k\omega_0 t\mathrm{d}t$,是第 k 次谐波分量正弦项的幅值;

$\omega_0 = \dfrac{2\pi}{T}$ 是基波圆频率。

通过数学变换,式(1-45)还可表示为

$$x(t) = a_0 + \sum_{k=1}^{\infty}A_k\sin(k\omega_0 t + \varphi_k) \qquad (1-46)$$

式中,$A_k = \sqrt{a_k^2 + b_k^2}$ 为 k 次谐波的幅值;$\varphi_k = -\arctan(b_k/a_k)$ 为 k 次谐波的相位角。

式(1-45)和式(1-46)均称为周期信号的三角函数展开式。三角函数展开式可以清楚表明,周期信号由有限多个或无限多个简谐信号叠加而成。如果测量装置的输入-输出特性可以用满足叠加原理的线性常微分方程来描述,则当一个复杂的周期信号输入到此装置时,其输出信号就等于组成此信号的所有简谐谐波分量分别输入此装置所引起输出信号的叠加。这样就可以把一个复杂信号的作用看成为若干个简谐信号作用的和,从而使问题简化。

从周期信号的傅里叶级数展开式可以看出,幅值、相位和圆频率是描述周期信号谐波组成的三个基本要素。若将频率作为横坐标,并将各次谐波的幅值和相位分别作为纵坐标绘制图形,则可以得到信号的幅值谱图和相位谱图,这通常被称为频谱图,如图 1-5 所示。这样便可以从频谱图中清楚地知道该周期信号的频率成分、频率成分的幅值和初始相位以及各次谐波在周期信号中所占的比例。

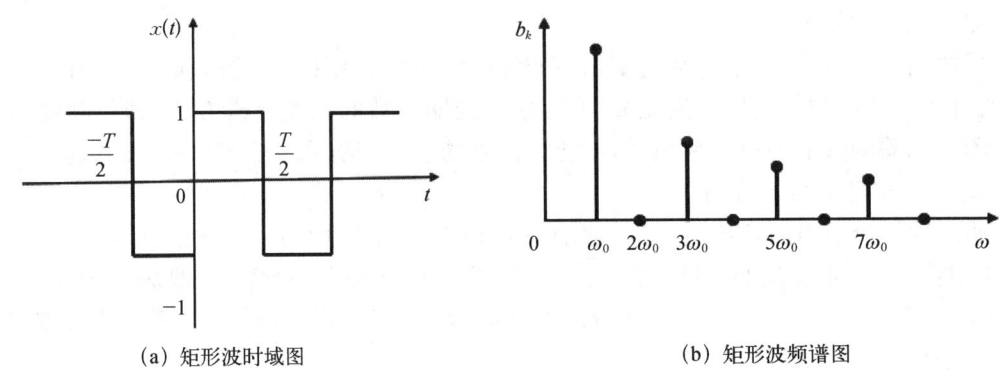

(a) 矩形波时域图　　　　　　(b) 矩形波频谱图

图 1-5　周期矩形波信号

如图 1-5(a)所示为一周期性矩形波,在一个周期内有

$$x(t)=\begin{cases}1, & 0<t<T/2\\ 0, & t=0,\ \pm T/2\\ -1, & -T/2<t<0\end{cases}$$

可以利用式(1-45)将该矩形波展开为傅里叶级数,从而获得其频谱特性,即:

常值分量　　$a_0=\dfrac{1}{T}\int_{-T/2}^{T/2}x(t)\mathrm{d}t=0$　（因被积函数为奇函数）

余弦分量　　$a_k=\dfrac{1}{T}\int_{-T/2}^{T/2}x(t)\mathrm{d}t=0$　（因被积函数为奇函数）

正弦分量　　$b_k=\dfrac{2}{T}\int_{-T/2}^{T/2}x(t)\sin k\omega_0 t\mathrm{d}t=\dfrac{4}{T}\int_{0}^{T/2}\sin k\omega_0 t\mathrm{d}t$

$$=\dfrac{2}{k\pi}(-\cos k\pi+1)=\begin{cases}0 & (k\text{ 为偶数})\\ \dfrac{4}{k\pi} & (k\text{ 为奇数})\end{cases}$$

则此矩形波的傅里叶级数为

$$x(t)=\dfrac{4}{\pi}(\sin\omega_0 t+\dfrac{1}{3}\sin 3\omega_0 t+\dfrac{1}{5}\sin 5\omega_0 t+\cdots+\dfrac{1}{k}\sin k\omega_0 t+\cdots)\qquad(1-47)$$

从上述公式可以看出,此矩形波的各次谐波幅值衰减较慢,第 21 次谐波的幅值大约是基波的 5%。此矩形波的频谱图(幅频图)如图 1-5(b)所示。由于该矩形波的各次谐波的相位均为 π/2,图 1-5 中就没有给出相频图。

如图 1-6(a)所示周期性三角波,在一个周期 $-T/2\leqslant t\leqslant T/2$ 的范围内 $x(t)=|t|$,可利用式(1-45)将该矩形波展开为傅里叶级数,从而获得其频谱特性,即

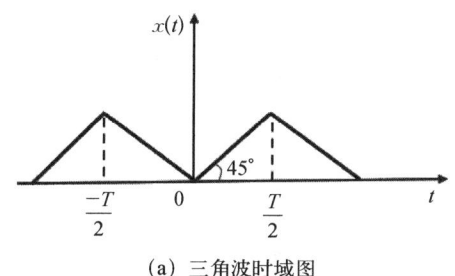
(a) 三角波时域图

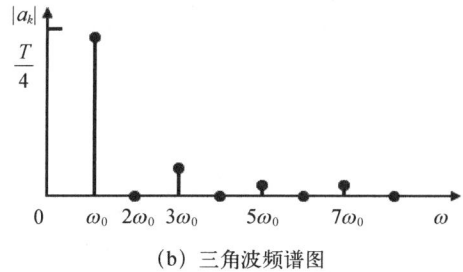
(b) 三角波频谱图

图 1-6 周期三角波信号

常值分量：
$$a_0 = \frac{1}{T}\int_{-T/2}^{T/2} x(t)\mathrm{d}t = \frac{2}{T}\int_0^{T/2} t\mathrm{d}t = \frac{T}{4}$$

余弦分量：
$$a_k = \frac{2}{T}\int_{-T/2}^{T/2} x(t)\cos k\omega_0 t\mathrm{d}t = \frac{4}{T}\int_0^{T/2} t\cos k\omega_0 t\mathrm{d}t$$
$$= \frac{T}{k^2\pi^2}[(-1)^k - 1] = \begin{cases} 0 & (k \text{ 为偶数}) \\ -\dfrac{2T}{k^2\pi^2} & (k \text{ 为奇数}) \end{cases}$$

正弦分量：
$$b_k = \frac{2}{T}\int_{-T/2}^{T/2} x(t)\sin k\omega_0 t\mathrm{d}t = 0$$

因被积函数为奇函数，此三角形波展开的傅里叶级数是

$$x(t) = \frac{T}{4} - \frac{2T}{\pi^2}(\cos\omega_0 t + \frac{1}{9}\cos 3\omega_0 t + \frac{1}{25}\cos 5\omega_0 t + \cdots) \quad (1-48)$$

由式(1-48)可以看出，相对于矩形波而言，三角波高次谐波衰减得很快，其第 5 次谐波的幅值就衰减为基波的 1/25，相当于矩形波的第 25 次谐波。也就是说，三角波比矩形波更接近于正、余弦波，其频谱图如图 1-6(b)所示。

通过分析频谱图，可得到周期信号的幅频谱具备以下特征：

(1) 谐波性——所有频率成分的频率比值为有理数；
(2) 离散性——各谐波在频率轴上呈现离散的频率值，其间隔为 $\Delta\omega = \omega_0$；
(3) 收敛性——随着频率的增加，各谐波分量总的趋势是逐渐减小。

在测量系统中，被测信号通常需要进行多种处理，如放大和滤波。然而，放大器的通频带宽度是有限的。因此，当信号中的高次谐波频率超过放大器的截止频率时，这些谐波无法得到有效的放大，导致失真和测量误差。因此，如果一个信号的高次谐波幅值衰减较快，与高次谐波幅值衰减较慢的信号相比，通过同一放大器时，前者会产生较小的失真。相反地，为了使两者的失真程度相同，放大器对高次谐波幅值衰减慢的信号需要具有较宽的通频带,而对于高次谐波幅值衰减快的信号,放大器的通频带可以相对较窄。由此可见,分析信号的频率结构对动态测量是非常重要的。

2) 周期信号的复指数展开式

复指数函数具有以下特点：

(1) 导数和积分与原函数成比例；

(2) 几何上具有直观的意义,表示复平面上的旋转矢量；

(3) 线性定常系统对复数指数输入的响应也是一个复指数函数。

正因为具备上述特征,复数指数函数在某些情况下的运算和分析变得极为简便。傅里叶级数可写成复指数形式,根据欧拉(Euler)公式 $e^{\pm j\theta} = \cos\theta \pm j\sin\theta$,有

$$\cos\omega t = \frac{1}{2}(e^{-j\omega t} + e^{j\omega t}),\quad \sin\omega t = j\frac{1}{2}(e^{-j\omega t} - e^{j\omega t}) \qquad (1-49)$$

代入式(1-45)并整理可得

$$x(t) = a_0 + \sum_{k=1}^{\infty}\left[\frac{1}{2}(a_k + jb_k)e^{-jk\omega_0 t} + \frac{1}{2}(a_k - jb_k)e^{jk\omega_0 t}\right]$$

令 $c_0 = a_0$, $c_k = \frac{1}{2}(a_k - jb_k)$, $c_{-k} = \frac{1}{2}(a_k + jb_k)$, $k = 1,2\cdots$,可得

$$x(t) = c_0 + \sum_{k=1}^{\infty}c_{-k}e^{-jk\omega_0 t} + \sum_{k=1}^{\infty}c_k e^{jk\omega_0 t} = \sum_{k=-\infty}^{\infty}c_k e^{jk\omega_0 t} \qquad (1-50)$$

式中, $k = 0, \pm 1, \pm 2, \cdots, \pm\infty$。这就是傅里叶级数的复指数函数形式。在式(1-50)中：

$$c_k = \frac{1}{2}(a_k - jb_k) = \frac{1}{T}\int_{-T/2}^{T/2}x(t)(\cos k\omega_0 t - j\sin k\omega_0 t)dt$$

$$= \frac{1}{T}\int_{-T/2}^{T/2}x(t)e^{-jk\omega_0 t}dt \quad (k = 1,2,3\cdots)$$

同理可得

$$c_{-k} = \frac{1}{T}\int_{-T/2}^{T/2}x(t)e^{jk\omega_0 t}dt \quad (k = 1,2,3\cdots)$$

$$c_0 = \frac{1}{T}\int_{-T/2}^{T/2}x(t)dt \quad (k = 0)$$

综合上述三种情况得

$$c_k = \frac{1}{T}\int_{-T/2}^{T/2}x(t)e^{-jk\omega_0 t}dt = |c_k|e^{j\varphi(k)} \quad (k = 0,\pm 1,\pm 2\cdots) \qquad (1-51)$$

式(1-51)将一个周期信号 $x(t)$ 展开为成对出现的共轭复数的无穷级数的和,式中每一项的幅值和相位决定于式(1-51)定义的复数 c_k,它是 $x(t)$ 与 $e^{-jk\omega_0 t}$ 的乘积对于时间的定积分,与时间无关,仅是 $k\omega_0$ 的函数。c_k 的模 $|c_k|$ 规定了 $x(t)$ 的 k 次谐波的

幅值大小,而 c_k 的相位 φ_k 则规定了 k 次谐波的初始相位,因此,根据 $|c_k|$ 和 φ_k 也可分别作出幅值谱和相位谱。通过比较傅里叶级数的两种展开形式可以看出:复数指数函数形式的频谱是双边幅值谱(ω 从 $-\infty$ 到 ∞),而三角函数形式的频谱是单边幅值谱(ω 从 0 到 ∞)。因此,这两种频谱的各次谐波在幅值上存在确定的关系,即 $|c_k| = \frac{1}{2}A_k$。

2. 非周期信号的频谱分析

1) 非周期信号的傅里叶变换及频谱

在实际工程测试中,严格的周期信号一般较少,而非周期信号较多。例如,在结构性能试验中的冲击激励的应力信号以及热电偶所感受到的阶跃信号都是非周期的确定信号。

周期信号的频谱谱线是离散的,其频率间隔为 $\Delta\omega = \omega_0 = 2\pi/T$。对于非周期信号,如果将其视为周期趋于无穷大的周期信号,当周期趋于无穷大时,其频率间隔 $\Delta\omega$ 趋于无穷小,使得频谱线无限接近,频率变量 ω 连续取值。这使得离散的频谱线最终演变成一条连续的曲线。因此,非周期信号的频谱是连续谱。

接下来讨论非周期信号的频谱分析。首先设有一个周期信号 $x(t)$,将其傅里叶级数表示代入对应的关系式[即将式(1-51)代入式(1-50)],在 $(-T/2, T/2)$ 区间内进行分析:

$$x(t) = \sum_{n=-\infty}^{\infty} \left[\frac{1}{T} \int_{-T/2}^{T/2} x(t) e^{-jk\omega_0 t} dt \right] e^{jk\omega_0 t} \quad (1-52)$$

当 $T \to \infty$ 时,

$$\omega_0 = \Delta\omega \to d\omega, \quad k\omega_0 = k\Delta\omega \to \omega, \quad \frac{1}{T} = \frac{\omega_0}{2\pi} \to \frac{1}{2\pi} d\omega$$

于是得

$$x(t) = \frac{1}{2\pi} \int_{-\infty}^{\infty} \left[\int_{-\infty}^{\infty} x(t) e^{-j\omega t} dt \right] e^{j\omega t} d\omega \quad (1-53)$$

式(1-53)中括号内的积分,由于时间 t 是积分变量,故积分后仅是 ω 的函数,可记为 $X(j\omega)$。于是式(1-53)可写为

$$X(j\omega) = \int_{-\infty}^{\infty} x(t) e^{-j\omega t} dt \quad (1-54)$$

$$x(t) = \frac{1}{2\pi} \int_{-\infty}^{\infty} X(j\omega) e^{j\omega t} d\omega \quad (1-55)$$

则 $X(j\omega)$ 称为信号 $x(t)$ 的傅里叶正变换,而 $x(t)$ 称为 $X(j\omega)$ 的傅里叶反变换。

设 $x(t)$ 是非周期信号,它的傅里叶变换存在的充要条件是:在 $(-\infty, \infty)$ 范围内满足狄里克雷条件,绝对可积(即 $\int_{-\infty}^{\infty} |f(t)| dt < \infty$),并且能量有限(即 $\int_{-\infty}^{\infty} |f(t)|^2 dt < \infty$)。满足上述三条件的 $x(t)$ 的傅里叶变换如式(1-55),式中 $X(j\omega)$ 就是非周期信号的频谱。通常情况下 $X(j\omega)$ 是复数,其模称为 $x(t)$ 的幅值谱密度,而它的相位表示 $x(t)$

的相位谱密度。

在讨论周期信号时，$|c_k|$ 的量纲与信号 $x(t)$ 的量纲一致。然而，对于非周期信号，$|X(j\omega)|$ 的量纲与 $x(t)$ 的量纲并不相同。$|X(j\omega)|$ 的量纲表示单位频宽内 $x(t)$ 的幅值，这类似于密度的定义。因此，为了获取 $x(t)$ 在特定频段的幅值，必须将 $|X(j\omega)|$ 与该频段的宽度相乘。

2) 傅里叶变换的主要性质

傅里叶变换一般有线性叠加性、时间尺度性、时移性、频移性、微积分性、时域卷积性和频域卷积性七大性质。下面仅介绍工程测试中涉及的几个常用的性质 [$x(t) \leftrightarrow X(j\omega)$ 表示 $x(t)$ 和 $X(j\omega)$ 存在傅里叶变换关系]。

a. 叠加性质

如果 $x_1(t) \leftrightarrow X_1(j\omega)$，$x_2(t) \leftrightarrow X_2(j\omega)$，则对于任何常数 a_1、a_2 有

$$a_1 x_1(t) + a_2 x_2(t) \leftrightarrow a_1 X_1(j\omega) + a_2 X_2(j\omega)$$

对于有限项的和，下述结果也是正确的：

$$a_1 x_1(t) + a_2 x_2(t) + \cdots + a_n x_n(t) \leftrightarrow a_1 X_1(j\omega) + a_2 X_2(j\omega) + \cdots + a_n X_n(j\omega)$$

b. 时移性质

如果 $x(t) \leftrightarrow X(j\omega)$，则 $x(t - t_0) \leftrightarrow X(j\omega) e^{-j\omega t_0}$。此性质的含义是，$x(t - t_0)$ 表示将时间信号 $x(t)$ 后移 t_0 秒，而 $X(j\omega) e^{-j\omega t_0}$ 则表示将复数矢量 $X(j\omega)$ 的相位后移 $\theta = \omega t_0$ 弧度，即信号在时域内的延时，对应于它的频谱在频域内的相位滞后。

c. 频移性质

如果 $x(t) \leftrightarrow X(j\omega)$，则 $x(t) e^{j\omega_0 t} \leftrightarrow X[j(\omega - \omega_0)]$。此性质的含义是，将时间信号 $x(t)$ 乘以单位旋转矢量 $e^{j\omega_0 t}$ 后，与它对应的频谱是把 $X(j\omega)$ 沿 ω 轴向右平移 ω_0 的距离。

d. 卷积性质

如果 $x_1(t) \leftrightarrow X_1(j\omega)$，$x_2(t) \leftrightarrow X_2(j\omega)$，则

$$x_1(t) * x_2(t) \leftrightarrow X_1(j\omega) X_2(j\omega), \quad x_1(t) x_2(t) \leftrightarrow \frac{1}{2\pi} X_1(j\omega) * X_2(j\omega)$$

式中，符号"$*$"表示卷积。根据卷积定义，信号 $x_1(t)$ 和 $x_2(t)$ 的卷积为

$$x_1(t) * x_2(t) = \int_{-\infty}^{\infty} x_1(\tau) x_2(t - \tau)$$

卷积性质表明，两个信号在时域内的卷积的傅里叶变换是它们各自傅里叶变换的乘积，此两个信号的乘积的傅里叶变换是它们的傅里叶变换在频域内的卷积除以 2π。

1.3.4 测试系统的动态特性

1. 线性时不变系统

如果从数学角度对系统进行描述，通常是利用测量系统的物理特性建立系统输入输出的微分方程实现系统的数学描述。而所谓测量系统的数学描述就是利用测量系统的物理特性建立测量系统的输入与输出之间的数学关系，即输入输出之间的微分方程。对于较复杂

的系统，其数学模型可能是一个高阶微分方程，一般规定微分方程的阶数就是系统的阶数。

对于一般线性定常测量系统的数学描述，如果用 $x(t)$ 表示输入量（又称被测量），$y(t)$ 表示输出量（又称读数），则 $x(t)$ 和 $y(t)$ 之间的关系可以用如下微分方程来描述：

$$a_n \frac{d^n y}{dt^n} + a_{n-1} \frac{d^{n-1} y}{dt^{n-1}} + \cdots + a_1 \frac{dy}{dt} + a_0 y = b_m \frac{d^m x}{dt^m} + b_{m-1} \frac{d^{m-1} x}{dt^{m-1}} + \cdots + b_1 \frac{dx}{dt} + b_0 x \tag{1-56}$$

式中，a_n，a_{n-1}，$\cdots$，a_1，a_0 和 b_n，b_{n-1}，$\cdots$，b_1，b_0 等是由具体测量系统或功能组件的物理性质决定的常数。

线性定常系统具有以下一些主要基本特性。

1）叠加性

对于线性定常系统，假设输入信号是 $x_1(t)$、$x_2(t)$，其对应的输出信号分别是 $y_1(t)$、$y_2(t)$，记作 $x_1(t) \rightarrow y_1(t)$，$x_2(t) \rightarrow y_2(t)$，且 c_1、c_2 为常数，则必有

$$c_1 x_1(t) \pm c_2 x_2(t) \rightarrow c_1 y_1(t) \pm c_2 y_2(t) \tag{1-57}$$

此式对于有限多项输入和输出也是成立的。

2）可微性

设有 $x(t) \rightarrow y(t)$，则有

$$x'(t) \rightarrow y'(t), x''(t) \rightarrow y''(t), \cdots, x^{(n)}(t) \rightarrow y^{(n)}(t) \tag{1-58}$$

还可证明，如果初始条件为零，那么系统对输入信号积分后的响应等同于对输入信号响应的积分。

3）同频性

同频性是指，对于线性定常系统，设输入信号是某一频率为 ω 的简谐信号，则其输出必定也是频率为 ω 的简谐信号，即若输入为 $x(t) = x_0 e^{j\omega t}$，则输出必为 $y(t) = y_0 e^{j(\omega t + \varphi)}$。

线性定常系统的一些主要性质，特别是叠加性和同频性，在测试工作中具有重要意义。例如，当测试系统的输入信号是由多种频率成分叠加而成的复杂信号时，其对应的输出信号就等于输入信号的各个频率成分分别输入该测试系统所引起的输出信号的叠加。这使得我们能够将一个复杂信号的作用视为若干个简单信号作用的和，从而简化问题的分析和处理。例如，如果我们已经知道测试系统是线性的，并且输入信号的激励频率也已知，那么测得的输出信号中只有与激励频率相同的频率成分是真正由输入信号所引起的，而其他频率成分都是噪声或干扰。利用这一性质，可以采用相应的滤波技术，从带有强噪声干扰的信号中提取出有用的信息。因此，理解和利用线性定常系统的这些性质在实际测试和信号处理工作中至关重要。

2. 频率响应函数

由线性定常系统的同频性可知，设输入信号 $x(t) = x_0 e^{j\omega t}$，则对应的输出信号是 $y(t) = y_0 e^{j(\omega t + \varphi)}$，将 $x(t)$、$y(t)$ 代入线性定常系统的微分方程式（1-56）两边，可得

$$y_0 e^{j(\omega t + \varphi)} = \frac{b_m (j\omega)^m + b_{m-1} (j\omega)^{m-1} + \cdots + b_1 j\omega + b_0}{a_n (j\omega)^n + a_{n-1} (j\omega)^{n-1} + \cdots + a_1 j\omega + a_0} x_0 e^{j\omega t} \tag{1-59}$$

式(1-59)也可写为

$$y(t) = H(j\omega) \times (t) \tag{1-60}$$

式中,

$$H(j\omega) = \frac{b_m(j\omega)^m + b_{m-1}(j\omega)^{m-1} + \cdots + b_1 j\omega + b_0}{a_n(j\omega)^n + a_{n-1}(j\omega)^{n-1} + \cdots + a_1 j\omega + a_0} \tag{1-61}$$

$H(j\omega)$ 称为线性测量系统的频率响应函数,它是由系统物理性能决定的一个复变数,是信号频率 ω 的函数。式(1-59)可进一步简化为

$$y_0 e^{j\varphi} = |H(j\omega)| x_0 e^{j\angle H(j\omega)} \tag{1-62}$$

式中,$|H(j\omega)|$ 是频率响应函数 $H(j\omega)$ 的模,即幅度;$\angle H(j\omega)$ 是频率响应函数 $H(j\omega)$ 的幅角,即相位角。

由式(1-62)可得

$$y_0 = |H(j\omega)| x_0 \text{ 或 } y_0/x_0 = |H(j\omega)| \tag{1-63}$$

$$\varphi = \angle H(j\omega) \tag{1-64}$$

可见,$|H(j\omega)|$ 就是动态测量系统的灵敏度。在静态测量中测量系统的灵敏度大多是常数。而动态测量中测量系统的灵敏度通常是 ω 的函数,它随着频率的变化而变化。这是动态测量和静态测量的一个显著差别。由式(1-64)可以看到,φ 通常也是 ω 的函数,可以写成 $\varphi(\omega)$,它表示了测量系统的输出信号相对于输入信号的初始相位迁移量。

综上分析可知,一个测量系统只要其 $H(j\omega)$ 已知,则任何简谐输入信号 $x(t)$ 所引起的输出信号 $y(t)$ 均可确定。若输入 $x(t)$ 不是单一频率的简谐信号,而是任意的确定性信号,将它输入测量系统后,它与输出信号 $y(t)$ 之间符合下列关系:

$$Y(j\omega) = H(j\omega) X(j\omega) \tag{1-65}$$

式中,$Y(j\omega)$、$X(j\omega)$ 分别为输出信号 $y(t)$ 和输入信号 $x(t)$ 的傅里叶变换,即其频谱;$H(j\omega)$ 为测量系统的频率响应函数。

3. 一阶测量系统的特性

在式(1-56)中,如果等式左边二阶以上微分项的系数为零,而等式右边一阶以上微分项的系数为零,则变为

$$a_1 \frac{dy}{dt} + a_0 y = b_0 x \tag{1-66}$$

具有这种输入-输出关系的测量系统称为一阶系统或一阶测量系统。无论是力学、电学、热学范畴的一阶系统,它们的输入输出关系均可用式(1-66)这种一阶微分方程表示,只是系数的物理意义不同。这种系统用于测量中称为一阶测量系统。

由式(1-61)可知,一阶测量系统的频率响应函数为

$$H(j\omega) = \frac{b_0}{a_1 j\omega + a_0} = \frac{b_0}{a_0} \times \frac{1}{1 + (a_1/a_0) j\omega} = S_S \frac{1}{1 + j\omega\tau} \tag{1-67}$$

式中，$S_S = b_0/a_0$ 为前面定义测量系统的静态灵敏度；$\tau = a_1/a_0$ 称为测量系统的时间常数。

由式(1-67)可知，若输入信号 $x(t) = x_0 e^{j\omega t}$，对应的输出信号为 $y(t) = y_0 e^{j(\omega t + \varphi)}$，两者之间应符合公式：

$$y_0 e^{j(\omega t + \varphi)} = S_S \frac{1}{1 + j\omega\tau} x_0 e^{j\omega t} \tag{1-68}$$

$$y_0 e^{j\varphi} = S_S \frac{1}{\sqrt{1+(\omega\tau)^2}} x_0 e^{-j\arctan\omega\tau} = S_S A(\omega) x_0 e^{j\varphi(\omega)} \tag{1-69}$$

式中，一阶测量系统的幅频特性与相频特性分别为

$$A(\omega) = \frac{1}{\sqrt{1+(\omega\tau)^2}} \tag{1-70}$$

$$\varphi(\omega) = -\arctan\omega\tau \tag{1-71}$$

对 $A(\omega)$ 和 $\varphi(\omega)$ 的含义作进一步分析，由上面的公式可得

$$y_0 = S_S A(\omega) x_0 \tag{1-72}$$

定义动态灵敏度：

$$S_D = y_0/x_0 = S_S A(\omega) \tag{1-73}$$

由于测量系统 S_S 是常数，可归一化规定 $S_S = 1$，则

$$S_D = y_0/x_0 = A(\omega)$$

由上式可见，在规定 $S_S = 1$ 的条件下，$A(\omega)$ 就是测量系统的动态灵敏度。由于它给出了当输入信号的幅值 x_0 固定，频率 ω 改变时，对应的输出信号 $y(t)$ 的幅度 y_0 随 ω 的改变情况，所以又称它为幅频特性。

$\varphi(\omega)$ 表示输出信号相对于输入信号滞后了一个相位角。它也是 ω 的函数，所以称为测量系统的相频特性。由前文可知，频域中的相移对应于时域中的时移，因此，在时域中输出信号相对于输入信号滞后的时间是

$$t = \varphi(\omega)/\omega = -\arctan(\omega\tau)/\omega \approx -\tau \text{（当 } \omega\tau \approx 0 \text{ 时）} \tag{1-74}$$

由上式可见，当输入信号 ω 较低，使 $\omega\tau$ 较小，$\varphi(\omega)$ 不大时，输出信号相对于输入信号滞后的时间就是常数 τ。τ 被称为测量系统的时间常数的原因就在于此。图1-7画出了一阶测量系统的幅、相频特性曲线，图中的 $A(\omega)$ 不是一条水平线，$\varphi(\omega)$ 也不是一条通过零点的直线。因此，用它测量由多种频率成分构成的复杂信号时，不同频率成分幅值的放大程度不同，不同频率成分的滞后时间也不相同，从而引起幅度和相位的失真。选择测量仪器时对此必须注意。一阶测量系统可以看成一个低通滤波器，它对于低频信号具有较小的失真，而对高频信号具有较大的失真。这种失真就表现为测量误差。

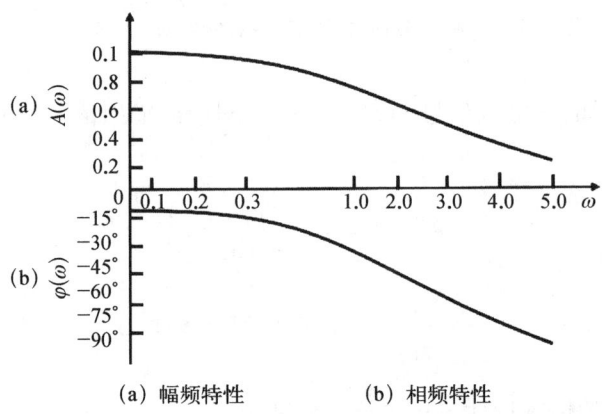

(a) 幅频特性　　　(b) 相频特性

图 1-7　一阶测量系统的幅、相频特性图

4. 二阶测量系统的特性

在式(1-56)中,如果等式左边三阶以上的微分项的系数为零,而等式右边一阶以上的微分项的系数为零,则变为

$$a_2 \frac{d^2 y}{dt^2} + a_1 \frac{dy}{dt} + a_0 y = b_0 x \tag{1-75}$$

具有这种输入-输出关系的测量系统称为二阶系统或二阶测量系统。许多测量系统,如千分表、电感式量头、压电式加速度计、电容式测声计、电阻应变片式测力计、压力计、动圈式磁电仪表等,它们的输入输出关系均可用式(1-75)这种二阶微分方程表示,只是系数的物理意义不同。所以,它们都是二阶测量系统。

为了使微分方程各系数的物理意义更加明确,对式(1-75)的系数作一些变换,令

$$\omega_n = \sqrt{\frac{a_0}{a_2}} \tag{1-76}$$

$$\zeta = \frac{a_1}{2\sqrt{a_0 a_2}} \tag{1-77}$$

式中,ω_n 为测量系统的固有频率;ζ 为测量系统的阻尼比。不难理解,ω_n 和 ζ 都取决于测量系统本身的参数。测量系统一经制造调试完毕,其 ω_n 与 ζ 也随之确定。

经系数变换后,式(1-75)变为

$$\frac{d^2 y}{dt^2} + 2\zeta \omega_n \frac{dy}{dt} + \omega_n^2 y = S_S \omega_n^2 x \tag{1-78}$$

式中,$S_S = b_0/a_0$,前面已定义它是测量系统的静态灵敏度。

由式(1-78)可知,二阶测量系统的频率响应函数为

$$H(j\omega) = S_S \frac{1}{1 - (\omega/\omega_n)^2 + 2j\zeta(\omega/\omega_n)} = S_S A(\omega) e^{j\varphi(\omega)} \tag{1-79}$$

式中,二阶环节的幅频特性与相频特性分别为

$$A(\omega) = 1/\sqrt{[1-(\omega/\omega_n)^2]^2 + 4\zeta^2(\omega/\omega_n)^2} \qquad (1-80)$$

$$\varphi(\omega) = -\arctan\frac{2\zeta(\omega/\omega_n)}{1-(\omega/\omega_n)^2} \qquad (1-81)$$

与一阶测量系统相同,当输入信号为简谐信号 $x(t) = x_0 e^{j\omega t}$ 时,对应的输出信号为

$$y(t) = H(j\omega)x(t) = S_S A(\omega) x_0 e^{j[\omega t + \varphi(\omega)]} = y_0 e^{j[\omega t + \varphi(\omega)]} \qquad (1-82)$$

因此,对于二阶测量系统,其中 $A(\omega)$ 和 $\varphi(\omega)$ 的含义与一阶测量系统相同。$A(\omega)$ 是此测量系统归一化的动态灵敏度。$\varphi(\omega)$ 是输出信号相对于输入信号的相位滞后,或者说它规定了输出信号的滞后时间 $t = \varphi(\omega)/\omega$。

根据式(1-80)和式(1-81),可以画出二阶测量系统的幅、相频率特性如图 1-8 所示。为了便于对不同的二阶系统进行比较,作图时以 $\omega/\omega_n = \eta$ 为横坐标,以 $A(\eta)$ 和 $\varphi(\eta)$ 为纵坐标。从式(1-80)和式(1-81)可见,$A(\eta)$ 和 $\varphi(\eta)$ 都是阻尼比 ζ 的函数。因此规定 ζ 为一系列值时可得到 $A(\eta)$ 和 $\varphi(\eta)$ 的特性曲线族。对这些曲线族进行分析,可知其具有以下特点:

(1) 当 $\eta = \omega/\omega_n = 0$ 时,$A(\eta)$ 均为 1,$\varphi(\eta)$ 均为 0,与阻尼比 ζ 无关;

(2) 当 $\eta \to \infty$ 时,$A(\eta) \to 0$,$\varphi(\eta) \to -180°$,也与阻尼比 ζ 无关;

(3) 在 $\eta = 0 \to \infty$ 的过程中,$A(\eta) \sim \eta$ 的曲线上出现一个峰值。对式(1-74)的分母求导并令其等于 0,可求得

$$\eta_{max} = \sqrt{1-2\zeta^2} \qquad (1-83)$$

$$A_{max}(\eta) = 1/2\zeta\sqrt{1-\zeta^2} \qquad (1-84)$$

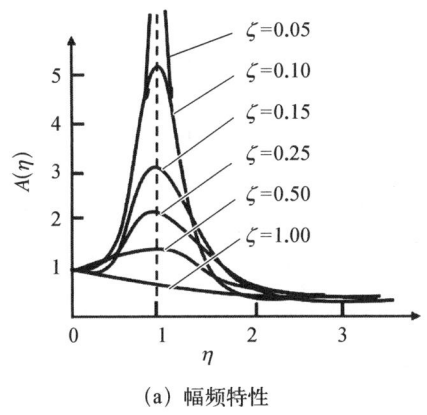
(a) 幅频特性

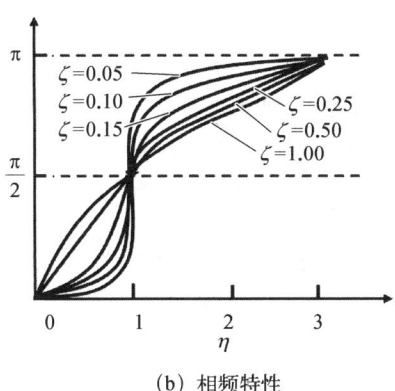
(b) 相频特性

图 1-8 二阶测量系统的幅、相频特性图

由 η_{max} 和 $A_{max}(\eta)$ 的函数式可见,在阻尼比 ζ 从 0 逐渐加大时,η_{max} 从 1 逐步减小,即峰值点的横坐标逐步向 0 趋近。当 $\zeta = 0.707$ 时,峰值点 η_{max} 移动到纵坐标轴上。在此过程中,A_{max} 的值也在不断减小,在 $\zeta = 0.707$ 时降为 1,即 $A(\eta)$ 曲线的峰值点消失,呈单调下降。当 $\eta = 1$ 时,所有的 $\varphi(\eta) = -90°$。

可见,二阶测量系统的幅频特性不是一条直线,所以当输入信号是由多种频率构成的复杂信号时,测量系统对不同频率的信号有不同的灵敏度,从而引起幅度失真。二阶测量系统的相频特性也不是一条过零点的直线,所以不同频率成分通过时,延时时间不等,在时间轴上会产生"错位",从而产生相位失真。显然,二阶测量系统也可以看成是一个低通滤波器。

1.4 小　结

本章详细介绍了测试系统的基本构成和功能,探讨了传统测试系统面对日益复杂和极端环境下的测试需求而显现出的瓶颈;介绍了智能测试系统及其特征;介绍了测试系统的静态特性,包括测试系统的静态指标、测量误差分析与处理、系统误差;介绍了测试系统的动态特性,包括信号的表示与分类、信号的时域统计分析、信号的频谱分析以及测试系统的动态特性等。部分结论如下。

(1) 测试系统是为落实测试任务而开发的实体人工系统,其核心目的是迅速、准确且真实地向测试者展示被测物相关的信息,从而减少测试者对被测物观测的不确定性。

(2) 从测试系统的基本技术特性来说,测试系统需要具备输入功能模块、信号传输功能模块和输出功能模块,其关系框图如图1-2所示。

(3) 智能测试系统指的是具备智能功能的测试系统,除了一般测试系统所具备的信息获取、传输、存储、处理和再现功能外,还具备智能化的能力。

(4) 测试系统的静态指标包括准确度、灵敏度、稳定性、非线性度、重复性、误差等。

(5) 测量系统的动态特性是指其在面对迅速变化的输入信号时的反应特性。对于测量动态信号的系统,要求它能够迅速且准确地测量信号幅值并真实再现信号波形变化。也就是说,要求测量系统在输入变量变化时,输出变量能立刻并无失真地随之改变。

思　考　题

1.1 测试系统的基本构成是什么?
1.2 简述智能测试系统的特征。
1.3 测试系统的静态指标有哪些?
1.4 什么是测量的精密度、正确度、准确度?分别代表什么含义?
1.5 误差可分为几类?产生的原因是什么?处理方法分别是什么?
1.6 某压力传感器静态标定结果如表1所示,试计算其灵敏度、线性度及迟滞。

表1　某压力传感器静态标定结果

输出/mV	压力/Pa	0	10	20	30	40	50
	正行程	0.0	39.2	79.6	119.9	160.1	200.0
	反行程	0.1	39.9	79.7	120.0	160.2	200.0

1.7 已知不可压流体速度按下式计算:

$$v = \sqrt{\frac{2(p^* - p)}{\rho}}$$

若进行压差测量,则上式变为

$$v = \sqrt{\frac{2\Delta p}{\rho}}$$

式中,

$$\Delta p = p^* - p$$

若压力表和差压表的测量精度均为 0.1 级,分别计算压力测量(p^*, p)和差压测量(Δp)两种测量方案的精度。

参 考 文 献

[1] 张宁,袁胜智,陈晔. 现代测试技术及应用[M]. 北京:科学出版社,2022.

[2] 孔德仁,朱蕴璞,狄长安. 工程测试技术[M]. 2版. 北京:科学出版社,2009.

[3] 刘晓彤. 测试技术[M]. 北京:科学出版社,2008.

[4] 王伯雄,王雪,陈非凡. 工程测试技术[M]. 2版. 北京:清华大学出版社,2012.

[5] 杨建伟. 工程测试技术[M]. 北京:机械工业出版社,2022.

[6] 熊诗波. 机械工程测试技术基础[M]. 4版. 北京:机械工业出版社,2018.

[7] 贝尔尼·麦克艾萨克,罗伊·兰顿. 燃气涡轮推进系统[M]. 颜万亿,谈琳妮,译. 上海:上海交通大学出版社,2014.

[8] 邢钰,王公浩,谢振华. 某型机载超短波抗干扰电台自动测试系统的设计[J]. 测控技术,2006(3):33-36.

[9] 王旭,付亚平. 检测自动化技术在机械制造系统中的应用研究[J]. 呼伦贝尔学院学报,2011,19(4):107-110.

[10] 陈勇,张佳骥,戎纪光. 面向机构的智能文本分析系统的研究[J]. 无线电工程,2007(2):31-33.

[11] 王月春,高凌燕,张倩,等. 人工智能软件测试技术[M]. 北京:清华大学出版社,2023.

[12] 张韬. 基于图像处理的接触网检测系统研究[D]. 成都:西南交通大学,2008.

[13] 薛锐. 热工仪表计算机校验与综合管理系统[D]. 南京:南京理工大学,2005.

[14] 郭小瑜. 智能差压变送器标定系统的设计与实现[D]. 南京:南京理工大学,2006.

[15] 陈军. 基于彩色及近红外双CCD的炉内工件表面温度全视场监视系统[D]. 合肥:安徽大学,2006.

[16] 杨凯镔. 工业数据挖掘中有偏估计问题及解决方案研究[D]. 上海:上海交通大学,2009.

[17] 徐高峰. 基于CCD图像的实时炉温测量算法及软件实现[D]. 西安:西北工业大学,2004.

[18] 苏相波. 检测仪表的分类及检测误差[J]. 商品与质量,2012(S8):162.

[19] 马韡韡. 基于Flow的IP QoS流量分析系统设计与实现[D]. 北京:北京邮电大学,2008.

[20] 周自波. 外圆磨在线检测应用系统的硬件研究与开发[D]. 成都:四川大学,2005.

[21] 黄晓清. 基于核方法的复杂工业过程建模研究[D]. 大连:大连理工大学,2008.

[22] 王亮,孙颖. 航空发动机测试数据准确度和可靠性保证[J]. 航空发动机,2023,49(5):64-77.

[23] 苏凤. 电容湿度传感器性能研究[D]. 成都:西南交通大学,2008.

[24] 秦树人,张明洪,罗德扬. 机械工程测试原理与技术[M]. 重庆:重庆大学出版社,2002.

[25] 白秋产. 基于VI的热释电探测器性能参数测试系统研究[D]. 西安:西安工业大学,2006.

[26] 靳超,郑纬民,张悠慧. 主动存储系统结构[J]. 计算机学报,2005(6):1013-1020.

[27] 白虹,庞建民,戴超,等. 基于小波变换的木马心跳行为检测方法[J]. 计算机科学,2016,43(4):150-154.

[28] 丁晓天. 融合多种信号特征的模拟电路故障诊断研究[D]. 武汉:华中科技大学,2011.

[29] 李荣义. 汽轮发电机组振动监测虚拟仪器设计[D]. 南京:东南大学,2009.

[30] 谭静,卞晓晓,张小琴,等. 信号与线性系统分析[M]. 南京:南京大学出版社,2016.

第 2 章 航空动力系统传感技术

【学习要点】
- 掌握：① 温度、压力、流量、应变、振动等参数的概念和工程中的意义；② 温度、压力、流量、应变、振动等参数的测量原理和方法。
- 熟悉：① 温度的概念以及温度传感器的种类；② 压力测量技术以及压力传感器种类；③ 流量测量技术及精度；④ 旋转条件下的应变测量；⑤ 振动频率与振动传感器。
- 了解：① 传统测量技术以及瓶颈问题；② 智能测试技术的发展现状。

2.1 温度测量

温度是一个重要的物理量，宏观上表示物体的冷热程度，微观上表征了物体分子热运动的剧烈程度。温度的变化会直接影响一个物质的物理性质和化学性质。因此，在生产过程和科学实验中，如何快速、准确地获得物体温度成了人们关心的问题，多种温度测量手段和设备仪器也因此得到了长足的发展，包括水银温度计、热电偶、电阻温度计、辐射温度计、温度探针等。用来度量物体温度高低的标尺称为温度标尺，简称温标，包括摄氏温标、热力学温标以及华氏温标。

2.1.1 温标

1. 国际温标

国际温标被用来复现热力学温标[1]。自1927年第七届国际计量大会建立国际温标（ITS-27）以来，由于温标基本内容发生变化，国际温标也曾先后被多次修改，而从1990年1月1日开始，各国开始采用1990年国际温标（ITS-90），我国规定自1991年7月1日起也开始使用了此温标。

2. 温度的单位

ITS-90规定热力学温度（符号为T）是基本的物理量，其单位是开尔文（符号为K）。

它规定水的三相点热力学温度为273.16 K,定义1开尔文等于水三相点热力学温度的1/273.16。习惯上,温度常用摄氏温度表示,其符号为 t,单位为℃,其定义为

$$t = T - 273.15 \tag{2-1}$$

因此,水的三相点为0.01℃。ITS-90所包含的温度范围自0.65 K至单色辐射温度实际可测量的最高温度,其中一共定义了17个固定点和温度点,包括14种单质的三相点、熔点和凝固点以及3个用蒸汽温度计或气体温度计测定的温度点,见表2-1。

表2-1 ITS-90定义固定点

序号	温度		物 质	状 态
	T_{90}/K	t_{90}/℃		
1	3~5	−270.15~−268.15	He	V
2	13.803 3	−259.346 7	e−H_2	T
3	约17	约−256.15	e−H_2(或He)	V(或G)
4	约20.3	约−252.85	e−H_2(或He)	V(或G)
5	24.556 1	−248.593 9	Ne	T
6	54.358 4	−218.791 6	O_2	T
7	83.805 8	−189.344 2	Ar	T
8	234.315 6	−38.834 4	Hg	T
9	273.16	0.01	H_2O	T
10	302.914 6	29.764 6	Ga	M
11	429.748 5	156.598 5	In	F
12	505.078	231.928	Sn	F
13	692.677	419.527	Zn	F
14	933.473	660.323	Al	F
15	1 234.93	961.78	Ag	F
16	1 337.33	1 064.18	Au	F
17	1 357.77	1 084.62	Cu	F

ITS-90中通过各温区来定义 T_{90},而某些温区是重叠的,重叠区中 T_{90} 的定义也有一定差异,但这些差异非常小而可以忽略不计。因此,这些定义是等效的。

国际温标由各国计量部门按规定分别保持和传递。在我国由中国计量科学研究院用国际温标所规定的各定义固定点和一整套基准仪器来复现,并由各省市计量局逐级传递到工业用测温仪表和实验用精密测温仪表。

2.1.2 热电偶温度计

热电偶温度计由热电偶、电测仪表和连接导线组成。它被广泛用来测量−100~

1 600℃范围内的温度,且具有较高的准确度。热电偶可以把温度信号转变成电信号,这便于信号的远传和多点切换测量。因此,热电偶被广泛用于工业生产和科学研究领域中的测温过程。

1. **热电偶测温原理**

当两种不同的导体或半导体 A、B 组成一个闭合回路,如图 2-1 所示,两个接点(接点 1、2)的温度 t 和 t_0 存在温差时($t > t_0$),回路中就会出现电动势,称为热电势,这一现象称为热电现象。这种现象是塞贝克在 1821 年发现的,故又称为"塞贝克效应"。

温差电势是一根导体上因两端温度不同而产生的热电动势。这是由于当同一导体的两端温度不同时,高温端的电子能量比低温端的电子能量大,因而从高温端跑到低温端的电子数比从低温端跑到高温端的要多,导致高温端因失去电子而带正电荷,低温端因得到电子而带负电荷,从而在高、低温端之间形成了一个从高温端指向低温端的静电场。随后,该电场会阻止电子从高温端跑向低温端,同时加速电子从低温端跑向高温端,最后达到动平衡状态,即从高温端跑向低温端的电子数等于从低温端跑向高温端的电子数。动平衡状态时在导体两端产生一个相应的电位差,称为温差电势,如图 2-2 所示,此电势只与导体性质和导体两端的温度有关,而与导体长度、截面大小、导体上的温度分布无关。如均匀导体 A 两端的温度分别为 t 和 t_0,则在导体两端之间的温差电势(图 2-2)e_A 为

$$e_A = \psi_A(t) - \psi_A(t_0) \tag{2-2}$$

式中,函数 $\psi_A(t)$ 的形式只与导体 A 的性质有关。

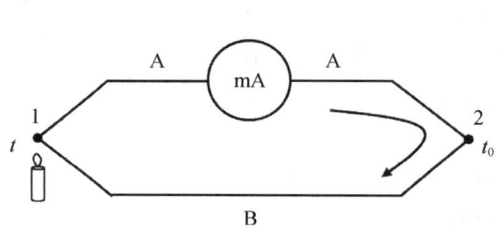

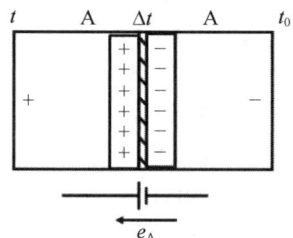

图 2-1 塞贝克效应　　　　图 2-2 温差电势

接触电势(佩尔捷电势)是在两种不同的导体 A 和 B 接触时产生的。A、B 金属有不同的电子密度,假设导体 A 的电子密度 N_A 大于导体 B 的电子密度 N_B,则从 A 扩散到 B 的电子数要比从 B 扩散到 A 的多,A 因失去电子而带正电荷,B 因得到电子而带负电荷,于是在 A、B 的接触面上便形成了一个从 A 到 B 的静电场。这个电场将阻碍电子扩散继续进行,同时加速电子向相反方向转移,即从 B 回到 A 的电子数增多,最后达到动平衡状态。在动平衡状态时 A、B 之间形成一个电位差,称为接触电势(图 2-3),其数值取决于两种不同导体的性质和接触点的温度。如导体 A 和 B 相接触,接点温度为 t,则接点处的接触电势为 $\varphi_{AB}(t)$。一个由 A、B 两种均匀导体组成的热电偶,当两个接点温度分别为 t 和 t_0(图 2-4)时,按顺时针取向,热电偶产生的热电势 $E_{AB}(t, t_0)$ 为

$$E_{AB}(t, t_0) = \varphi_{AB}(t) - \psi_A(t) + \psi_A(t_0) - \varphi_{AB}(t_0) + \psi_B(t) - \psi_B(t_0) \tag{2-3}$$

在这两种导体组成的热电偶中,把 t_0 端称为热电偶的参考端、自由端或冷端,而 t 端

称为测量端、工作端或热端(以下统称冷端、热端)。如果在冷端电流从导体 A 流向导体 B,则 A 称为正热电极,B 称为负热电极。

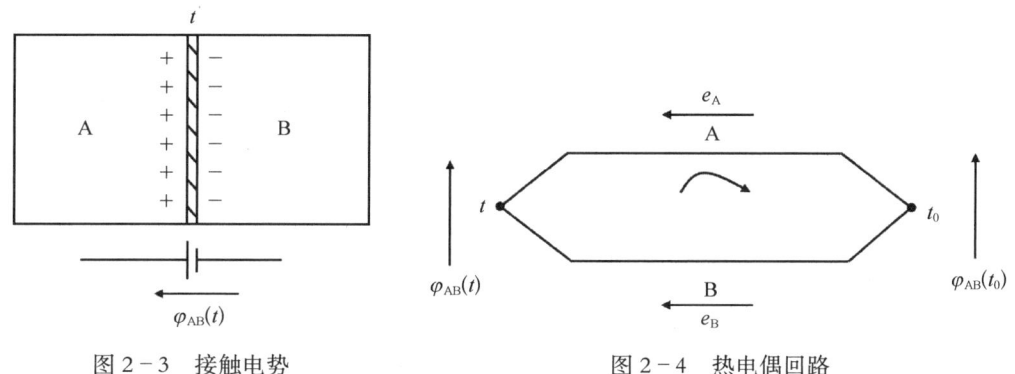

图 2-3　接触电势　　　　　　图 2-4　热电偶回路

2. 热电偶的基本定律

在使用热电偶测量温度时,还需要应用关于热电偶的三条基本定律,它们已由实验所确立,分述如下。

热电偶温度计的基本定律

1) 均质导体定律

由同一种均质导体(或半导体)组成的闭合回路,不论其截面积如何以及各处的温度分布如何,都不能产生热电势。由此定律可以得到如下的结论:

(1) 热电偶必须由两种不同性质的材料构成;

(2) 由一种材料组成的闭合回路存在温差时,回路如产生热电势,便说明该材料是不均匀的;据此,可检查电极材料的均匀性。

2) 中间导体定律

由多种不同材料组成的闭合回路中,若各种材料接触点的温度都相同,则回路中热电势的总和等于零。由此定律可以得到如下结论。

(1) 在热电偶回路中加入第三种均质材料,只要它的两端温度相同,对回路的热电势就没有影响,如图 2-5 所示。利用热电偶测温时,只要热电偶连接显示仪表的两个接点的温度相同,那么仪表的接入对热电偶的热电势没有影响。而且对于任何热电偶接点,只要它接触良好,温度均匀,不论用何种方法构成接点,都不影响热电偶回路的热电势。例如对图 2-5(a)可以写出回路热电势为

$$
\begin{aligned}
E_{ABC}(t, t_1, t_0) &= e_{AB}(t) + e_{BC}(t_1) + e_{CB}(t_1) + e_{BA}(t_0) \\
&= e_{AB}(t) + e_{BA}(t_0) \\
&= E_{AB}(t, t_0)
\end{aligned}
\tag{2-4}
$$

对图 2-5(b)可以写出回路热电势为

$$E_{ABC}(t, t_1, t_0) = e_{AB}(t) + e_{BC}(t_0) + e_{CA}(t_0)$$

若设 $t=t_1=t_0$,则根据本定律可得

$$e_{AB}(t_0) + e_{BC}(t_0) + e_{CA}(t_0) = 0$$

以此关系代入上式,可得

$$E_{ABC}(t, t_1, t_0) = e_{AB}(t) - e_{AB}(t_0) = E_{AB}(t, t_0)$$

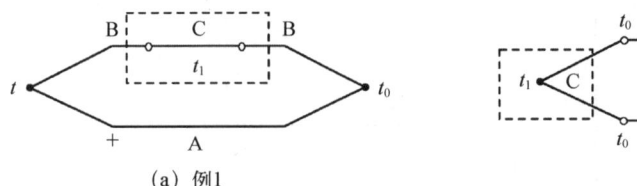

图 2-5 带有第三种材料的热电偶回路

(2) 如果两种导体 A、B 对另一种参考导体 C 的热电势为已知,则这两种导体组成热电偶的热电势是它们对参考导体热电势的代数和(图 2-6)。

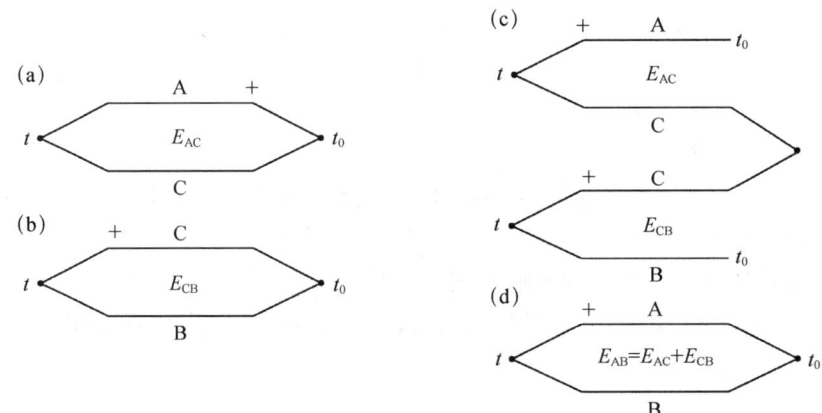

图 2-6 热电偶回路中加入第三种材料的热电势

如果把图 2-6(a)、(b) 改画成(c)、(d) 形式,则回路的热电势可写成

$$E_{AB}(t, t_0) + E_{CB}(t, t_0) = e_{AC}(t) + e_{CB}(t) + e_{BA}(t_0)$$

同样应用本定律,可得

$$e_{AB}(t) + e_{CB}(t) + e_{BA}(t) = 0$$

由此可得

$$E_{AC}(t, t_0) + E_{CB}(t, t_0) = e_{AB}(t) + e_{BA}(t_0) = E_{AB}(t, t_0)$$

参考导体亦称标准电极。由于铂的物理、化学性能稳定,熔点高,易提纯,复制性好,所以标准电极常用纯铂丝制作。这个结论大大简化了热电偶的选配工作,只要取得一些热电极与标准铂电极配对的热电势,其中任何两种热电极配对时的热电势就可通过计算求得。

3) 连接温度(或中间温度)定律

接点温度为 t_1 和 t_3 的热电偶,它的热电势等于接点温度分别为 t_1、t_2 和 t_2、t_3 上的两支同性质热电偶的热电势的代数和,如图 2-7 所示,它的热电势可以表示如下:

$$E_{AB}(t_1, t_2) + E_{AB}(t_2, t_3) = e_{AB}(t_1) + e_{BA}(t_2) + e_{AB}(t_2) + e_{BA}(t_3)$$
$$= e_{AB}(t_1) + e_{BA}(t_3)$$
$$= E_{AB}(t_1, t_3)$$

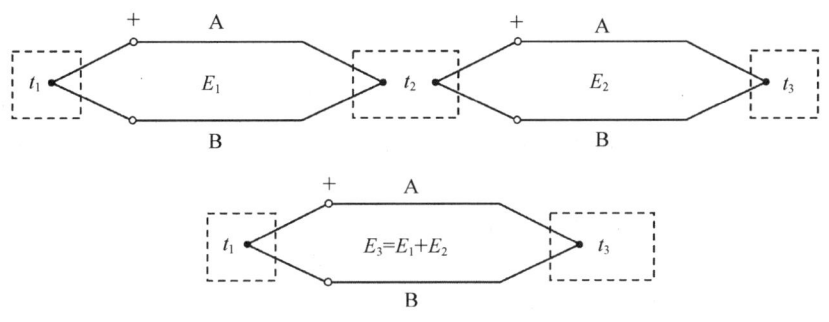

图 2-7 中间温度定律

由此定律可以得到如下结论。

（1）已知热电偶在某一给定冷端温度下进行的分度，只要引入适当的修正，就可在另外的冷端温度下使用。这就为制订热电偶的热电势-温度关系分度表奠定了理论基础。

（2）可将和热电偶具有同样热电性质的补偿导线引入热电偶回路中，相当于把热电偶延长而不影响热电偶应有的热电势，这为工业测温中应用补偿导线提供了理论依据。

在测温时，为了使热电偶的冷端温度保持恒定，可以把热电偶做得很长，使冷端远离热端，并连同测量仪表一起放置到恒温或温度波动较小的地方（如集中控制室）。但这种方法要耗费许多贵重的热电极材料。因此，一般是用一种所谓的补偿导线与热电偶的冷端相连接，如图 2-8 所示。这种补偿导线是两种不同的金属材料，它在一定的温度范围内（0～100℃）和所连接的热电偶具有相同的热电性质，可用它们来作热电偶的延伸线。

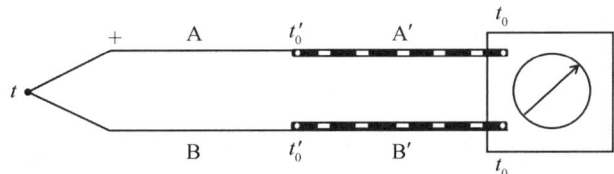

A, B—热电偶热电极；A′, B′—补偿导线；t_0'—热电偶原冷端温度；t_0—新冷端温度

图 2-8 补偿导线在测温回路中的连接

3. 热电偶的分类及构造

目前在实验室温度测量和工程中的温度测量中，应用较广泛、最普遍的热电偶包括普通型热电偶、铠装热电偶、薄膜热电偶等。

1）普通型热电偶

常用的普通型热电偶本体是一端焊接的两根金属丝（热电极）。考虑到两根热电极之间的电气绝缘和防止有害介质侵蚀热电极，在工业上使用的热电偶一般都有绝缘管和保护套管。在个别情况下，如果被测介质对热电偶不会发生侵蚀作用，也可不用保护套管，以减小接触测温误差与滞后。

（1）热电极：热电极的直径由材料的价格、机械强度、电导率以及热电偶的用途和测量范围等决定。贵金属热电极的直径一般是 0.3～0.65 mm，其他金属热电极的直径一般是 0.5～3.2 mm。热电偶的长度根据热端在介质中的插入深度来决定，通常为 350～2 000 mm。

热电偶热端通常采用焊接方式形成。为了减小热传导的误差和滞后，焊点直径应不超过两倍热电极直径。焊点的形式有点焊、对焊、绞状点焊等多种，如图 2-9 所示。

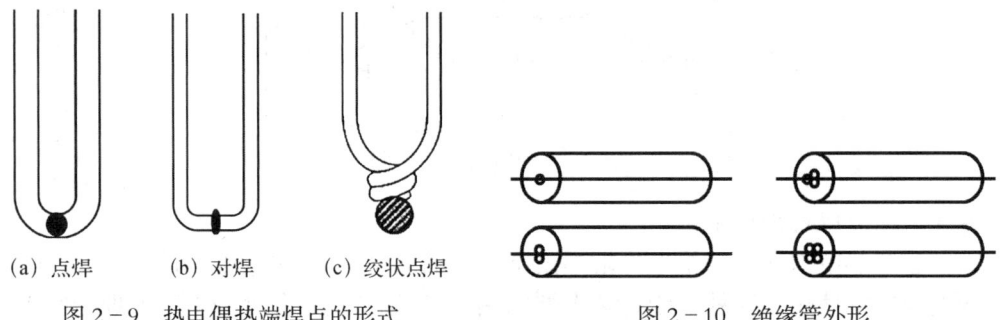

图 2-9 热电偶热端焊点的形式　　　图 2-10 绝缘管外形

（2）绝缘材料：热电偶的两根热电极要很好地绝缘，以防短路。在低温下可用橡胶、塑料等作绝缘材料；在高温下采用氧化铝、陶瓷等制成圆形或椭圆形的绝缘管，套在热电极上。绝缘管的形状见图 2-10。

（3）保护套管：为了防止热电极遭受化学腐蚀和机械损伤，热电偶通常都是装在不透气并带有接线盒的保护套管内。接线盒内有连接热电极的两个接线柱，以便连接补偿导线或导线。对保护套管材料的要求是能承受温度的剧变、耐腐蚀、有良好的气密性和足够的机械强度、有高的热导率、在高温下不致和绝缘材料及热电极起作用，也不产生对热电极有害的气体。目前还没有一种材料能同时满足上述要求，因此应根据具体工作条件选择保护套管的材料。常用的保护套管材料包括钢、碳钢、不锈钢、石英、高温陶瓷、镍铬合金、高纯氧化铝、氧化硼等。

2）铠装热电偶

铠装热电偶是由金属套管、绝缘材料和热电极经拉伸加工而成的坚实组合体，其结构如图 2-11 所示。

套管的材料有铜、不锈钢及镍基高温合金等。热电偶与套管之间填满了绝缘材料的粉末，目前采用的绝缘材料绝大部分为氧化镁。套管中的热电极有单丝、双丝和四丝的，彼此之间互相绝缘。热电偶的种类则是标准或非标准的金属热电偶。目前生产的铠装热电偶，其外径一般为 1～6 mm，长度为 1～20 m，外径最细的有 0.2 mm，长度最长超过 100 m。它的测温上限除和热电偶有关外，还和套管的外径及管壁厚度有关，外径粗、管壁厚时的测温上限相对较高。

3）薄膜热电偶

薄膜热电偶是由两种金属薄膜连接而成的一种特殊结构的热电偶。这种薄膜热

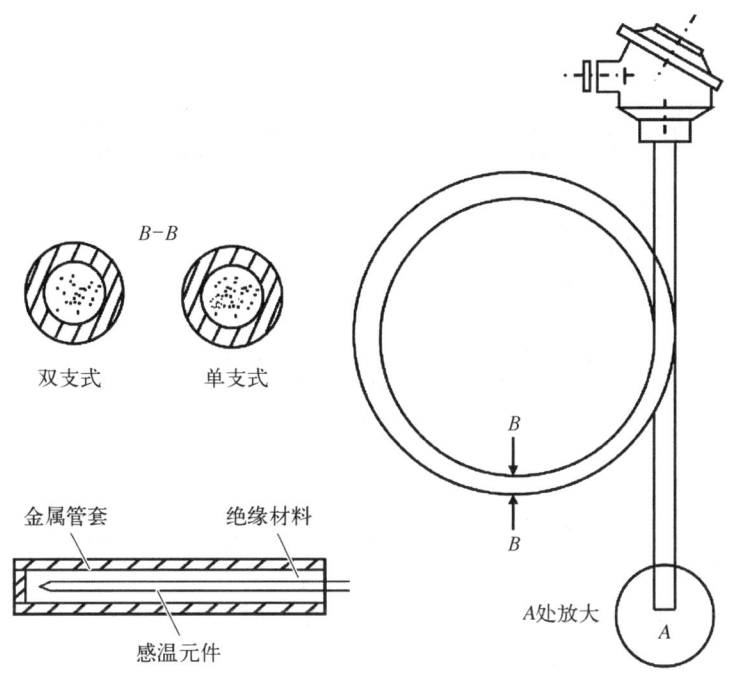

图 2-11 铠装热电偶

电偶的热端既小又薄,热容量很小,可以用于微小面积上的温度测量,而且动态响应快,可测量瞬变的表面温度。其中片状结构的薄膜热电偶是采用真空蒸镀法将两种热电极材料蒸镀到绝缘基板上,上面再蒸镀一层二氧化硅薄膜作绝缘和保护层。我国研制成的铁-镍薄膜热电偶如图 2-12 所示,其长、宽、厚三个方向的尺寸分别是 60 mm、6 mm、0.2 mm,金属薄膜厚度在 3~6 μm,测温范围为 0~300℃,时间常数小于 0.01 s。

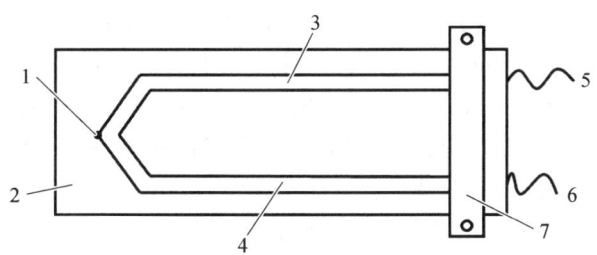

1—热端接点;2—衬架;3—Fe 膜;4—Ni 膜;5—Fe 丝;6—Ni 丝;7—接头夹具

图 2-12 铁-镍薄膜热电偶

如果将热电极材料直接蒸镀在被测表面上,其时间常数可达微秒级,可用来测量变化极快的温度;也可将薄膜热电偶制成针状,针尖处为热端,可用来测量点的温度。

4. 标准化与非标准化热电偶

常用的热电偶是由热电极(热偶丝)、绝缘材料(绝缘管)和保护套管等部分构成的。图 2-13 所示是工业用普通型热电偶的结构。

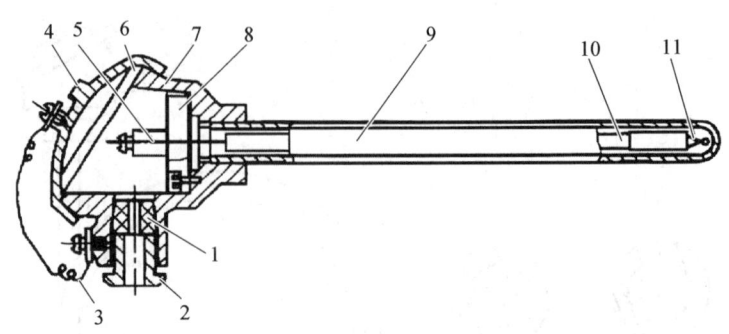

1—出线孔密封圈;2—出线孔螺母;3—链条;4—盖子;5—接线柱;6—端盖密封;
7—接线盒;8—接线座;9—热电偶保护管;10—绝缘管;11—热电极(热电偶芯)

图 2-13 热电偶的结构

热电偶对热电极材料的主要要求如下:

(1) 物理性能稳定,能在较宽的温度范围内使用,其热电性质不随时间变化;

(2) 化学性能稳定,在高温下不易被氧化和腐蚀;

(3) 热电势和热电势率(温度每变化 1℃引起的热电势的变化)大,热电势与温度之间呈线性关系;

(4) 电导率高,电阻温度系数小;

(5) 复制性好,以便互换;

(6) 价格便宜。

目前所用的热电极材料,不论是纯金属、合金还是非金属,都难以满足以上全部要求。因此,在不同测温条件下要用不同的热电极材料。

1) 标准化热电偶

所谓标准化热电偶是指制造工艺较成熟、应用广泛、可成批生产、性能优良而稳定的热电偶,这些热电偶已列入专业或国家工业标准化文件中。其中,同一型号的标准化热电偶规定了统一的热电极材料及其化学成分、热电性质和允许偏差,也就是说标准化热电偶具有统一的分度表[2]。对于同一型号的标准化热电偶具有互换性,使用十分方便。目前,标准化的热电偶包括铂铑 10-铂热电偶(分度号 S)、铂铑 13-铂热电偶(分度号 R)、铂铑 30-铂铑 6 热电偶(分度号 B)、镍铬-镍硅(镍铬-镍铝)热电偶(分度号 K)、镍铬-康铜热电偶(分度号 E)、镍铬-金铁热电偶(分度号 $NiCr-AuFe_{0.07\%}$)及铜-金铁热电偶(分度号 $Cu-AuFe_{0.07\%}$)等。我国标准化热电偶的主要特性见表 2-2。

(1) 对于分度号为 S、R、B 的贵金属来说,长期使用最高温度是指在干燥空气中热电偶在该温度下经过 200 h 工作后,其原始分度值的变化不超过 0.5%;短期使用的最高温度、工作气氛及原始值的变化与上述相同,经历时间则为 20 h。

(2) 对于分度号为 K、E、J、T 的贱金属来说,其长期使用的最高温度是指在干燥空气中热电偶在该温度下经过 1 000 h 工作后,其原始分度值的变化不超过 0.75%;短期使用的最高温度、工作气氛及原始值的变化与上述相同,经历时间则为 100 h。

(3) 分度号为 E、J、T 热电偶的负极虽然都是康铜(铜镍合金),但通常含有少量的不同元素以控制热电势,并相应减少镍或铜的含量,或同时减少二者的含量。

表 2-2 常用标准化热电偶简要技术资料(供参考)

热电偶名称	分度号	100℃电势(冷端0℃)/mV	热电极直径/mm	测温上限 长期/℃	测温上限 短期/℃
铂铑10-铂(GB 3772-83)	S	0.864 5	0.02~0.5	1 200	1 600
铂铑30-铂铑6(GB 2902-82)	B	0.033	0.015~0.5	1 600	1 800
镍铬-镍硅(GB 2614-85)	K	4.095	0.3~1.0	700~900	800~1 000
			1.2~2.5	1 000~1 100	1 100~1 200
镍铬-康铜(GB 4993-85)	E	6.317	0.3~1.0	350~450	400~500
			1.2~2.5	550~650	650~750
铜-康铜(GB 2903-82)	T	4.277	0.2~1.6	120~350	200~400
铁-康铜(GB 4992-85)	J	5.268	0.3~1.0	300~400	400~500
			1.2~2.0	500	600
铂铑13-铂(GB 1598-79)	R	0.647	0.5~0.02	1 300	1 600

2) 非标准化热电偶

非标准化热电偶无论在使用范围还是在数量上均不及标准化热电偶。但在某些特殊场合,譬如在高温、低温、超低温、高真空和有核辐射等被测对象中,这些热电偶具有某些特别良好的性能,例如,钨铼系热电偶、铱铑系热电偶、铂钼5-铂钼0.1热电偶、非金属热电偶等,非标准化热电偶一般没有统一的分度表。

5. 热电偶冷端温度补偿问题

从热电偶的测温原理中知道,热电偶热电势的大小和热端温度、冷端温度都有关。只有在冷端温度恒定的情况下,热电势才能正确反映热端温度的高低。在实际应用时,热电偶的冷端放置在距热端很近的大气中,受高温设备和环境温度波动的影响较大,因此冷端温度很难是恒定值。为消除冷端温度对测量的影响,可采用下述几种冷端温度补偿方法。

1) 计算法

各种热电偶的分度关系是在冷端温度为0℃的情况下得到的。如果测温热电偶的热端为t℃,冷端不是0℃而是t_0℃,这时不能用测得的$E(t,t_0)$去查分度表得t,而应该根据下式计算热端为t℃、冷端为0℃时的热电势:

$$E(t, 0) = E(t, t_0) + E(t_0, 0) \qquad (2-5)$$

式中,$E(t, 0)$是冷端为0℃、热端为t℃时的热电势;$E(t, t_0)$是冷端为t_0℃、热端为t℃

时的热电势,即实测值;$E(t_0, 0)$是当冷端为t_0℃时应加的校正值,它相当于同一支热电偶在冷端为0℃,热端为t_0℃时的热电势,该值可以从热电偶分度表中查得。

然后用$E(t, 0)$从分度表中查得温度t, t就是通过计算法补偿了冷端温度不在0℃所产生的电势变化后得到的热端温度。

例如,采用镍铬-镍硅热电偶测温,热电偶的冷端温度为$t_0 = 35$℃,测得$E(t, t_0) = 33.339$ mV,从分度表中查得$E(35, 0) = 1.407$ mV,于是根据式(2-5)计算可得$E(t, 0) = 33.339 + 1.407 = 34.746$(mV)。最后,用34.746 mV查分度表,便可得被测温度$t = 836$℃。

可以看出,用计算法来补偿冷端温度变化的影响,适用于实验室测温,而对于现场使用的直读式仪表测温,用此方法补偿是很不方便的。

2) 冰点槽法

如果在测温时将热电偶冷端置于0℃环境下,就不需要进行冷端温度补偿。基于该思路,设置了一个温度恒为0℃的冰点槽,将热电偶的冷端插到试管中保持恒定的温度。图2-14所示为一个简单的冰点槽,把清洁水制成冰屑,冰屑与清洁水混合后放在保温瓶中。在一个大气压下,冰和水的平衡温度就是0℃。

冰点槽法是一个准确度很高的冷端温度处理方法。然而,需要保持冰水两相共存,使用起来比较麻烦。因此,这个办法只用于实验室,工业生产中一般不采用。

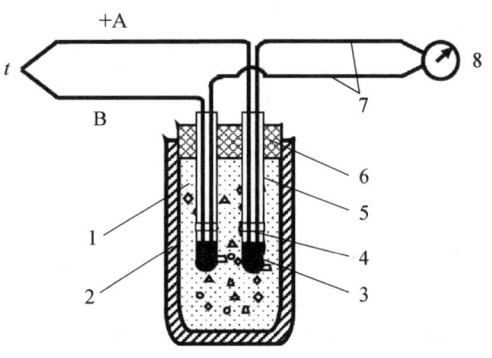

1—冰水混合体;2—保温瓶;3—变压器油;4—蒸馏水;5—试管;6—盖;7—铜导线;8—显示仪表

图2-14 冰点槽

有一种利用接触电位差效应的热电制冷器,在它的容器中自动保持冰和水的平衡状态,使温度恒定在0℃。使用时把热电偶的冷端直接插入容器中。有的制冷器内部装有数种热电偶的冷端,连接冷端的热电极导线接到仪器外部的接线端子上,使用者选用冷端后可方便地接线。

3) 补偿导线法

实用的热电偶,尤其是贵金属热电偶往往是长度一定、结构固定的,而测温现场又往往需要把其参考端移至远离被测对象且温度较稳定的场合,这可以采用在一定温度范围内其热电特性与所配的热电偶基本一致且价格较便宜的补偿导线来作为热电偶丝的延伸部分。补偿导线有延伸型和补偿型,按使用温度范围有一般用和耐热用两类,耐热用的最高使用温度可达200℃。

6. 热电偶的校验

热电偶在使用过程中,热端会受到氧化、腐蚀等作用,而且在高温影响下会导致热电偶材料发生再结晶,使其热电特性发生变化,测温误差越来越大。为了使温度测量有一定的准确度,热电偶必须定期地进行校验,以确定其误差大小。当其误差超出规定范围时,要更换热电偶或把原来热电偶的热端剪去一段,重新焊接,经校验后再使用。

热电偶的校验是一项重要的工作。根据国家规定,各种热电偶必须在规定的温度点进行校验。采用比较法进行校验时,对于测量温度高于 300℃ 的热电偶,可采用双极法校验,其校验装置如图 2-15 所示。该装置主要由管式电炉、冰点槽、切换开关、直流电位差计及标准热电偶等组成。

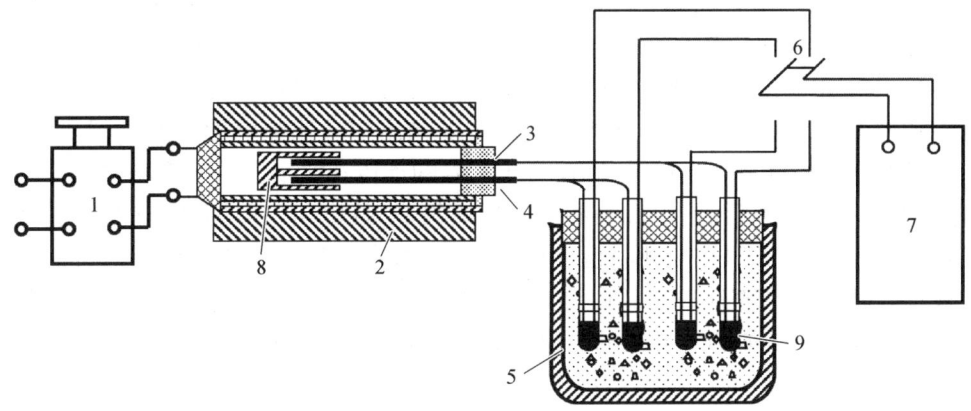

1—调压变压器;2—管式电炉;3—标准热电偶;4—被校热电偶;5—冰点槽;6—切换开关;7—直流电位差计;8—镍块;9—试管

图 2-15 热电偶校验装置示意

校验时,把被校热电偶与标准铂铑 10-铂热电偶的热端放到恒温区中镍块的孔中,比较两者的测量结果,以确定被校热电偶的误差。校验铂铑 10-铂热电偶时,需用铂丝将被校热电偶与标准热电偶的热端(都除去保护套管)绑扎在一起。校验金属热电偶时,为了避免被校热电偶对标准铂铑 10-铂热电偶产生有害影响,要将标准热电偶套上石英或氧化铝套管,然后用镍铬丝将两者的热端绑扎在一起。

热电偶放入炉中后,炉口应用石棉绳堵严。热电偶插入炉中的深度一般为 300 mm,不得小于 150 mm。热电偶的冷端置于冰点槽中以保持 0℃。用调压器调节炉温,当炉温达到校验温度点 ±10℃ 范围内,且每分钟变化不超过 0.2℃ 时,就可用电位差计测量热电偶的热电势。在每一个校验温度点上对标准和被校热电偶热电势的读数都不得少于 3 次。

【例 2-1】 在 600℃ 附近校验热电偶,标准热电偶的热电势读数平均值为 5.267 mV,标准热电偶证书中写明,在热端为 600℃、冷端为 0℃ 时的热电势为 5.257 mV,而在分度表上,热端为 600℃、冷端为 0℃ 时热电势为 5.237 mV。

解析:

(1) 首先,计算出标准热电偶在 600℃ 时的热电势误差 $\Delta E = 5.257 - 5.237 = 0.020(\text{mV})$,可见标准热电偶的热电势值相对于分度表值是偏高的,因此要把标准热电偶的读数平均值减去该电势误差,即 $5.267 - 0.020 = 5.247(\text{mV})$,然后从分度表中查出与 5.247 mV 相对应的温度为 601℃,此温度即为标准热电偶与被校热电偶热端的真实温度;

(2) 其次,用各支被校热电偶的平均读数从分度表中查出相对应温度,将它们与 601℃ 进行比较,得到 601℃ 时各支被校热电偶的温度误差;

(3) 其他点的校验也按上述步骤进行,以求得热电偶在各校验温度点上的温度误差。

经校验如误差超出允许误差范围,则热电偶将不能使用。

2.1.3 电阻温度计

在工业上广泛应用电阻温度计来测量-200~500℃的温度。在特殊情况下,电阻温度计测量的低温可达到平衡氢的三相点温度(13.803 3 K),甚至可更低(如钢电阻温度计可测到3.4 K,碳电阻温度计可测到1 K左右);高温可测到1 000℃。电阻温度计的特点是准确度高;在中低温环境下(500℃以下)测温,它的输出信号比热电偶的要大得多,故灵敏度高;电阻温度计的输出是电信号,因此便于信号的远传和实现多点切换测量。

电阻温度计由热电阻、显示仪表和连接导线组成,热电阻由电阻体、绝缘管和保护套管等主要部件组成。电阻体是测量温度的敏感元件,有导体的和半导体的两种。实验证明,大多数金属导体温度升高1℃时,其阻值要增加0.4%~0.6%,半导体的阻值要减小3%~6%。正是由于导体和半导体的电阻值会随温度而变化,测量它们的电阻值变化便可达到测温的目的。

1. 金属测温电阻

1) 金属测温电阻的特点

虽然大多数金属的电阻随温度变化而变化,然而并不是所有的金属都能作为测量温度的热电阻,因为作为测量温度用的热电阻,其材料必须满足以下要求。

(1) 电阻温度系数大。电阻温度系数的定义是:温度变化1℃时电阻值的相对变化量,用 a 来表示,单位是℃$^{-1}$,根据定义,a 用下式表示:

$$a = \frac{\mathrm{d}R/R}{\mathrm{d}t} = \frac{1}{R}\frac{\mathrm{d}R}{\mathrm{d}t} \qquad (2-6)$$

必须指出,一般材料的温度系数 a 并非常数,在不同的温度下具有不同的数值。因此,常用$(R_{100}-R_0)/(R_0\times100)$ 代表 0~100℃的平均温度系数,其中 R_{100} 表示 100℃时的电阻值,R_0 表示 0℃时的电阻值。电阻温度系数越大,热电阻的灵敏度越高,测温结果精度越高。材料的纯度越高,a 值就越大;杂质越多,a 值就越小,且不稳定。纯金属的温度系数比合金要高。纯金属热电阻较易复制,所以一般多采用纯金属来制造电阻温度计的感受件。当热电阻丝中有内应力时,会引起 a 值的改变,因此电阻丝在制成热电阻体时必须进行退火和老化处理,以消除内应力的影响。

(2) 在测温范围内物理及化学性质稳定。

(3) 有较大的电阻率,因为电阻率越大,热电阻体的体积就可以做得小一些,热容量和热惯性也就小些,这样对温度变化的响应比较快。

(4) 电阻值与温度的关系近似为线性的,以便于分度和读数。

(5) 复现性好、复制性强、容易得到纯净的物质。

(6) 价格便宜。

综上所述,通常用于制造工业用热电阻的金属材料有铂、铜、铁、镍四种。由于铁很难提纯,特性不够稳定,因此用得很少。我国目前只生产铂、铜、镍三种材料的标准化热电阻,下面介绍它们的一些性能。

2) 标准化热电阻

a. 铂电阻

铂电阻的特点是稳定性好、准确度高、性能可靠,这是因为铂在氧化性气氛中,甚至在高温下的物理、化学性质都非常稳定,所以1990年国际温标(ITS-90)规定在13.8033 K(即平衡氢三相点,-259.3467℃)~961.78℃温域内以铂电阻温度计作为标准仪器。

铂电阻在还原性气氛中,特别是在高温下很容易被还原性气体污染,铂丝将变脆,并改变电阻与温度间的关系。因此,必须用保护套管把电阻体与有害的气氛隔离开来。

铂电阻应用广泛,其纯度常以 R_{100}/R_0 来表示。对于工业用铂电阻,规定其 R_{100}/R_0 为 1.385。我国规定铂电阻的分度号为 Pt_{10} 和 Pt_{100},后者用得较多。前者的铂丝较粗,能可靠地用于600℃以上测温。铂电阻的温度特性可用下列二式表示。

在-200~0℃:

$$R_t = R_0[1 + At + Bt^2 + Ct^3(t - 100)] \tag{2-7}$$

在0~850℃:

$$R_t = R_0(1 + At + Bt^2) \tag{2-8}$$

以上两式中,R_t 为 t℃时的电阻值;R_0 为0℃时的电阻值;A、B、C 为常数,对于工业用铂电阻 $A = 3.90802 \times 10^{-3}$℃$^{-1}$,$B = -5.802 \times 10^{-7}$℃$^{-2}$,$C = -4.27350 \times 10^{-12}$℃$^{-4}$。

b. 铜电阻

铜电阻的电阻值与温度的关系几乎是线性的,它的电阻温度系数也比较大,而且材料容易提纯,价格便宜。因此,常用于一些测量准确度要求不是很高、温度较低的场合,其测量范围是-50~150℃。铜电阻的缺点是在250℃以上容易氧化,因此只能用在低温及没有腐蚀性的介质中。铜的电阻率 ρ 比较小,$\rho = 0.017$ Ω·mm^2/m,所以制成一定阻值的热电阻时体积就不可能很小。我国规定工业用铜电阻的 $R_{100}/R_0 = 1.428$。铜电阻的分度号是 Cu_{50} 和 Cu_{100},表示其 R_0 分别为50 Ω 及100 Ω。

铜电阻在其测量范围内的温度特性可用式(2-9)表示:

$$R_t = R_0[1 + At + Bt^2 + Ct^3] \tag{2-9}$$

式中,R_t 为 t℃时的阻值;R_0 为0℃时的阻值;A、B、C 为常数,对工业用铜电阻 $A = 4.28899 \times 10^{-3}$℃$^{-1}$,$B = -2.133 \times 10^{-7}$℃$^{-2}$,$C = 1.233 \times 10^{-9}$℃$^{-3}$。

由于铜电阻的特性在0~100℃基本上是线性的,所以在0~100℃的温度特性可以表示:

$$R_t = R_0(1 + at) \tag{2-10}$$

式中,a 为0~100℃的温度系数,等于 4.28×10^{-3}℃$^{-1}$。

c. 其他低温用热电阻

金属一旦处于低温,其电阻将要变得很小,有些热电阻的灵敏度也降至很低。有一种铑铁(其中铁含量为0.5%原子百分比)热电阻,它在30 K以下的电阻温度系数很大,因此适用于测量30 K以下深低温。我国已试制成标准及工业用铑铁温度计,并已在生产和科研中使用。还有一种铂钴(其中钴的含量为0.5%原子百分比)电阻温度计,在低温下的灵敏度也较高,也可以用于测量低温及深低温。

2. 半导体热敏电阻

1) 半导体热敏电阻的材料和温度特性

用半导体热敏电阻作为感温元件来测量温度日趋广泛。半导体热敏电阻通常是用铁、镍、锰、钼、钛、镁、铜等一些金属的氧化物、氯化物、碳酸盐、硝酸盐原料制成的。制造热敏电阻的材料不同,其温度特性也不同。当采用 MnO_2、$Mn(NO_3)_4$、CuO、$Cu(NO_3)_2$ 等化合物制造半导体热敏电阻时,得到的是有负电阻温度系数的特性;当采用 NiO_2、ZrO_2 等化合物制造时,得到的是有正温度系数的特性。另外,还有一些热敏电阻,当温度超过某一数值后,电阻会急剧增加或减少。热敏电阻的温度特性见图2-16。

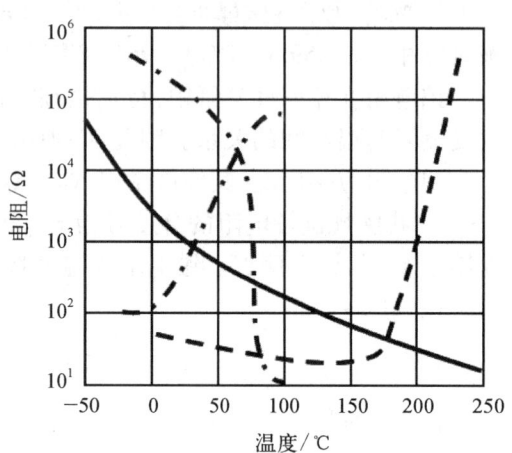

图2-16 热敏电阻的温度特性

通常使用最多的是具有负温度系数的热敏电阻,其电阻与温度的关系可以近似地用下面的经验公式来表示:

$$R_T = A e^{B/T} \quad (2-11)$$

式中,T 为热力学温度,单位为 K;R_T 为温度 T 时的电阻;e 为自然对数的底,为 2.71828…;A、B 为决定于材料成分及结构的常数,A 的量纲为电阻,B 的量纲为温度。

热敏电阻的温度系数 a 可以从式(2-6)求得,将式(2-11)代入式(2-6),可得

$$a = -B/T^2 \quad (2-12)$$

由此可见,电阻温度系数 a 与热力学温度的平方成反比。

半导体热敏电阻的电阻与温度的关系还可以改写成另一种形式,根据式(2-11),在温度 T_0 时的电阻为

$$R_{T_0} = A e^{B/T_0} \quad (2-13)$$

令式(2-13)与式(2-11)相除,经整理得到:

$$R_T = R_{T_0} e^{B \left(\frac{1}{T} - \frac{1}{T_0} \right)} \quad (2-14)$$

从式(2-14)看出,只要知道常数 B 和在某一温度 T_0 下的电阻 R_{T_0},就可以利用上式计算出任意温度 T 时的电阻 R_T。对式(2-14)两边取对数,经过整理得

$$B = \frac{\ln R_T - \ln R_{T_0}}{\frac{1}{T} - \frac{1}{T_0}} \quad (2-15)$$

用实验的方法分别测得在 T 和 T_0 时的电阻 R_T 和 R_{T_0}，代入式（2-15）可计算出 B 的数值，通常在 1 500~5 000 K。B 值受成分、工艺等因素影响很大，因此须个别分度。

2）半导体热敏电阻的结构及应用

热敏电阻的结构形式有珠形、圆片形和棒形三种，工业测量主要采用珠形。将珠形热敏电阻烧结在两根铂丝上，外面再涂敷玻璃层，并用杜美丝与铂丝相接引出，外面再用玻璃套管作保护套管（外径范围 3~5 mm）。

半导体热敏电阻常用来测量 -100~300℃ 的温度，相比金属热电阻，优点如下：

（1）半导体热敏电阻温度系数大，为 -6%~-3%，灵敏度高；

（2）电阻率 ρ 很大，可以制成体积很小而电阻很大的电阻体；由于电阻数值很大，连接导线电阻变化的影响可以忽略；

（3）结构简单，体积小，可以用来测量点的温度；

（4）热惯性小，响应快。

热敏电阻的不足之处主要是同一型号热敏电阻的电阻温度特性分散性大，互换性差。而且，电阻和温度的关系不稳定，随时间变化。这两个问题目前虽已有改善，但热敏电阻还是很少在过程检测仪表中使用。随着半导体技术的发展，制造工艺水平的提高，半导体热敏电阻有其广阔的发展前途。

3. 热电阻的校验

热电阻在投入使用之前需要进行校验，在投入使用后也要定期进行校验，以便检查和确定热电阻的准确度。对于标准热电阻和工业上使用的热电阻，因要求不同而有不同的校验方法。标准热电阻采用定点法进行校验，即在几种纯物质的相平衡点温度下进行校验。工业上使用的热电阻常用比较法进行校验，校验时需要有下列设备：标准玻璃温度计一套（或标准铂电阻温度计）、加热恒温器一套（-50~500℃）、标准电阻（10 Ω 或 100 Ω）一只、电位差计一台、分压器和切换开关各一个。校验时按以下步骤进行。

（1）按图 2-17 接线，并检查是否正确。

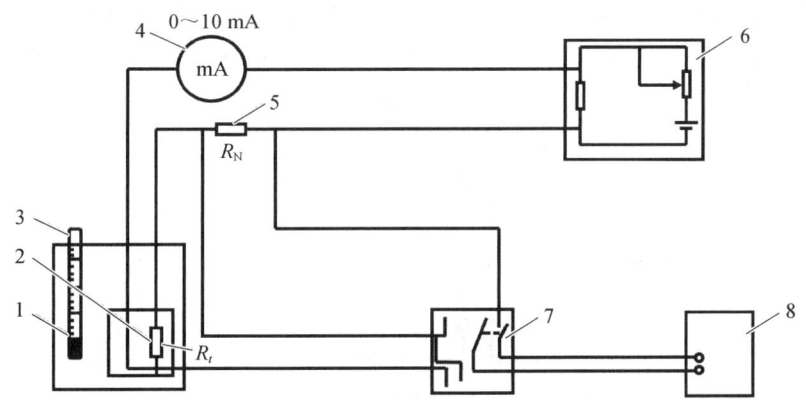

1—加热恒温器；2—被校验电阻体；3—标准温度计；4—毫安表；5—标准电阻；6—分压器；7—双刀双掷切换开关；8—电位差计

图 2-17　校验热电阻的接线

(2) 将电阻体放在恒温器内,使之达到校验点温度并保持恒温,然后调节分压器使毫安表指示约为 4 mA(电流不可过大,以免热电阻发热过大影响测量的准确性),将切换开关切向接标准电阻 R_N 的一边,读出电位差计示值 U_N;然后立即将切换开关切向接被校验电阻体 R_t 一边,读出电位差计示值 U_t。按式(2-16)求出 R_t:

$$R_t = \frac{U_t}{U_N} R_N \qquad (2-16)$$

在同一校验点需反复测量几次,计算出几次测量的 R_t 值(指同一校验点),取其平均值与分度表比较,看其误差是否大于允许误差。如误差在允许误差范围内,则认为该校验点的 R_t 值合格。

(3) 再取被测温度范围内 10%、50% 和 90% 的温度作校验点重复以上校验,如均合格,则此热电阻校验完毕。

热电阻的校验除上述方法外,还有一种只校验 R_0 与 R_{100}/R_0 的方法,如这两个参数的误差不超出允许的误差范围,即认为热电阻合格。这个方法也就是校验 0℃ 和 100℃ 的热电阻阻值,此时加热恒温器换用冰点槽及水沸腾器。

2.1.4 辐射温度计

1. 光学高温计

物体在高温状态下会发光,也就是说它具有一定的亮度。物体的光谱辐射亮度 L_λ 和它的光谱辐射出射度 M_λ 是成正比的,即

$$L_\lambda = cM_\lambda = c\varepsilon_\lambda M_{0\lambda} \qquad (2-17)$$

式中,c 为比例常数($1/\pi$)。

由于 M_λ 与温度有关,所以受热物体的亮度大小也反映了物体温度的高低。但因为各种物体的光谱发射率 ε_λ 是不相同的,因此即使它们的亮度相同,它们的温度也是不相同的。这就使得按某一物体的温度刻度的光学高温计(结构见图 2-18)不可用来测量光谱发射率不同的另一物体的温度。为了解决这一问题,仪表按全辐射体

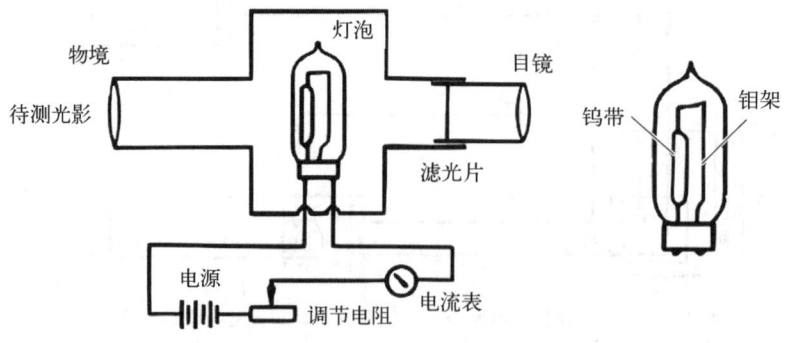

图 2-18 灯丝隐灭式光学高温计结构

温度刻度。当测量实际物体的温度时,所测量出的结果,不是物体的真实温度,而是相当于全辐射体的温度,即所谓被测物体的亮度温度。然后通过修正求得被测物体的真实温度。

亮度温度的定义是:当物体在辐射波长为 λ、温度为 T 时,其光谱辐射亮度 L_λ 和全辐射体在辐射波长为 λ、温度为 T_S 时的光谱辐射亮度 $L_{0\lambda}$ 相等,则把 T_S 称为这个物体在波长为 λ 时的亮度温度。将维恩公式代入式(2-17),得到物体和全辐射体的亮度公式,分别为

$$L_\lambda = c\varepsilon_\lambda c_1 \lambda^{-5} e^{-\frac{c_2}{\lambda T}} \tag{2-18}$$

$$L_{0\lambda} = cc_1 \lambda^{-5} e^{-\frac{c_2}{\lambda T_1}} \tag{2-19}$$

假如两者的亮度相等,就得到:

$$\frac{1}{T_S} - \frac{1}{T} = \frac{\lambda}{c_2} \ln \frac{1}{\varepsilon_\lambda} \tag{2-20}$$

式中,λ 为光谱(单色)辐射的波长,对于红光 $\lambda = 0.66\ \mu m$。

在已知物体的辐射发射率 ε_λ 和高温计测得的亮度温度 T_S 之后,就可用式(2-20)求出物体的真实温度 T。由式(2-20)看出 ε_λ 越小,亮度温度与真实温度间的差别越大。因为 $0 < \varepsilon_\lambda < 1$,测得的亮度温度总是低于真实温度。

在图 2-18 中,物镜和目镜都可以沿轴向移动,调节目镜的位置,使从目镜看去可以清晰地看到灯丝。调节物镜的位置,使在灯丝平面上清晰地看到被测物体的像,目镜前放着红色滤光片。灯泡灯丝和调节电阻与电源及电流表串联。调节变阻器可以调整流过灯丝的电流,也就调整了灯丝的亮度。一定的电流对应灯丝的一定亮度,因而也就对应一定的温度。当亮度温度超过 1 400℃ 时,钨丝易发生升华而使电阻值改变,而且在灯泡玻璃上形成薄膜,改变了灯丝的温度-亮度特性,造成测量误差。所以在测量 1 400℃ 以上的亮度温度时,要在光路系统中加入吸收玻璃,以减弱热源进入仪表的亮度,然后再和灯丝亮度进行比较,这样便可利用最高亮度温度不超过 1 400℃ 的钨丝灯去测量比 1 400℃ 高的亮度温度。可以用下面的公式来阐明这一问题。

如果观察者直接看到的全辐射体的光谱辐射亮度 $L_{0\lambda}$ 和通过吸收玻璃看到的另一全辐射体的光谱辐射亮度 $L'_{0\lambda}$ 相等,按式(2-19)则有

$$L_{0\lambda} = cc_1 \lambda^{-5} e^{-\frac{c_2}{\lambda T}} \tag{2-21}$$

$$L'_{0\lambda} = cc_1 \lambda^{-5} e^{-\frac{c_2}{\lambda T_1}} \tau_\lambda \tag{2-22}$$

式中,τ_λ 是吸收玻璃的光谱透过系数。

由于 $L_{0\lambda} = L'_{0\lambda}$,故整理式(2-21)与式(2-22)可得

$$\frac{1}{T} - \frac{1}{T_1} = \frac{\lambda}{c_2}\ln\frac{1}{\tau_\lambda} \qquad (2-23)$$

由式(2-23)可知,只要知道 T 和 τ_λ,就可以确定 T_1。利用这个公式就可以实现光学高温计外推标尺的分度工作。

在比较亮度时,为了造成窄的光谱段,采用了红色滤光片。图 2-19 是红色滤光片的光谱透过系数 τ_λ 曲线和人眼的相对光谱敏感度 ν_λ 曲线。图中画横线的部分是人眼能够感觉到的光谱范围,画斜线的部分是滤光片能吸收的光谱段。这样,透过滤光片后人眼所能感觉到的光谱段就仅是画横线的部分了。这波段的 $\lambda = 0.6 \sim 0.7\ \mu m$,称作光学高温计的工作光谱段。工作光谱段重心位置的波长 $\lambda = 0.66\ \mu m$,称为光学高温计的有效波长。从图上可以看出,这个工作光谱段还不是很窄的,当被测物体温度变化时,有效波长变化,但变化不大。对于一般工业上用的光学高温计,变化的影响可以忽略。

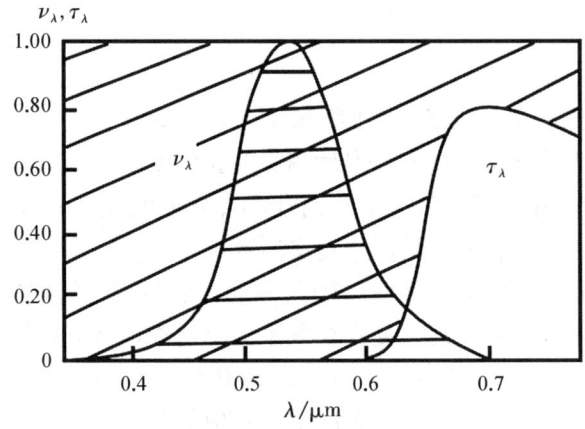

图 2-19 相对光谱敏感度 ν_λ 曲线和红色滤光片光谱透过系数 τ_λ 曲线

除了上述这种隐丝式光学高温计外,还有一种恒亮式光学高温计,它的原理是保持灯丝的电流不变、发出的亮度恒定,而采用一片颜色由浅逐渐变深的圆环形吸收玻璃作为减光楔,放置于物镜后面,转动减光楔即可改变吸收光能的数量,平衡时被测对象与灯泡发出的亮度一致,此时由减光楔的转角指示出被测对象的温度。这也是一种常用的光学高温计。使用光学温度计时应注意下述事项。

(1) 非全辐射体的影响:被测物体往往是非全辐射体,而且物体的光谱发射率 ε_λ 不是常数,它和波长 λ、物体的表面情况及温度的高低均有关系。物体光谱发射率的变化有时是很大的,这给测量带来很不利的影响。为了消除变化的影响,可以人为地创造全辐射体辐射的条件,例如,测量炉膛温度,可以插入一根细长而有底的陶瓷管,在充分受热以后,从管口看进去的管子的底部就可以近似地把它认为是全辐射体了。为得到足够的光谱发射率,管子的长度与管子的内径之比不得小于 10。

（2）中间介质的影响：光学高温计和被测物体之间的灰尘、烟雾和二氧化碳等气体对辐射会有吸收作用，因而造成测量误差，但在实际测量时很难做到没有灰尘，因此光学高温计不要距离被测物体太远，一般应在 1～2 m 比较合适。

光学高温计不宜测量反射光很强的物体，否则会产生测温误差。在实际使用中，由于受上述诸因素的影响，测量的准确度比热电偶、热电阻低，而且不能测物体的内部温度。

2. 红外测温

所有温度高于绝对零度的物体都会产生热辐射，辐射的能量只取决于物体的表面状况和温度。通过测量被测物体在红外波段的辐射获得其表面温度的方式称为红外测温。红外辐射作为电磁辐射的一种，其波长范围是 0.75～1 000 μm，在波谱中占据了比较宽的位置。一般根据波长，可进一步划分为近红外（0.75～3 μm）、中波红外（3～6 μm）、长波红外（6～15 μm）和极远红外（15～1 000 μm）。

红外辐射在大气中传输时，大气中的一些成分，如二氧化碳、水蒸气、甲烷、气溶胶等，对部分波段的红外辐射有吸收作用，只有几个特定波段的红外辐射能够较好地穿透大气，称为"大气窗口"。图 2-20 反映了红外辐射在大气中的透射情况。在红外成像领域研究较多的是采用近红外区 1～3 μm、中波红外区 3～5 μm 和长波红外区 8～14 μm 等波段进行探测。

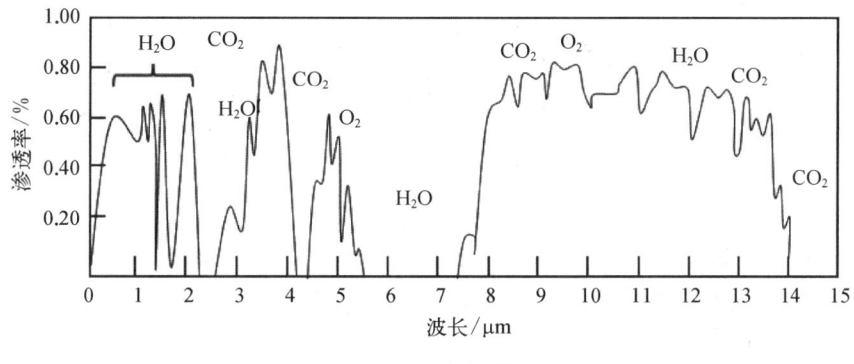

图 2-20 大气窗口

红外仪器中的光学元件，如透镜、窗口、滤光片等，均需要采用红外光学材料。红外光学材料除一般光学玻璃所具备的光学、物理、化学、热、机械等性能外，还要求在红外波段内具有良好的透过率。半导体砷化钾晶体适用于波长 1～16 μm 波段，金刚石适用于波长 1～15 μm 波段，锑铬适用于波长 0.8～24 μm 波段，锗适用于波长 2～15 μm 波段。常用的红外光学材料为锗，性价比最高，少量使用 ZnS 等。

红外探测器是将红外辐射转换为电信号的敏感元件，根据其原理可分为光子探测器和热探测器。光子探测器吸收红外辐射后产生光电效应，光子激发产生传导电子而形成电信号。利用了材料的光电效应，红外光子直接把材料束缚态电子激发成传导电子，参与导电，实现了光电转换。电信号大小与吸收的光子数量成比例。按电信号输出的不同原理，光子探测器又分为光电导、光伏、光磁电探测器，光子探测器响应时间短，对波长有选择性。

热探测器是利用某些物质对温度的敏感特性探测红外辐射能量的热敏元件。利用热探测器探测红外辐射的基本原理包含两个主要过程。第一个过程是,热探测器吸收红外辐射能量后温度随之升高,并且伴随着入射辐射功率的变化,元件的温度也要发生相应的变化;第二个过程是,利用元件的某种温度敏感特性把辐射能引起的温度变化转换成相应的电信号,或者利用元件的某种温度敏感特性来调制电路中电流强度的大小,从而得到相应的电信号。第二个过程实际上就是测量物质温度变化的过程。对于各种热探测器来说,在第一个过程中具有一些共同的规律,但是对于不同类型的热探测器来说,第二个过程中它们的工作原理可能是完全不同的。最常用的探测器件包括热敏电阻探测器、测辐射热计、温差电偶和热释电探测器等类型。热探测器响应时间长,对波长无选择性。

红外测温仪器分为两种:红外温度计和红外热像仪。

1) 红外温度计

红外温度计每次测量获得一个点的温度信息。主要由红外光学系统、红外探测器、信号处理电路、补偿电路和显示器构成,其系统结构如图2-21所示。

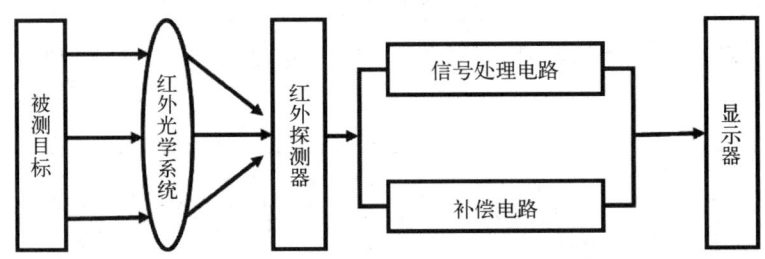

图2-21 红外温度计系统结构

红外光学系统汇集视场内的红外辐射,经滤波后聚焦在红外探测器上,红外探测器将红外辐射转换为相应的电信号,该信号经读出,结合被测物体的发射率进行处理,将辐射功率转化为温度,在显示单元进行显示。为了便于指示测试点,有的红外温度计还带有激光指示功能,激光指示的光点即为测试点。

2) 红外热像仪

红外热像仪可以获得被测物体的二维温度分布。目前常见的红外热像仪为非制冷焦平面式热像仪,其原理结构与红外温度计类似,所不同的是其探测器的形式是若干敏感元件组成的阵列,红外光学系统将红外辐射聚焦于敏感阵列上,即焦平面。敏感阵列可以同时转换红外焦平面的辐射场,经转换和处理,输出温度场。

发动机红外热像仪测温

2.1.5 温度探针

当温度计的传感器(温度探针)被用来测量在航空发动机及其部件试验中常常遇到的高速、高温及动态气流温度时,即使这些温度探针本身精度很高,它们仍然会产生较大的甚至严重的测温误差。这些误差有速度误差、传热误差和动态响应误差。作为从事温度测量的工程技术人员,除应选择合适的温度探针及相应的仪表外,还应熟悉这些误差的来源,评估其大小,并采取必要措施加以修正。

1. 高速气流的温度测量

当被测气流速度较高(如马赫数 $Ma > 0.2$ 或 0.3)时,一般要考虑速度不能完全滞止对温度测量的影响。根据流体的能量方程可知,气流中的温度有总温 T^* 和静温 T 之分。通常将总温与静温之差 $v^2/2c_p$ 称为动温 T_v,能量方程为

$$T^* = T + v^2/(2c_p) = T + T_v \tag{2-24}$$

当温度探针置于高速气流中时,它感受的温度由于气流部分滞止而高于静温,但又不能完全滞止而低于总温,称它为有效温度 T_g。T^* 与 T_g 之差即为速度误差 ΔT_v。当不计探针对外散热时,$T_g - T$ 表示气流的动能恢复为热能的部分,而 $T^* - T$ 表示气流动能全部恢复为热能应有的能量,两者之比称为温度探针的复温系数 r:

$$r = \frac{T_g - T}{T^* - T} = \frac{T_g - T}{v^2/2c_p} \tag{2-25}$$

它表示气流滞止时动能恢复为热能的程度。由于,

$$v^2/2c_p = \left(\frac{k-1}{2}\right) Ma^2 T \tag{2-26}$$

把式(2-24)~式(2-26)联立,可得 ΔT_v 与 r 和 Ma 之间的关系为

$$\Delta T_v = T^* - T_g = (1 - r)T \left[\frac{\frac{k-1}{2}Ma^2}{1 + \frac{k-1}{2}Ma^2}\right] \tag{2-27}$$

从式(2-27)可知,用热电偶等温度探针来测量气流温度时,复温系数越小,Ma 越高,速度误差 ΔT_v 则越大。为了减小高速气流测温中的速度误差,在选用或设计温度探针时要使其受感部有较高的复温系数,或对每支探针进行实验测定后加以修正。

2. 高温气流的温度测量

用温度探针测量高温燃气温度时,除存在速度误差外还存在传热误差。对于贵金属热电偶用于测量高温燃气温度时,还可能引入由于催化效应带来的误差。对于低速($Ma < 0.2$)的高温气流传热误差是主要的。下面我们以图 2-22 所示的裸丝热电偶为例说明热电偶测量端的热交换关系。

1) 通过对流,测量端从高温气体得到热量

$$Q_\alpha = \alpha A_\alpha (T_g - T_j) \tag{2-28}$$

式中,α、A_α、T_j 分别为对流换热系数、测量端表面积和测量端本身温度。

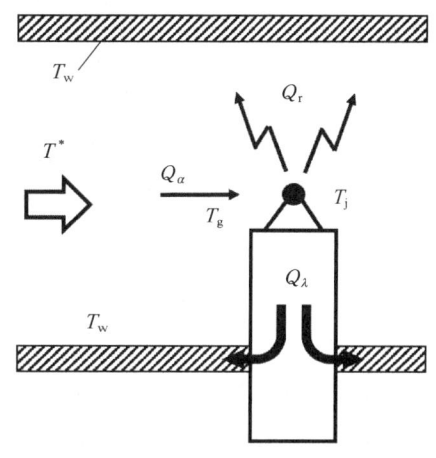

图 2-22 热电偶测量端的热交换关系

2) 测量端与周围环境的辐射换热

$$Q_r = \varepsilon_n A_r \sigma (T_j^4 - T_w^4) \tag{2-29}$$

式中，T_w 为测量端"看见"壁面的温度；σ 为玻尔兹曼常数；A_r 为测量端辐射换热表面积；ε_n 为系统黑度（如果测量端的表面积远小于被它看见的周围环境的面积，则 ε_n 接近热电偶材料的表面黑度 ε）。

3）测量端的导热

$$Q_\lambda = -\lambda f \frac{dT}{dx} \tag{2-30}$$

式中，λ、f、dT/dx 分别为测量端材料的导热系数、横断面积及温度梯度。

4）测量端的储热

$$Q_s = mc \frac{dT_j}{d\tau} \tag{2-31}$$

式中，m、c、$dT_j/d\tau$ 分别为测量端的质量、比热及温度随时间的变化率。

如果忽略气体对测量端的导热以及认为它是非辐射性的，则测量端的热平衡方程为

$$Q_\alpha = Q_r + Q_\lambda + Q_s \tag{2-32}$$

当测量端达到稳定状态时有 $Q_s = 0$，以及如果测量端本身导热也可忽略，则有

$$\Delta T = T_g - T_j = \frac{\varepsilon \sigma}{\alpha}(T_i^4 - T_w^4) \tag{2-33}$$

可见，减小测量误差 ΔT 的办法首先可增大 α。但 α 是一个很复杂的参数，根据传热学知识，增加流过测量端的流速、增强气流紊流度及减小热电偶直径等都可使 α 增大。有一种抽气式热电偶就是根据增加流过测量端的流速从而增大 α 的。另一办法是减少辐射散热，如选用 ε 小的热电偶材料或对热电偶测量端加屏蔽罩，以及提高周围冷壁的温度 T_w。屏蔽罩一般为 1~2 层，图 2-23 是一种有屏蔽罩的用来测量燃气温度的热电偶。在屏蔽罩入口处装有旋流片，其作用既可阻挡燃气辐射，又可使燃油滴和碳粒子与测量端避免接触。

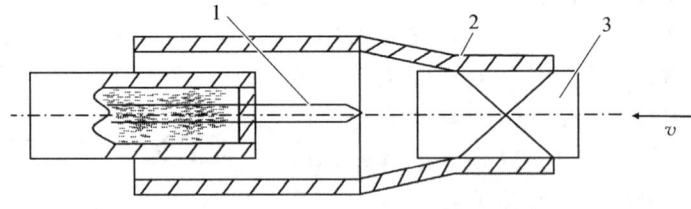

1—热电偶；2—屏蔽罩；3—旋流片
图 2-23 装有旋流片的热电偶

图 2-24 是一种为减小速度误差和辐射误差的屏罩式热电偶。若图中的出气孔比进气孔小得多，则屏罩内的气流速度较小，故热电偶的复温系数较大，速度误差较小，这种屏罩主要起滞止气流速度的作用，故又称为滞止罩。若出气孔也比较大，这时屏罩内气流速度降低不多，即速度误差减小不多，但辐射误差就大大减小了，因而这种屏罩主要起屏蔽热辐射的作用，故一般称为屏蔽罩。

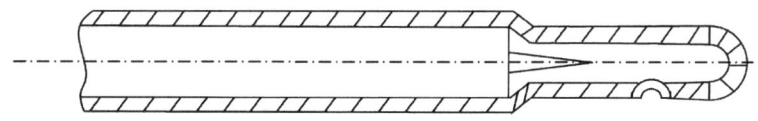

图 2-24 屏罩式热电偶

3. 动态气流温度的测量

动态气流温度是指气流温度随时间作快速变化时的温度。测量端的动态响应误差如图 2-25 所示。

图 2-25 中的实线表示被测气流温度 T_g 随时间的变化曲线,虚线表示在被测气流中的温度探针测量端温度 T_j 随时间的变化曲线。比较这两条曲线可以看到,T_j 的变化不仅在时间上滞后于 T_g 的变化(相频特性),而且在量值上也偏离 T_g(幅频特性)。在理论上和实验上还发现两者的变化频率是相同的,习惯上称偏差($T_g - T_j$)为动态响应误差。

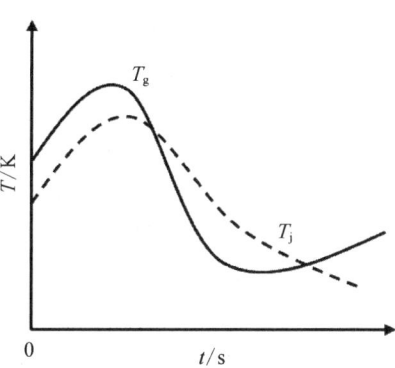

图 2-25 测量端的动态响应误差

动态响应误差来源于温度探针测量端的热惯性,通常用测量端的时间常数 τ 来表示这种热惯性的大小。从电工原理可知,一个 RC 电路充放电时的时间常数 τ 是过渡过程已经变化了总变化量的 63.2%(下余 36.8%)所经过的时间。经计算,过渡过程经过 3τ(变化了 95%)到 5τ(变化了 99.3%),一般可认为过渡过程已经基本结束而达到稳定状态。温度探针测量端的时间常数与此类似,数值上等于 T_j 上升到气流阶跃温升 63.2% 时所需的时间,可表示为

$$\tau = \frac{mc}{\alpha A_0} \tag{2-34}$$

式中,m、A_0、c、α 分别为测量端的质量、表面积、材料比热和测量端与被测气流的对流换热系数。时间常数的单位为"秒",它越小,表示响应越快,动态响应误差越小。值得注意的是,τ 值不仅因测量端的结构、尺寸及材料而不同,而且还与气流工况、测量端的换热系数等有关。由式(2-34)可知,凡是能减小 τ 值的因素都可用来减小动态响应误差。

由于测量端的质量 m 是其密度 ρ 和体积 V 之积,因此有 $\tau \propto (V/A_0)(1/\alpha)$。可见,要使 τ 值减小,可采用小的测量端并设法增大换热系数 α。一般焊热电偶的焊点直径较小,因而具有较小的 τ 值。另外,不管采用何种焊接方式,都应尽可能使焊点直径较小。

4. 总温热电偶

总温热电偶是指热电偶结构上采用一定措施后,在测温时使速度误差和传热误差减小到允许范围,从而能直接读取气流的总温。前面我们提到装滞止罩或降低罩内气流速度可减小速度误差,装屏蔽罩并增加罩内气流速度可减小辐射误差,减小测量端的 V/A_0

并增加流过测量端的气流速度可减小动态响应误差。除此以外,尽可能增加裸丝浸入被测气流的长度以及增加流过测量端的速度可减小导热误差[3]。尽管热电偶的测量误差是各种误差的综合结果,但不同的气流工况及环境下,各种因素所产生的误差在总误差中所占的份额是不同的。为此,应按实际情况来决定采取哪些措施。如单级压气机中气流速度高、温度低,应主要采用滞止罩来降低速度误差。又如在燃烧室中,气流速度一般较低而温度较高,应主要考虑减小辐射误差而采用屏蔽罩,并且要使罩内有较大流速。上述两例都是对测量端加罩,但对罩内气流速度的要求完全相反。因此,我们只能根据具体工况及环境条件,抓主要矛盾来设计或选用某种特定结构的总温热电偶。

2.2 压力测量

压力是工质热力状态的主要参数之一。压力的定义是单位面积上垂直作用的力,所以国际单位制中的压力单位是 N/m^2(牛/米^2),称为"帕斯卡(Pascal)",简称"帕",符号为"Pa"。过去采用过的压力单位有毫米汞柱(mmHg)、毫米水柱(mmH_2O)和工程大气压(公斤力/厘米^2,kgf/cm^2)等。各种压力单位间的换算关系见表2-3。

表2-3 各种压力单位的换算关系

压力单位	Pa	kgf/cm^2	mmH_2O	mmHg	mbar	atm
1 Pa	1	1.02×10^{-5}	0.102	7.501×10^{-3}	10^{-2}	9.87×10^{-6}
1 kgf/cm^2	9.806×10^4	1	10^4	735.56	980.6	0.967 8
1 mmH_2O	9.806	10^{-4}	1	$7.355\ 6\times10^{-2}$	9.806×10^{-2}	$0.967\ 8\times10^{-4}$
1 mmHg	133.3	13.6×10^{-4}	13.6	1	1.333	1.316×10^{-3}
1 mbar	100	0.102×10^{-2}	10.2	0.750 1	1	9.87×10^{-4}
1 atm	10.13×10^4	1.033	1.033×10^4	760	1 013	1

应该注意,工程上所用压力计的指示值是"计示压力"或称"表压力",即压力计的读数是被测绝对压力与当地大气压力之差,即绝对压力=表压力+大气压力,或表压力=绝对压力-大气压力。

当绝对压力低于大气压力时,表压力为负值。通常把高于大气压力的表压力称为正压,简称压力,低于大气压力的表压力称为负压,其绝对值亦称"真空"。但在差压测量中,习惯上把较高一侧压力称为"正压",较低一侧压力称为"负压",而这个"负压"并不一定低于大气压力,与前述不应混淆。

2.2.1 压力指示仪表

液柱式压力计是用一定高度的液柱所产生的静压力平衡被测压力的方法来测量压力的。它价格低廉,且在±0.1 MPa范围内其测量准确度较高,常用于低压、负压和差压的测量。

1. U形管压力计

U形管测压的原理如图2-26所示。根据流体静力学,通入U形管的差压或压力与液柱高度差h有如下关系:

$$\Delta p = p_1 - p_2 = h(\rho_1 - \rho_2)g = (h_1 + h_2)(\rho_1 - \rho_2)g \quad (2-35)$$

式中,ρ_1、ρ_2为U形管中所充封液密度和封液上面的介质密度;h为两肘管中封液的高度差,$h = h_1 + h_2$;g为重力加速度。

U形管内径一般为5~20 mm,为了减小毛细现象对测量准确度的影响,内径最好不小于10 mm。常用的差压计封液有:水、汞、四氯化碳等,它们的密度值如表2-4所示。

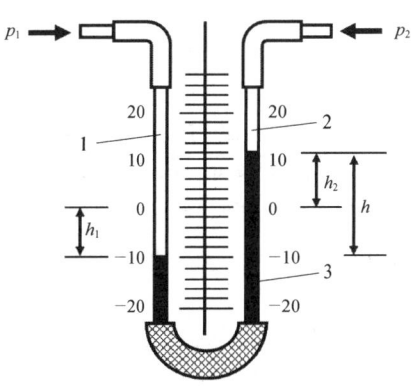

1,2—肘管;3—封液

图2-26 U形管液柱式压力计

表2-4 常用封液在不同温度下的密度

封液名称	化学式	在以下温度(℃)下的密度$\rho/10^3(\text{kg/m}^3)$					
		10	15	20	25	30	35
酒精	C_2H_5OH	0.817	0.813	0.809	0.804	0.800	0.796
水	H_2O	1.000	0.999	0.998	0.997	0.996	0.994
四氯化碳	CCl_4	—	1.605	1.595	1.585	—	—
三溴甲烷	CH_4Br_3	2.920	2.904	2.890	2.878	2.868	—
水银	Hg	13.57	13.56	13.55	13.53	13.52	13.51

当标尺分格值为1 mm时,两次液面高度读数的总绝对误差可估计为2 mm,因此当被测差压很低时,液柱高度差很小,读数的相对误差就很大了。此时应选择密度更小的封液,以增大肘管中的液柱高度差,或者使用斜管式微压计等。

2. 单管式压力计

U形管压力计需要读两个液面高度,使用不便。常把U形管的一边肘管换成大截面容器,成为单管压力计,如图2-27所示。由于压力计中封液体积为常数,因此存在以下关系:

$$h_2 f = h_1 A \quad (2-36)$$

式中,f、A分别为肘管截面积和大容器截面积;h_2、h_1分别为封液在肘管中上升和大容器中下降的高度。

所测差压Δp可表示为

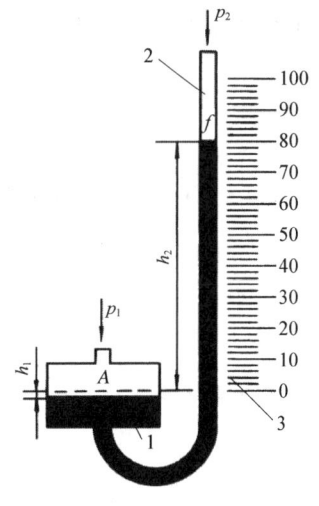

1—宽容器;2—带标尺的肘管;3—标尺

图2-27 实验室用单管压力计

$$\Delta p = p_1 - p_2 = (h_1 + h_2)(\rho_1 - \rho_2)g = h_2\left(1 + \frac{f}{A}\right)(\rho_1 - \rho_2)g \qquad (2-37)$$

当 f、A 一定时，系数 $(1+f/A)$ 为常数；选定封液后，封液密度 ρ_1 和封液上面的介质密度 ρ_2 为定值，因此只要读取肘管中液面上升高度 h_2 就可测得差压值 Δp。一般将 f/A 的值定得很小，使 $(1+f/A)$ 值近于 1。例如，当肘管直径 5 mm，大容器内径为 150 mm 时，$f/A = (5/150)^2 = 1/900$，此时 h_1 可以忽略。被测介质为气体时 ρ_2 亦可忽略。

若将数根肘管连至同一个大截面容器，则成为多管式压力计，电厂常用它来测量炉膛和烟道各处负压。大容器通大气，各肘管连至各段烟道测点，此时各肘管中的液柱高度即代表各处负压。

3. 斜管式微压计

在热力试验中，常用斜管式微压计来测量微小的正压、负压和差压，图 2-28 为斜管式微压计原理图。斜管式微压计的使用范围一般为 100~2 500 Pa。

测量正压时被测压力通入大容器；测量负压时，被测压力通入肘管；测量差压时将较高的压力通入大容器而将较低的压力通入肘管。在差压的作用下，倾斜角为 α 的斜管中的封液液面升高了 h_2，大容器内液面下降了 h_1，所以差压可根据式(2-38)获得：

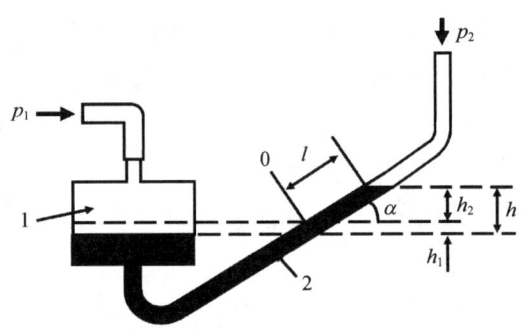

1—宽容器；2—倾斜肘管

图 2-28　斜管式微压计原理图

$$\Delta p = p_1 - p_2 = (h_1 + h_2)(\rho_1 - \rho_2)g \qquad (2-38)$$

由于微压计一般用于测量气体，故 ρ_2 可略去；另外考虑到封液体积一定，以及封液在倾斜肘管中的长度 l 和 h_1 的关系，可得

$$h_2 = l\sin\alpha; \quad h_1 = l\frac{f}{F} = l\left(\frac{d^2}{D^2}\right) \qquad (2-39)$$

式中，f、d 分别为斜管截面积和内径；F、D 分别为大截面容器截面积和内径。

所以，

$$\Delta p = l\left(\sin\alpha + \frac{d^2}{D^2}\right)\rho_1 g = Kl \qquad (2-40)$$

式中，K 为系数：

$$K = \rho_1 g\left(\sin\alpha + \frac{d^2}{D^2}\right) \qquad (2-41)$$

由于 d、D 和所用封液密度 ρ_1 都为定值，若倾斜角 α 也一定时，则 K 为常数。这时可

以读得 l 的数值表示被测差压 Δp。因为 l 比 h_1 放大了 $1/\sin\alpha$ 倍,故读数的相对误差减小。改变肘管的倾斜角 α 即改变了 K 值,以适应不同的测量范围。但 α 不得小于 15°,α 过小,斜管内液面拉长,且易冲散,反而影响读数的准确性。

4. 弹性式压力计

弹性式压力计是根据弹性元件受压后的变形量与压力之间的一一对应关系完成压力测量的。它适用的压力范围广($0\sim10^3$ MPa),结构简单,获得了广泛应用。目前常见的测压用弹性元件有金属膜片式(包括膜盒式)、波纹管式和弹簧管式三类。因此,弹性式压力计也根据弹性元件的不同而有不同的分类。

1) 弹性元件的特性

(1) 弹性特性:弹性元件在负荷(压力、力或力矩)的作用下,产生相应的变形(位移或转角),此变形与负荷之间的关系称为弹性元件的弹性特性,可用下式表示:

$$s = f(p) \text{ 或 } s = f(F) \text{ 或 } \varphi = f(M) \quad (2-42)$$

式中,s 为弹性元件的位移;φ 为弹性元件的转角;p、F、M 分别为作用在弹性元件上的压力、力与力矩。

弹性特性也可用曲线表示,见图 2-29。它可能是线性的(如曲线 1,弹簧管的特性曲线属此类),也可能是非线性的(如曲线 2 或 3,膜片、膜盒的特性曲线属此类)。

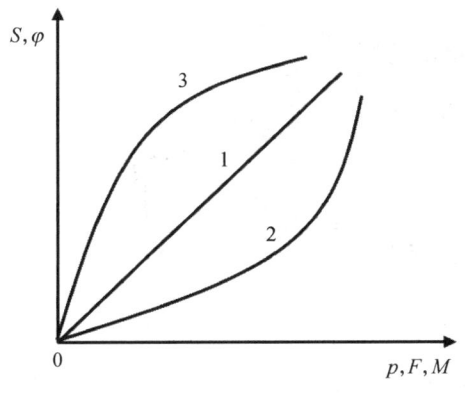

图 2-29 弹性元件的弹性特性曲线

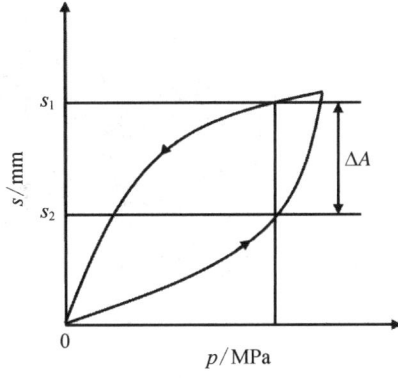

图 2-30 弹性元件的弹性滞后现象

(2) 刚度和灵敏度:使弹性元件产生单位变形所需要的负荷,称为弹性元件的刚度,用符号 K 表示。反之,在单位负荷作用下产生的变形,称为弹性元件的灵敏度,用符号 S 表示。弹性元件的刚度和灵敏度互为倒数,即 $K = 1/S$。当弹性特性为线性时,特性曲线上各点相应的刚度或灵敏度均相同,且为一常数。

(3) 弹性滞后和弹性后效:弹性元件在其弹性变形范围内,加负荷与减负荷时表现的弹性特性不相重合,这种现象称为弹性滞后。由此而产生的误差,称为滞后误差,用符号 ΔA 表示。例如,某一点的滞后误差 $\Delta A = s_2 - s_1$,见图 2-30。当负荷(压力、力或力矩)停止变化($p = p_1$)或完成卸负荷后($p = 0$),弹性元件不是立刻完成相应的变形,而是在一段时间内继续变形,这种现象称为弹性后效,见图 2-31。

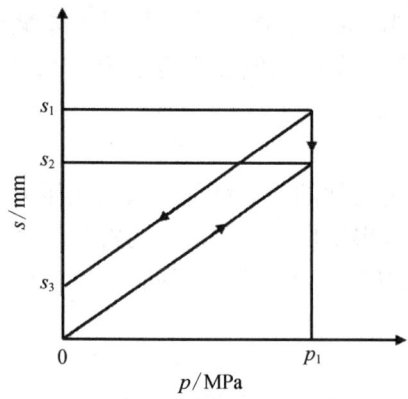

图 2-31 弹性元件的弹性后效现象

弹性元件的弹性滞后和弹性后效现象在工作过程中是同时产生的,它是造成仪表指示误差(回差和零位误差)的主要因素。弹性滞后及弹性后效与材料的极限强度、弹性元件的结构设计、负荷大小、特性以及工作温度等因素有关。为减小弹性滞后和弹性后效值,在设计时应选用较大的强度系数,合理选择材料,采取适当的加工和热处理方法。

2)膜盒式微压计

图 2-32 所示是一种膜盒式微压计。膜盒由上下两个波纹膜片沿圆周焊接在一起组成,下膜片固定在基座上。被测压力或负压由连接管 2 引入膜盒时,膜盒产生变形,上膜片的中心产生位移。测量压力时,中心向上移动;测量负压时,中心向下移动。中心的位移经传动机构带动指针指示相应的压力或负压值。这种微压计在电厂中多用于测量风道、烟道、炉膛及制粉系统等处的压力或负压。

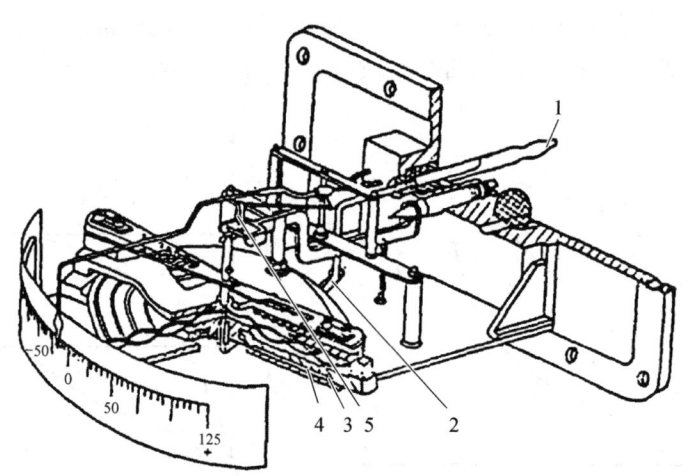

1—引压管;2—连接管;3—上膜片;4—下膜片;5—传动机构

图 2-32 膜盒式微压计

3)双波纹管差压计

双波纹管差压计就是焊接波纹管应用的实例,其结构如图 2-33 所示。

在中心基座 18 的左右两侧各装有波纹管 2、12,波纹管两端有刚性端盖,两端盖用中心轴 5 刚性地连接起来成为一体。充液温度补偿波纹管 3 接在高压室波纹管 2 的外侧,其内腔与 2 内腔有小孔相通,高、低压室波纹管之间经阻尼旁路 9、阻尼环 4 与中心基座的环形通道连通。波纹管内充满低膨胀系数的填充液,在中心轴 5 的右端固定着一组量程弹簧 16,通过量程弹簧支承板固定在中心基座上。当被测差压接入高、低测量室时,高压室波纹管被压缩,其中充填液通过环形间隙和阻尼旁路流向低压室波纹管,使其伸长。整个连接轴系就向低压侧方向移动,并拉伸量程弹簧,直至差压在波纹管底面上形成的

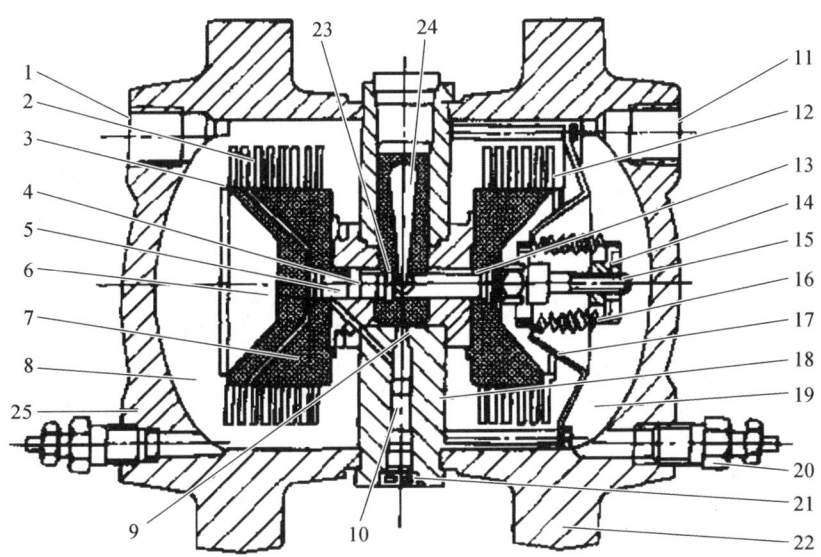

1—高压引入口；2—高压室波纹管；3—充液温度补偿波纹管；4—阻尼环；5—中心轴；6—单向保护阀；7—填充液；8—高压测量室；9—阻尼旁路；10—阻尼阀；11—低压引入口；12—低压室波纹管；13—单向保护阀；14—微调量程螺母；15—螺杆；16—量程弹簧；17—量程弹簧支承板；18—中心基座；19—低压测量室；20—排液（气）针阀；21—阻尼保护室；22—低压室壳体；23—挡板；24—摆杆；25—高压室壳体

图 2-33 双波纹管差压计结构

力与量程弹簧及波纹管的变形力相平衡为止。

改变波纹管的刚度和有效面积以及量程弹簧的刚度和数量，就能改变仪表量程。另外，微调量程螺母 14 亦能少量调整量程。连接轴的位移通过轴上的挡板 23 推动摆杆 24 上的微型滚珠轴承，使摆杆摆动，从而扭动扭力管，然后经芯轴把扭转位移传给显示部分。在全量程范围内，波纹管最大位移约为 5 mm。由于高、低压室波纹管由连接轴连为一体，总体积一定。当环境温度变化时其中填充液随温度变化而胀缩的部分，通过小孔流入充液温度补偿波纹管 3，使其伸缩，这时并不影响连接轴的位置，故不影响差压指示值。当差压值超过测量范围，甚至使波纹管单向受压时，连接轴的过分移动使轴上的单向保护阀 6 或 13 与中心基座上的阀座紧靠，阻止填充液的继续流动，填充液被封闭于波纹管内，可防止波纹管继续变形而损坏，起到了单向受压保护作用。阻尼阀 10 是用来改变填充液流动阻力的。关小阻尼阀，填充液流动速度减慢，使波纹管对快速变化的脉动差压没有反应。

4）弹簧管式差压计

在仪表和传感器中，用以感受压力的敏感元件，除膜片、膜盒和波纹管外，还可采用弹簧管，也称波登管。通常的结构是一根弯成圆弧形（C 形）的空心扁圆截面管，管子截面的短轴方向垂直于管子的弯曲平面，如图 2-34 所示。

管子 1 的一端焊入接头 2，具有压力 p 的流体由接头 2 通入管子内腔。管子另一端（自由端）与接头 3 相连，封闭管 1 通过接头 3 和仪表传动机构连接。在正压力 p 作用下，弹簧管稍伸直，自由端产生位移 s（点划线所示），此位移通过传动放大机构带动指针移动,进行压力指示。

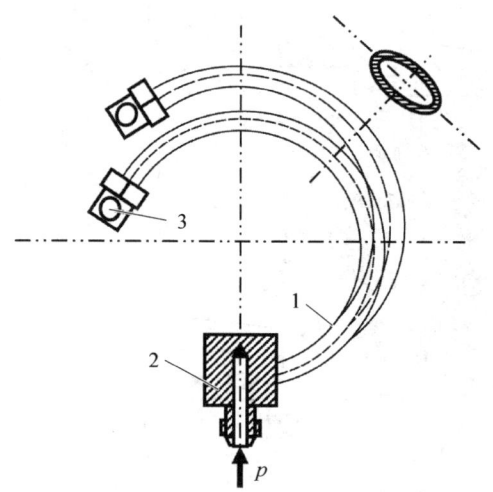

1—弹簧管;2—接头;3—指示机构接头

图 2-34　弹簧管常见的结构

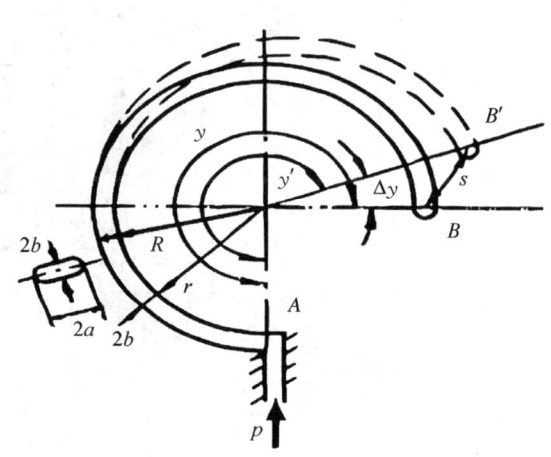

图 2-35　C 形弹簧管尺寸参数及其变形过程

弹簧管自由端在压力 p 作用下发生位移,通常是由非圆截面在压力作用下变成圆形截面所致。图 2-35 中绘出了 C 形弹簧管的尺寸参数及其变形图。

C 形弹簧管是弹簧管中最简单的形式,在压力表中应用广泛。图 2-35 中,R 为截面中心线的曲率半径;s 为弹簧管工作部分的圆心角;a、b 为弹簧管横截面的长半轴和短半轴。

当内腔通入流体压力时,弹簧管短轴方向内表面的受压面积比长轴方向大,截面形状有变圆的趋势,弹簧管刚度增加。由于管子 A 端固定,B 端是自由的,于是管子趋于伸直,曲率减小,以保持弹性平衡状态。新的平衡位置和未受压时的位置相比,中心角改变了 Δy 角度,B 端位于新的平衡位置 B'。弹簧管与膜盒、波纹管相比,其灵敏度较小,因此常用于测量较高压力表的弹性元件。

2.2.2　压力传感器和变送器

目前,一般将能够感受压力(差压)并能按一定规律将压力转换成同种或别种性质的输出变量的仪表称为压力传感器[4]。由于大多数压力传感器的输出变量都是电量,因此下面讨论的也仅限于输出电量的压力传感器。输出为标准信号的传感器也称为变送器。由于把不同输出电量转换成标准输出电量并不是很困难的事,因此在下面的讨论中就不去严格区分它们两者的差别了。

压力传感器和变送器介绍

1. 电容式压力变送器

电容式压力变送器中,以测压弹性膜片为电容器的可动极板,它与固定极板之间形成一可变电容。随着被测压力变化,膜片产生位移,使电容器的可动极板与固定极板之间的距离改变,从而改变了电容器的电容量,这样就完成了压力信号与电容量之间的变换。将激励电压加于电容器,产生的交变电流经整流、控制、放大,输出 4~20 mA 直流电流。这就是电容式压力变送器的基本工作原理,其变换过程分为测量和转换两部分,如图 2-36 所示。

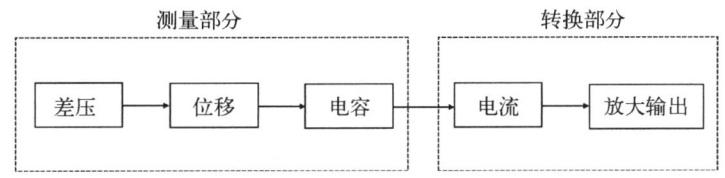

图 2-36 变换过程示意图

2. 应变式压力变送器和压阻式压力传感器

物体受压后会产生内应力和弹性变形。在弹性限度之内,应力与应变成正比,因而可以通过测量物体应变来求得物体所受的压力。应变式压力变送器就是通过测量胶合在弹性元件上,或者与弹性元件制成一体的应变电阻的阻值大小来测量受压弹性元件的应变,从而测得弹性元件所感受的压力。

如果传感器是利用单晶硅的压阻效应感受压力或敏感元件的弹性变形,通常也称为压阻式压力传感器。

1) 金属丝的应变效应和半导体的压阻效应

弹性元件的应变转换为电阻值的大小是由金属或半导体材料制成的电阻体(即应变片)来完成的。常用的金属应变片有金属丝式、箔式和薄膜式;半导体应变片有体式、薄膜式和扩散式,前者的工作原理基于金属丝的应变效应,后者基于半导体的压阻效应。

对于一个长为 L,截面积为 A 的电阻,它的电阻值 R 为

$$R = \rho \frac{L}{A} \tag{2-43}$$

式中,ρ 为材料的电阻率。

对式(2-43)取对数并微分后得到:

$$\frac{\mathrm{d}R}{R} = \frac{\mathrm{d}L}{L} - \frac{\mathrm{d}A}{A} + \frac{\mathrm{d}\rho}{\rho} \tag{2-44}$$

式(2-44)表明,电阻的阻值变化是电阻长度、截面的几何应变效应和材料电阻率变化的压阻效应的综合结果。

考虑到是 $\frac{\mathrm{d}A}{A} = 2\frac{\mathrm{d}D}{D}$,又从力学原理可知,轴的纵向应变与横向应变的关系为

$$\frac{\mathrm{d}D}{D} = -\nu \frac{\mathrm{d}L}{L} \tag{2-45}$$

式中,D 为电阻的直径;ν 为材料的泊松系数。

因此可得

$$\frac{\mathrm{d}R}{R} = \frac{\mathrm{d}L}{L}(1 + 2\nu) + \frac{\mathrm{d}\rho}{\rho} = \varepsilon(1 + 2\nu) + \frac{\mathrm{d}\rho}{\rho} \tag{2-46}$$

式中，ε 为电阻的纵向应变，$\varepsilon = \dfrac{\mathrm{d}L}{L}$。因而，

$$K = \frac{\mathrm{d}R}{R}\frac{1}{\varepsilon} = (1 + 2\nu) + \frac{\mathrm{d}\rho}{\rho}\frac{1}{\varepsilon} \qquad (2-47)$$

式中，K 的物理意义为单位纵向应变所引起的电阻变化率，称为应变片的纵向灵敏度。对于金属材料来说，式中后面一项压阻效应很小，电阻变化主要是由几何应变效应引起的，即 $K \approx 1 + 2\nu$。所以金属应变片的灵敏度 K 值很小，一般在 1.7～3.6。对于半导体来说，由于压阻效应很大（60～170），几何应变效应可以忽略。因此，称为半导体的压阻效应。

半导体电阻率 ρ 与晶体中载流子数目 N_i 和其平均迁移率 μ_{av} 的乘积成反比，表示如下：

$$\rho = \frac{1}{eN_i\mu_{av}} \qquad (2-48)$$

式中，e 为电子荷电量。

半导体受应力作用后，载流子数目和平均迁移率都有变化，变化的大小与符号取决于所用的半导体材料、载流子浓度、晶格上应力作用的方向。对于简单的纵向拉伸和压缩，半导体电阻率变化与应力 σ 的关系为

$$\frac{\Delta\rho}{\rho} = \alpha_L\sigma \qquad (2-49)$$

式中，α_L 为半导体材料的纵向压阻系数。

因此，半导体应变片的纵向灵敏度 K 为

$$K = \frac{\Delta R}{R}\frac{1}{\varepsilon} = (1 + 2\nu) + \frac{\Delta\rho}{\rho}\frac{1}{\varepsilon} \approx \frac{\Delta\rho}{\rho}\frac{1}{\varepsilon} = \frac{\alpha_L\sigma}{\varepsilon} = \alpha_L E \qquad (2-50)$$

式中，E 为半导体材料的弹性模量，$E = \dfrac{\sigma}{\varepsilon}$，即应力与应变之比。

所以，半导体应变片的灵敏度 K 与其压阻系数 α_L 一样，与半导体材料、掺杂浓度、扩散层厚度、应力相对于晶轴的取向等因素都有关系。例如，掺杂浓度越低时，压阻灵敏度越高，但温度对灵敏度的影响也越大，故制造中可适当选择掺杂浓度来满足灵敏度和温度稳定性两方面的要求。就应力对晶轴的取向来说，对于轻掺杂 P 型硅晶体，应力沿晶轴方向作用的压阻效应最大，并具有正的灵敏度；对于 N 型硅晶体，应力沿晶轴方向作用的压阻效应最大，并具有负的灵敏度。因此，可将这两种应变片安排在同一电桥的相邻两壁，以增大输出并达到温度补偿作用。

2）应变式压力变送器的型式

应变式压力变送器主要由两部分组成：一部分是感压弹性元件，另一部分是应变片，也有将两者结合在一起的，如用硅片作感压弹性元件，其上扩散电阻元件。变送器的结构

型式主要包括膜片式和筒式。

（1）膜片式：以金属或半导体材料的膜片作弹性元件，当膜片一侧均匀承受压力时，周界固定的膜片发生弯曲变形。在具有电阻元件的另一侧上，半径方向发生应变 ε_r，切线方向发生应变 ε_t，如图 2-37 所示。

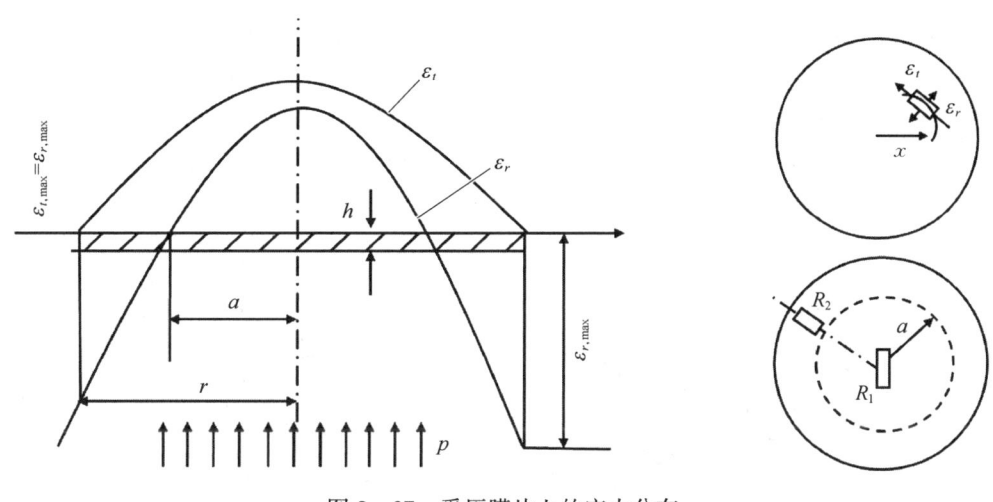

图 2-37 受压膜片上的应力分布

在膜片中心位移十分微小的情况下，膜片上各处应力与所受的压力成正比，并随膜片中心的距离 x 而改变。膜片中心处的 ε_r 和 ε_t 达到相同的最大值，而在膜片边缘（$x=r$），$\varepsilon_t=0$，ε_r 则达到负的最大值。在 $x=a=r/\sqrt{3}=0.58r$ 处，$\varepsilon_r=0$，径向应变在此变号，$x>a$ 处为负应变区，$x<a$ 处为正应变区。如将一片应变片贴于正应变区，另一片贴于负应变区，将图 2-37 中 R_1 和 R_2 两应变片安排成测量电桥的相邻臂，则可以获得较大的输出，而且有温度补偿作用。

（2）筒式：用一薄壁圆筒作为测压弹性元件，应变片贴于筒体外壁，在圆筒端部上还贴有不感受应变的温度补偿电阻片，如图 2-38 所示。

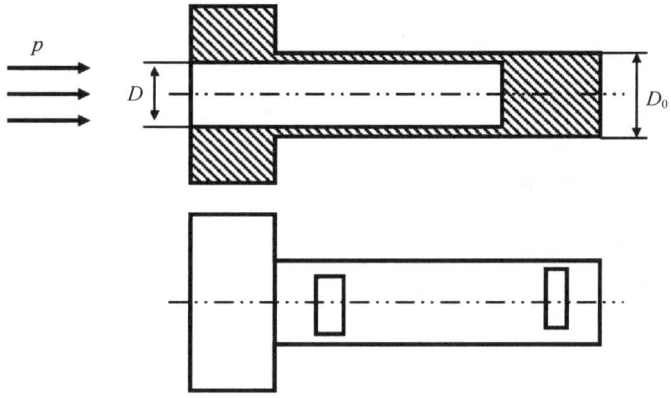

图 2-38 筒式应变压力变送器

筒内腔与被测压力相连。对于薄壁筒（壁厚为 h 相对于筒内径 D 很小）来说，筒外壁沿圆周方向的切向应力 ε_t 与筒内压力成正比。筒式弹性元件的可测压力上限较高，选用不同的筒直径和不同弹性模数 E 值的筒材料，可适用于不同的压力测量范围。

3. 谐振式压力变送器

图 2-39 所示为一种硅谐振式微型压力传感器，其核心部分由硅感压膜片（4 mm×4 mm）和在硅膜片上表面制作的两个 H 型两端固支的谐振梁（1 200 μm×20 μm×5 μm）构成。其中一个硅梁制作在膜片中央，另一个则在边缘部位[图 2-39(a)]。硅梁被封在真空腔内，既不与被测介质接触，又确保振动时不受空气阻尼的影响。硅膜片与硅基底的连接采用 Si—Si 键合工艺完成，采用 Au-Si 共熔再将硅基底与通压部分的 Ni-Fe 合金固连[图 2-39(b)]组成压力传感器结构。

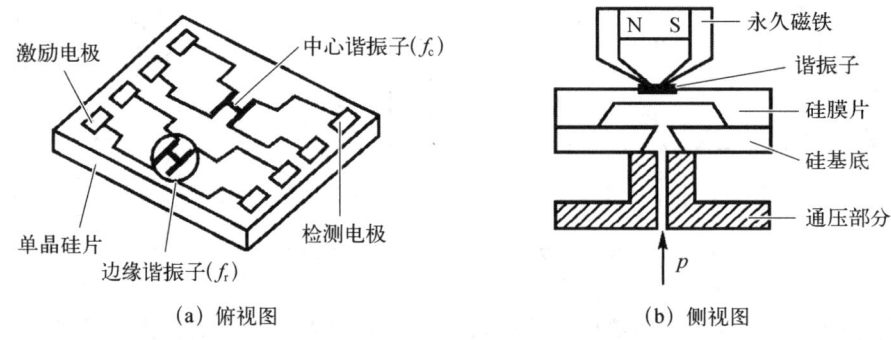

图 2-39 硅谐振式压力微传感器原理结构

频率调制原理如图 2-40 所示，当被测压力通入膜片空腔时，膜片产生形变。中心处和边缘处的应力符号相反，中心处受拉伸，边缘处受压缩，使两个谐振梁固有频率的变化

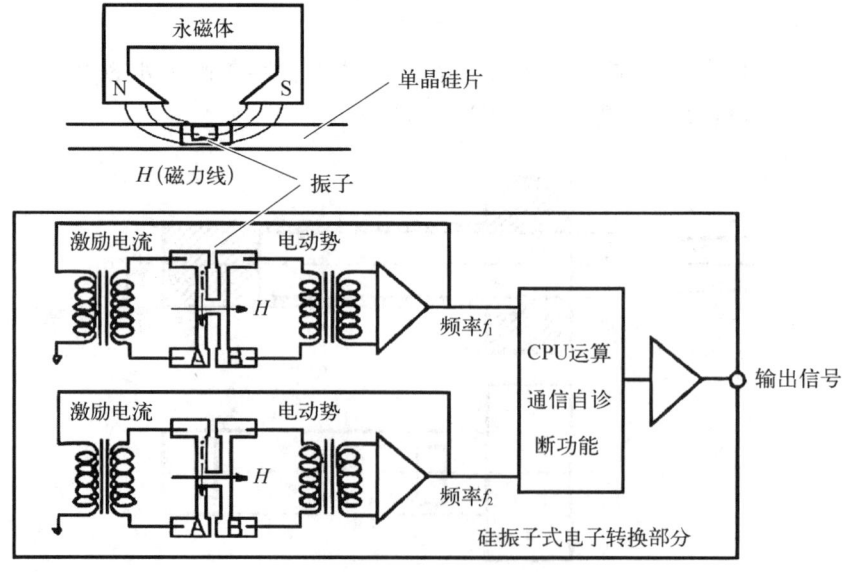

图 2-40 硅振子式频率调制原理

分别感应不同应力作用,中心处谐振梁的固有频率增加,边缘处的则下降。谐振梁左侧受励磁电流作用产生振动,振动被右侧谐振梁拾取,在磁场作用下产生电动势,该电动势与励磁线圈形成正反馈,使 H 型谐振梁形成共振。共振频率的变化受被测压力调制。两个谐振梁的频率差即对应不同的压力值。

4. 压电式压力传感器

压电材料在受到压力时,其表面会出现正电荷和负电荷,这种现象称为压电效应,如图 2-41 所示。压电材料薄片本身相当于一个电容 C,因此两个金属面之间产生的电压 $U=Q/C$,于是将压力转变为电压输出。与压力传感器配套的必须是高输入阻抗电路,一般使用电荷放大器,测量电路见图 2-42。

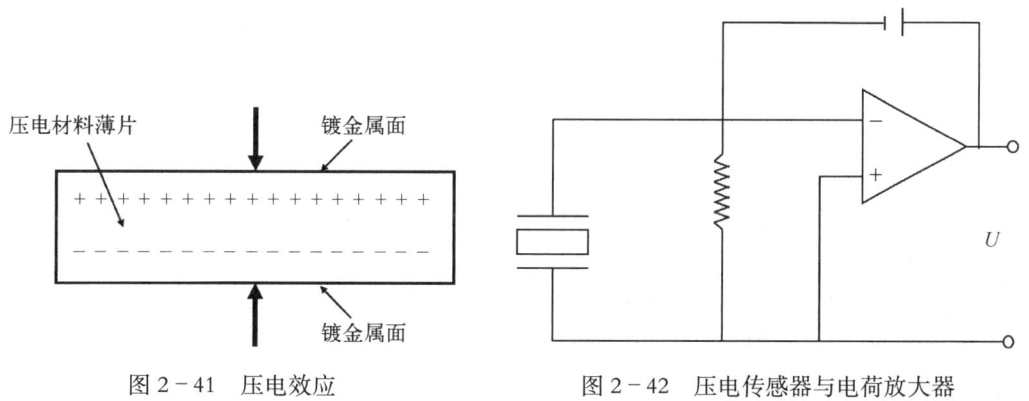

图 2-41 压电效应　　　　图 2-42 压电传感器与电荷放大器

压电材料有两种:一种是压电晶体,如石英(SiO_2);另一种是压电陶瓷,如锆钛酸铅。后者的压电系数比石英大,但极限工作温度和允许的机械应力都比石英低得多。

在温度变化时,压电材料的表面也会出现电荷,这种温度效应是一种干扰因素。压电陶瓷的温度效应比石英晶体大。压电传感器用于测高温介质的压力时,必须采取充分有效的冷却措施以保持稳定的压电性能,克服温度干扰。

事实上,压电传感器的输出阻抗和电荷放大器的输入阻抗都不可能为无穷大,漏电不可避免。因此,压电传感器不适用于稳态测量。压电传感器的优点是频率响应高、灵敏度大、不需电源(自身属于发电变换器)。其缺点是输出阻抗高、温度效应大、低频性能差。

2.2.3　压力探针

1. 总压针

气流的总压就是气流绝能等熵滞止下来的压力。只要在气流中放一根管子,其孔口轴线对准气流方向,孔口无毛刺,从管子另一端用密封管路接往压力表,就可测出孔口处的当地总压。几种典型的总压针头部构造以及方向特性如图 2-43 所示。

实用上,因气流方向往往不确切,故要求总压针对气流方向有一定的不敏感性,即总压针孔口轴线虽然偏离气流方向却仍能正确感受总压。图 2-43 中纵坐标表示总压针测得总压 p_m^* 与气流真实总压 p^* 之差占动压头($\rho v^2/2$)的百分数,横坐标 β 为气流方向与孔口轴线的夹角。从图中可见第 4 种孔口加倒角的直管有较好的不敏感性,β 达 ±15° 仍无

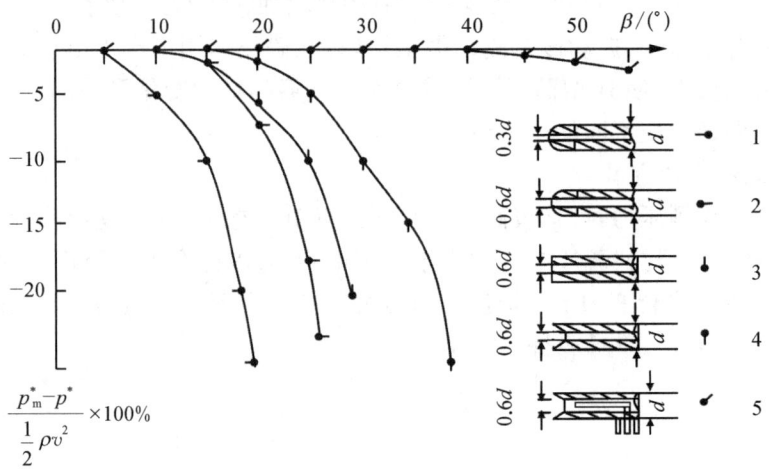

图 2-43 总压针构造及其方向特性

误差。如果外面再加一引导套管(第 5 种),则可提高不敏感角 β 至 $\pm 40°$。

不敏感角还与气流速度有关。以第 5 种为例,当速度系数 λ 从 0.240 增至 0.814,不敏感角从 $\pm 40°$ 减至 $\pm 35°$,可以将总压针组合成梳状总压针[图 2-44(a)],也可以组合成耙状[图 2-44(b)],还可以在发动机零件上直接构成总压针(如在涡轮空心导向叶片上)。感压管应有一定的伸出长度以避开壳体在气流中产生的扰动区,各感压管之间应有一定的间距以避免相互干扰,推荐的数值亦示于图 2-44(a)之中。

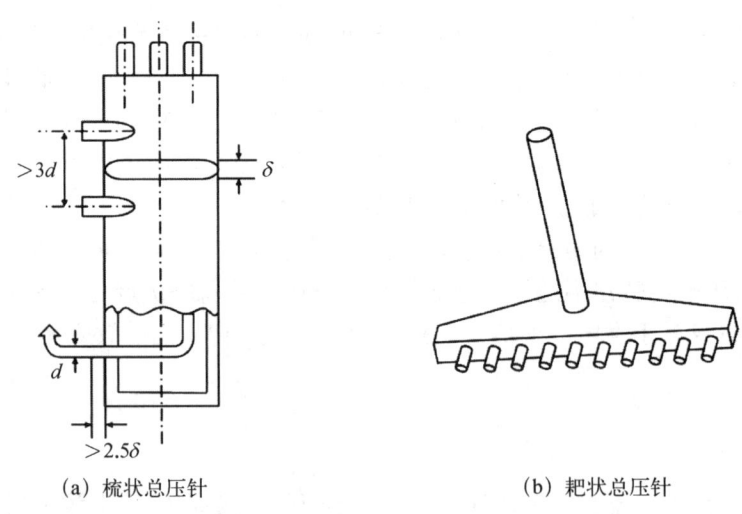

(a) 梳状总压针　　　　　(b) 耙状总压针

图 2-44 总压针

2. 静压测量

1) 壁面静压孔

对于管内流动,如果横截面上各点的静压大致相等,可用壁面开小孔的方法感受静压。图 2-45(a)是壁面开孔结构实例,图 2-45(b)为静压测量误差与孔径及 Ma 的关系。

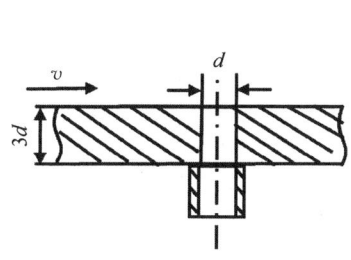 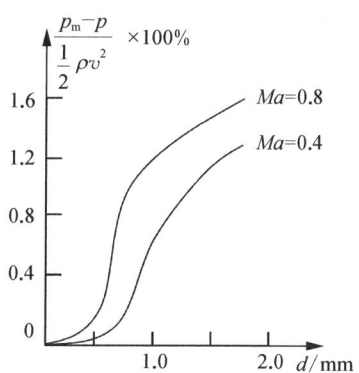

(a) 壁面静压孔结构实例　　　　(b) 静压测量误差与孔径及 Ma 的关系

图 2-45　壁面静压孔

流体流经孔口，流线会向孔内弯曲。孔径越大，弯曲越严重，静压测量的误差也越大，并且误差随 Ma 增大而增加。但孔径太小则反应迟缓，且易被灰尘堵塞。一般取孔径为 0.5~1.0 mm。由图 2-45(b)可以看出，用孔径 0.5 mm 的小孔测静压，在马赫数 $Ma<0.8$ 范围，静压测量误差可以小于等于动压头的 0.3%。

2）静压针

按静压的物理概念，只有当流体未受探针的任何干扰时，才能正确测出静压，但这是很难实现的。亚声速气流测量用的静压针的典型结构示于图 2-46。在 $A-A$ 截面静压孔外的气流静压，一方面因气流受半球头部的加速作用而降低，另一方面因受支杆的阻滞作用而提高。实验表明按图 2-46 所介绍的设计尺寸在 $A-A$ 截面处这两种影响正好互相抵消，从而使开孔感受的正好是来流的静压。

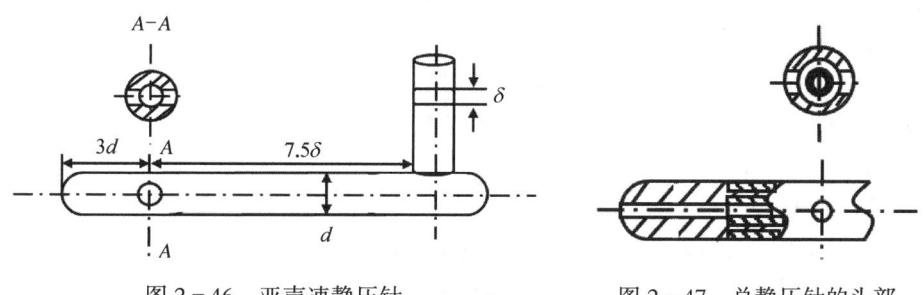

图 2-46　亚声速静压针　　　　图 2-47　总静压针的头部

因为是利用这种相互抵消关系，所以静压针的特性对工艺质量很敏感。制造出来的每只静压针都带有各自的系统误差。必须先在校准风洞吹风校准，获得其校准特性，然后才能使用。

3）总静压针

将总压针与静压针组合在一起构成总静压针，或称风速管、皮托管(Pitot tube)。它就是在静压针中套一根测总压的管子，把总、静压分别引出，其头部结构如图 2-47 所示。由于总压比较容易测量，所以设计时主要应满足静压孔的要求(参照静压针)。总静压针的角度特性由静压开孔决定。

3. 三孔针

三孔针用于测量二维流的总压、静压与方向。图2-48展示了三孔针典型的三种结构,其使用方法一般包括转动法和不转动法。

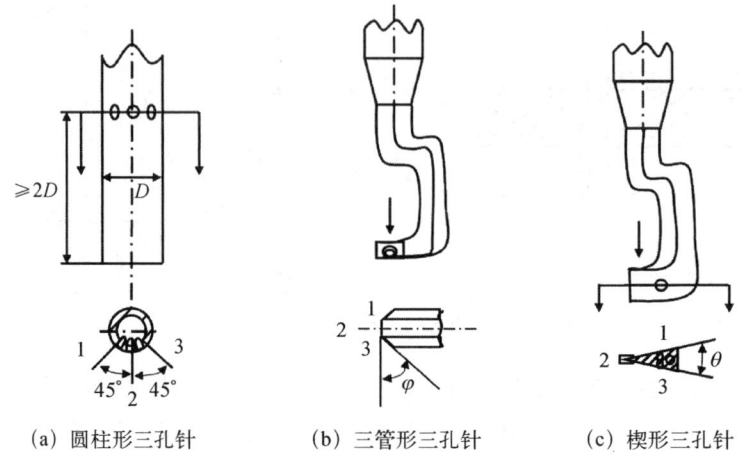

(a) 圆柱形三孔针　　(b) 三管形三孔针　　(c) 楔形三孔针

图2-48　三种三孔针的结构

1) 转动法

采用转动法测量时,将三孔针绕支杆的轴线转动,使1、3两孔的压力相等,即$p_1 = p_3$。这样1、3孔对称于气流方向,从而保证第2孔对准气流,$p_2 = p^*$。气流方向角就可以从坐标机构上直接读出,当然事先应定好三孔针的起始角度基准。由于三孔针的特性受工艺影响很大,因此制造好后,每支三孔针都应在校准风洞吹风以确定速度特性曲线$p_1/p_2 = f(\pi(\lambda))$,见图2-49。使用时根据测得的$p_1/p_2$,求出$\pi(\lambda)$,进而按$\pi(\lambda)$及$p_2 = p^*$确定压力$p$。

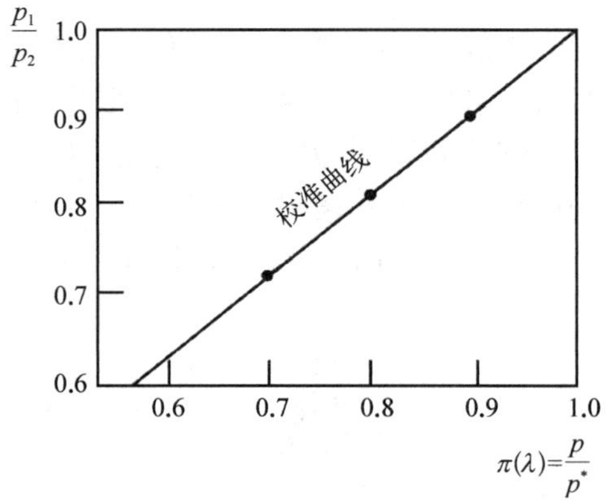

图2-49　三孔针转动法的速度特性

2) 不转动法

相比于转动法,不转动法可以大大缩短试验时间。采用不转动法时,先将三孔针按其定位基准固定在校准风洞的坐标架上,吹风时转动坐标架使三孔针处于不同的气流偏角β,记下相应的p_1、p_2、p_3值,结合已知的气流总压p^*及静压p,就可算出相应的角度系数K_β、总压系数K_0、速度系数ζ_β,这三个参数的定义分别如下:

$$K_\beta = (p_3 - p_1)/(2p_2 - p_1 - p_3) \tag{2-51}$$

$$K_0 = (p^* - p_2)/(2p_2 - p_1 - p_3) \tag{2-52}$$

当$\lambda \leqslant 0.3$时可以忽略压缩性:

$$\zeta_\beta = (p^* - p)/(2p_2 - p_1 - p_3) \tag{2-53}$$

当$\lambda \leqslant 0.6$时:

$$\zeta_\beta = \left(\frac{k}{k+1}\right) p^* \lambda^2 \varepsilon(\lambda)/(2p_2 - p_1 - p_3) \qquad (2-54)$$

图 2-50 和图 2-51 分别给出了三孔针不转动法条件下角度特性 K_β 与总压特性 $K_0 = f_2(\beta)$、速度特性 $\zeta_\beta = f_3(\beta)$ 随气流偏角的变化规律。

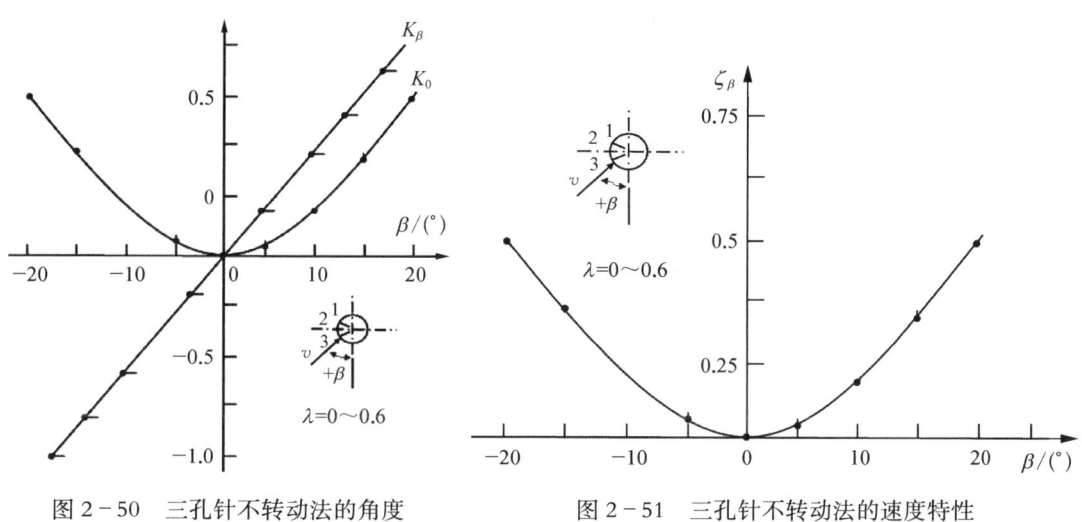

图 2-50　三孔针不转动法的角度　　　　图 2-51　三孔针不转动法的速度特性
　　　　　特性与总压特性

使用时,将三孔针按定位基准装在试验器上。事先应初步估计气流的大致方向,使三孔针安装成基本与气流方向对准,因为三孔针可测的 β 范围不能太大。测量时记下 p_1、p_2、p_3,按式(2-51)求出 K_β。按此 K_β 值从 $K_\beta = f_1(\beta)$ 曲线查出 β,再按 β 从 $K_0 = f_2(\beta)$ 曲线查出 K_0,与 p_1、p_2、p_3 一起代入式(2-52)求出 p^*,最后按 β 从 $\zeta_\beta = f_3(\beta)$ 曲线查出 ζ_β,与 p_1、p_2、p_3、p^* 一起代入式(2-53)或式(2-54)求出 p。

4. 五孔针

五孔针用来测量三维气流的总压、静压与方向,图 2-52 展示了三种五孔针的典型结构。五孔针的作用原理和三孔针相同,它相当于两只三孔针组合在两个互相垂直的平面内。它有两种使用方法:转动法与不转动法。

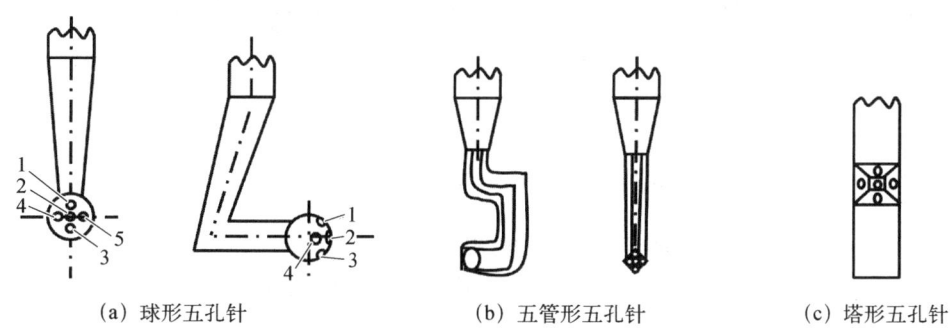

(a) 球形五孔针　　　　(b) 五管形五孔针　　　　(c) 塔形五孔针

图 2-52　五孔针

1) 转动法

使用时将测针绕支杆轴线转动,使两个旁侧孔 4、5 的压力相等,即 $p_4 = p_5$,这样气流速度矢就落在 1、2、3 三个孔所在的平面内。它与这三个孔的关系,就相当于用三孔针的不转动法测量。按坐标架的刻度先读出第一个角度 β。而 p^*、p 和第二个角度 α 则按各孔的压力值从校准曲线求出。图 2-53 为五孔针转动法的校准曲线。测针制出后先在校准风洞吹风以获得这些曲线。图中各系数的定义为

$$K_\alpha = (p_3 - p_1)/(p_2 - p_4) \tag{2-55}$$

$$K_{31} = (p_3 - p_1)/(p^* - p) \tag{2-56}$$

$$K_{24} = (p_2 - p_4)/(p^* - p) \tag{2-57}$$

$$K_2 = (p_2 - p)/(p^* - p) \tag{2-58}$$

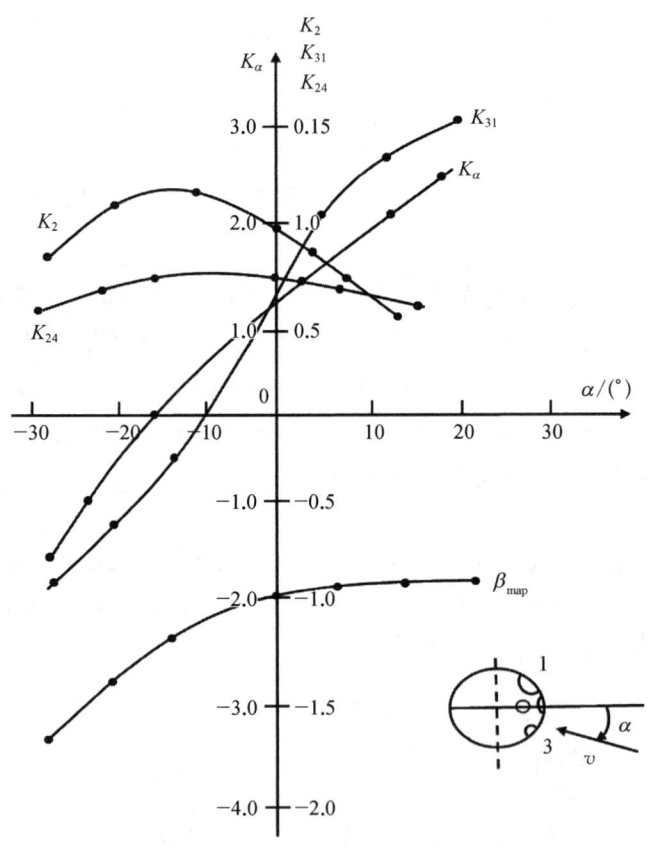

图 2-53　五孔针转动法的校准曲线

由式(2-55)算出 K_α,按曲线 $K_\alpha = f_1(\alpha)$ 求出 α,按 α 从曲线 $K_{31} = f_2(\alpha)$ 及 $K_2 = f_4(\alpha)$ 求出 K_{31} 及 K_2,再用 p_1、p_3、K_{31} 按式(2-56)求出 $p^* - p$,最后用 $p^* - p$、p_2、K_2 按式(2-58)求出 p,然后求出 p^*。

校准曲线 K_{24} 是为了互相校对用,若按测得的压力算得

$$\frac{p_3 - p_1}{K_{31}} = \frac{p_2 - p_4}{K_{24}} \tag{2-59}$$

则说明测量结果正确。若两者不等,但相差只有 2%~3%,,则按两者的平均值来算 $p^* - p$,即

$$p^* - p = \frac{1}{2}\left(\frac{p_2 - p_4}{K_{24}} + \frac{p_3 - p_1}{K_{31}}\right) \tag{2-60}$$

若相差>3%,则必须重新测量。

还必须指出,由于制造公差,4、5 两孔相对于 1、2、3 孔所在平面不是完全对称的。所以,在某一 α 角时 $p_4 = p_5$,但当气流只改变 α 角而 β 角不变时,p_4 就不等于 p_5 了,必须将坐标架转动一个 $\Delta\beta$ 角度,才能使 p_4 重新等于 p_5,也就是给 β 的测量带来了误差。因此,图 2-53 中示例的 β 角的更正值曲线 $\beta_{\text{map}} = f(\alpha)$ 可以进行这项修正。

2) 不转动法

五孔针不转动法的角度特性、动压头特性和总压特性分别如图 2-54、图 2-55、图 2-56 所示。利用定位件将五孔针固定在测量段上,根据五个孔测出的压力,按式(2-61)和式(2-62)分别计算出 K_α 及 K_β 的值:

$$K_\alpha = (p_3 - p_1)/(2p_2 - p_1 - p_3) \tag{2-61}$$

$$K_\beta = (p_5 - p_4)/(2p_2 - p_5 - p_4) \tag{2-62}$$

获得 K_α 及 K_β 后,由图 2-53 的角度特性校准曲线查出 α 及 β 角。然后按 α、β 从图 2-54 中的特性曲线查得动压头系数 ζ_5。

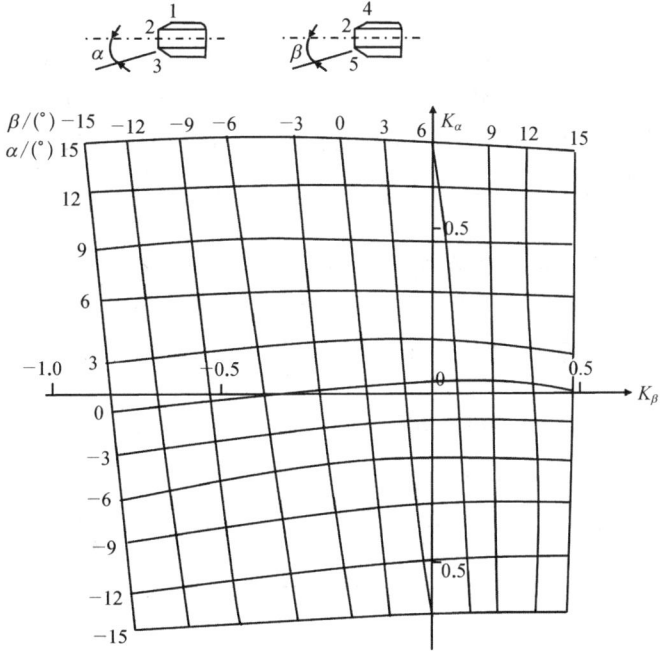

图 2-54 五孔针不转动法的角度特性

$$\zeta_5 = \frac{1}{2}\rho v^2 / (p_2 - p_5) \tag{2-63}$$

按 ζ_5 及测得的 $(p_2 - p_5)$ 算出动压头 $\rho v^2/2$，根据五个压力算出系数 K，再按 K 及 β 从图 2-56 的总压特性校准曲线查出 K_0，从而算出 p^*，这样全部计算出 α、β、p^*、p：

$$K = \frac{p_1 - p_3}{p_2 - \frac{1}{4}(p_1 + p_3 + p_4 + p_5)} \tag{2-64}$$

$$K_0 = \frac{p_2 - p^*}{p_2 - \frac{1}{4}(p_1 + p_3 + p_4 + p_5)} \tag{2-65}$$

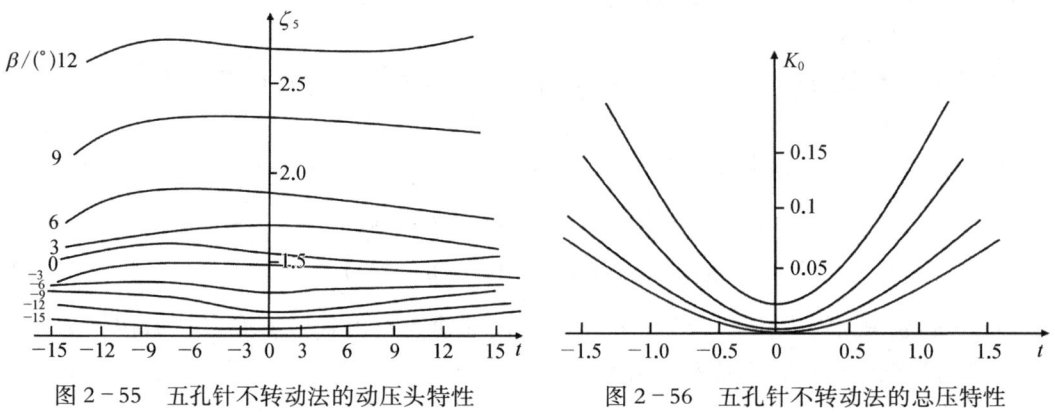

图 2-55　五孔针不转动法的动压头特性　　图 2-56　五孔针不转动法的总压特性

图 2-54、图 2-55、图 2-56 的这些特性曲线也是在校准风洞中吹风试验获得的。吹风时先保持一个 β 值（如-15°），在此 β 下改变 α 值（从-15°到+15°），获得对应的 p_1、p_2、p_3、p_4、p_5 值。完成后，保持下一个 β 值，再改变 α，依此类推。不转动法的校准工作量大，试验校准曲线的拟合也相对麻烦，但使用时节省时间。所以很多大型试验均采用此方法。

5. 校准风洞

各种压力探针制成后都必须在校准风洞中吹风以获得校准曲线，典型的校准风洞如图 2-57 所示。在其自由射流的核心区，气流的总压等于稳压箱的总压，静压等于大气压，气流方向平行于喷管轴线，核心区流场均匀。

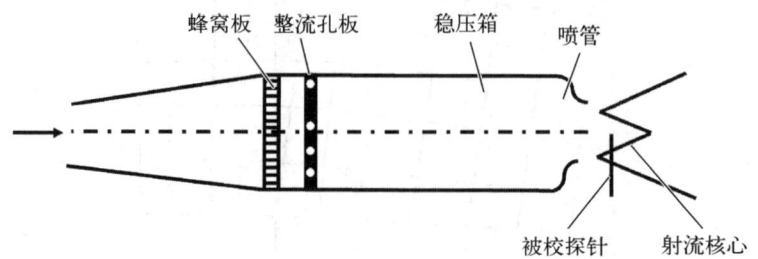

图 2-57　校准风洞简图

校准风洞起码应配备有五个自由度的坐标架。使被校的各型探针可作 X、Y、Z 三向移动,并绕针杆及另一轴转动(即变 α 及 β 角)。这样才可校准五孔针。

6. 设计与使用压力探针时应注意的几个问题

1) 强度与振动问题

航空发动机试验中使用的探针,必须有足够的强度与刚性,探针所受载荷包括静态气动阻力所造成的静载荷和气流脉动及从安装座传来的机械振动所造成的动载荷。如果安装条件许可,最好采用双支点,同时避免悬臂安装。

探针的自振频率 f_p 必须避开发动机转速所对应的频率 f_N。探针制成后必须进行振动试验。只有满足 $|(f_p - f_N)/f_N| \times 100\% \geqslant 25\%$,探针测量才是安全可靠的。

2) 临壁效应问题

试验中常会要求测量靠近壁面处的流场。例如,研究靠近叶片表面的流场、研究掺混孔口附近的流场等。当压力探针靠近壁面时,壁的存在改变了探针的绕流,从而改变了探针的特性,使它与在自由射流中校准所得的特性不同,给测量结果带来误差。以圆柱三孔针为例,研究表明当测针轴线与壁的距离 $L \geqslant 5D$ 时(D 为支杆直径),临壁效应可以忽略;当 $L < 3.5D$,则必须对临壁测量值进行修正。

3) 堵塞效应问题

探针及其支杆(特别是多点的探针)由于有一定的迎风面积,会对流道造成一定的堵塞,产生堵塞效应。

堵塞效应有两重含义。第一,堵塞造成节流,改变了发动机或部件的性能,这对全台轴流压气机的影响最为明显,探针的堵塞效应可能使压气机工作失稳,以致无法进行试验。第二,堵塞改变了探针的绕流,从而改变探针的特性,使其与校准时不同,给测量结果带来误差。

定义探针迎风面积与通道面积之比为堵塞比。对堵塞比应有所限制,例如,测量发动机进口流场时就规定堵塞比 $\leqslant 8\%$。

在条件许可时,应利用发动机零件直接构成梳状测针以彻底消除堵塞,例如,用涡轮空心导向叶片构成梳状总压针。研究表明,还可以把五管形五孔针的五个管分散装在压气机同一级静子的五个叶片上(位于同一半径),用以测量总压、静压和方向,这种办法既消除堵塞,又改善五孔针特性,对高压压气机特别适用,称为分散式五孔针。

4) 探针的定位

必须正确设计探针的定位基准,使其在校准时与校准风洞的定位面正确定位,以及在使用时与试验器的定位面正确定位,这样才能正确使用校准特性。

2.3 流量测量

流体流量就是单位时间内流过某一截面的流体的量,称为瞬时流量。在某一段时间间隔内流过某一截面流体的量即为流过的总量。显然,流过的总量可以用在该段时间内瞬时流量对时间的积分得到,所以总量常称为积分流量或累计流量。总量除以得到总量的时间间隔就称为该段时间内的平均流量。

流体的流量可以用单位时间内流过的质量($q_m = \mathrm{d}m/\mathrm{d}t$，单位为 kg/s)表示，称为质量流量，也可以用单位时间内流过的体积($q_V = \mathrm{d}V/\mathrm{d}t$，单位为 m³/s)来表示，称为体积流量。它们之间的关系为

$$q_m = \rho q_V \tag{2-66}$$

式中，ρ 为流体密度，随工质状况而变。因此给出体积流量 q 的同时，必须指明被测流体的密度。在测量气体流量时，为了便于比较，常将测得的体积流量 q_V 换算成标准状态下的体积流量 q_{Vn}，称为标准体积流量(单位为 m³/s)，它们之间的关系为

$$q_{Vn} = \frac{\rho}{\rho_n} q_V \tag{2-67}$$

式中，ρ_n 为标准状态下的被测气体密度。对于一定的被测气体，ρ_n 是定值，所以已知标准体积流量，也就确定了其质量流量 q_m。

目前工业上常用的流量测量方法大致可分为容积式、速度式和质量式三类，速度式测量方法中又以差压流量测量方法使用最为广泛，故单独列为一类。本章将按此四类测量方法对流量测量仪表进行介绍。

2.3.1 速度式流量测量

速度式流量测量方法以直接测量管道内流体流速 v 作为流量测量的依据。若测得的是管道截面上的平均流速 $\bar{v}$，则流体的容积流量为平均流速与管道截面积的乘积，$q_V = \bar{v}A$。若测得的是管道截面上的某一点流速 v，则流体体积流量 $q_V = KvA$，其中 K 为截面上的平均流速与被测点流速的比值，它与管道内流速分布有关。

在典型的层流或紊流分布的情况下，圆管截面上流速的分布是有规律的，K 为确定值。但在阀门、弯头等局部阻力后流速分布变得非常不规则，K 值很难确定，而且通常是不稳定的。因此速度式流量测量方法测量结果的准确度不但取决于仪表本身的准确度，而且与流速在管道截面上的分布情况有关。为了使测量时的流速分布与仪表分度时的流速分布相一致，要求在仪表前后有足够长的直管段或加装整流器，以使流体进入仪表前速度分布就达到典型的层流或紊流分布，如图 2-58 所示。

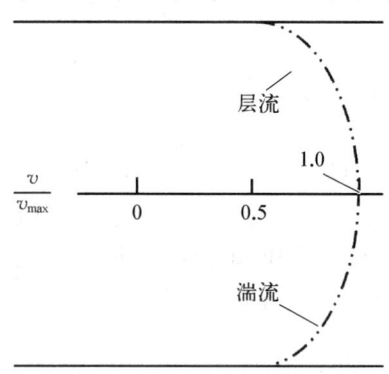

图 2-58 圆管内典型的层流和紊流的速度分布

1. 进口流量管

进口流量管常用于试验器直接从大气吸入空气时的空气流量测量，图 2-59 是其结构图，它由一个渐缩的型面段和直径为 D 的直管段组成。型面段的型线常采用能使进口流场均匀、稳定、流动损失小的双纽线，所以也称双纽线流量管，其极坐标方程为

$$r^2 = a^2 \cos 2\theta \tag{2-68}$$

双纽线在设计时通常取 $a = (0.6 \sim 0.8)D$(根据被测流量及所希望的压差,通过计算决定),$\theta = 0° \sim 45°$ 这段曲线为流量管型线。型线段的轴向长度 $L = (0.7 \sim 0.9)D$,型线段的最大外径 $D' = (1.85 \sim 2.13)D$,测量静压的静压孔应置于距双纽线型面段出口 $0.25D$ 处。总压就等于大气压。

2. 涡轮流量计

涡轮流量计实质上为一零功率输出的涡轮机。当被测流体通过时,冲击涡轮叶片,使涡轮旋转,在一定的流量范围内,一定的流体黏度下,涡轮转速与流速成正

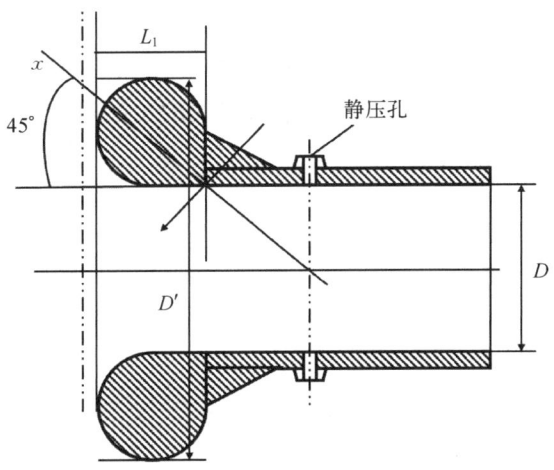

图 2-59 进口流量管结构图

比。当涡轮转动时,涡轮上由导磁不锈钢制成的螺旋形叶片顺次接近处于管壁上的检测线圈,周期性地改变检测线圈磁电回路的磁阻,使通过线圈的磁通量发生周期性变化,检测线圈产生与流量成正比的脉冲信号。此信号经前置放大器放大后,可远距离传送至显示仪表。在显示仪表中对输入脉冲进行整形,然后一方面对脉冲信号进行计算以显示总量,另一方面将脉冲信号转换为电流输出指示瞬时流量。

除上述磁阻方法外,也可采用感应方法将涡轮的转速转换为电脉冲信号。这时的转子用非导磁材料制成,将一小块磁钢埋在涡轮的内腔,当磁钢在涡轮带动下旋转时,固定于壳体上的检测线圈中感应出电脉冲信号。图 2-60 中导流器的作用是导直流体的流束以及作涡轮的轴承支架用。

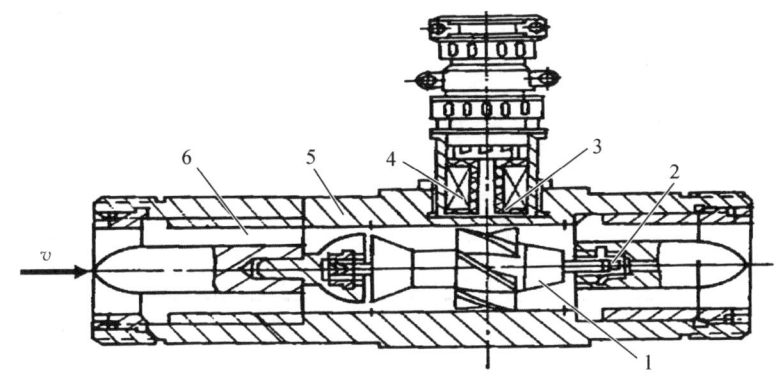

1—涡轮;2—支承;3—永久磁钢;4—感应线圈;5—壳体;6—导流器

图 2-60 涡轮流量计结构

导流器和仪表壳体均由非导磁不锈钢制成。使用中,轴承的性能好坏是涡轮流量计使用寿命长短的关键。目前一般采用不锈钢滚珠轴承和聚四氟乙烯、石墨、碳化钨等非金属材料制成的滑动轴承,前者适用于清洁的、有润滑性的液体和气体流量,流体中不能含有固体颗粒;后者可用于非润滑性流体、含微小颗粒和腐蚀性流体测量中,以及由于液态

气体突然气化等原因而有可能造成涡轮高速运转的场合。

当叶轮处于匀速转动的平衡状态,并假定涡轮上所有的阻力矩均很小时,检测线圈输出的脉冲频率 f 与流量 q_V 之间的关系可表示为

$$f = \frac{z\tan\beta}{2\pi rA}q_V = \zeta q_V \qquad (2-69)$$

式中,ζ 称为仪表常数:

$$\zeta = \frac{z\tan\beta}{2\pi rA} \qquad (2-70)$$

式中,z 为涡轮上的叶片数;β 为叶片对涡轮轴线的倾角;r 为涡轮叶片的平均半径;A 为流量计的有效通流面积。

理论上,仪表常数 ζ 仅与仪表结构有关,但实际上 ζ 值受很多因素的影响。例如,轴承摩擦及电磁阻力矩变化的影响,涡轮与流体之间黏性摩擦阻力矩的影响以及速度沿管截面分布不同的影响。

典型的涡轮流量计的特性曲线如图 2-61 所示,仪表出厂时由制造厂标定后给出其在允许量测量范围内的 ζ 平均值。因此,在一定时间间隔内流体流过的总量 Q_V 与输出总脉冲数 N 之间的关系为

$$Q_V = \frac{N}{\zeta} \qquad (2-71)$$

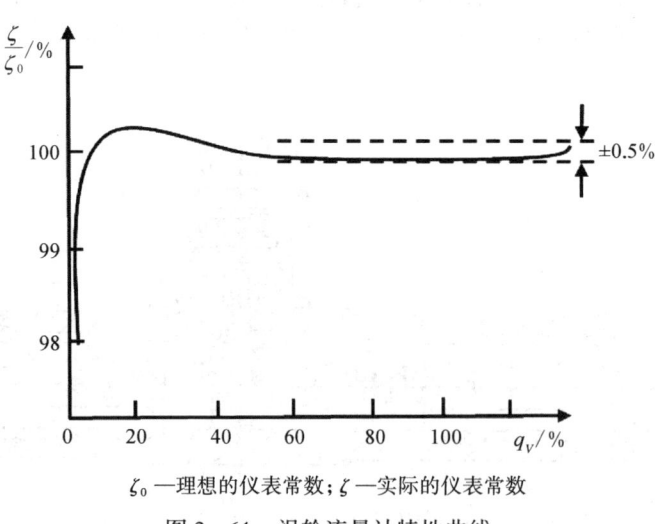

ζ_0—理想的仪表常数;ζ—实际的仪表常数

图 2-61 涡轮流量计特性曲线

由图 2-61 可以看出,在小流量下,由于存在的阻力矩相对比较大,故仪表常数 ζ 急剧下降;在从层流到紊流的过渡区中,由于层流时流体黏性摩擦阻力矩比紊流时要小,故在特性曲线上出现 ζ 的峰值;当流量再增大时,转动力矩大大超过阻力矩,因此特性曲线虽稍有上升但近于水平线。通常仪表允许使用在特性曲线的平直部分,使 ζ 的线性度在 ±0.5% 以内,复现性在 ±0.1% 以内。

由于流体黏性阻力矩的存在，涡轮流量计的特性受流体黏度变化的影响较大，特别在小流量、小口径时更为显著，因此应对涡轮流量计进行实液标定。制造厂常给出仪表用于不同流体黏度范围时的流量测量下限值，以保证在允许测量范围内仪表常数 ζ 的线性度仍在 ±0.5% 之内。在用涡轮流量计测量燃油流量时，保持油温大致不变，使黏度大致相等是重要的。

为了降低管内流速分布不均匀的影响，要保证在流量计前的流速分布不被局部阻力所扭曲，仪表前要有 15D 长以上、仪表后要有 5D 长以上的直管段，其中 D 是管道直径，必要时要加装整流器。仪表前应加装滤网、防止杂质进入。仪表使用时应特别注意不能超过规定的最高工作温度、压力和转速。例如，在用高温蒸汽清扫工艺管路时涡轮流量计会损坏，因此必须加装旁路，使冲洗蒸汽不经过仪表。另外，流量计应水平安装，因垂直安装会影响仪表特性。仪表应加装逆止阀，防止涡轮倒转。

3. 漩涡流量计

在流体中放置一个有对称形状的非流线型柱体时，在它的下游两侧就会交替出现漩涡，两侧漩涡的旋转方向相反，并轮流地从柱体上分离出来，在下游侧形成所谓"涡街"[5]，如图 2-62 所示。

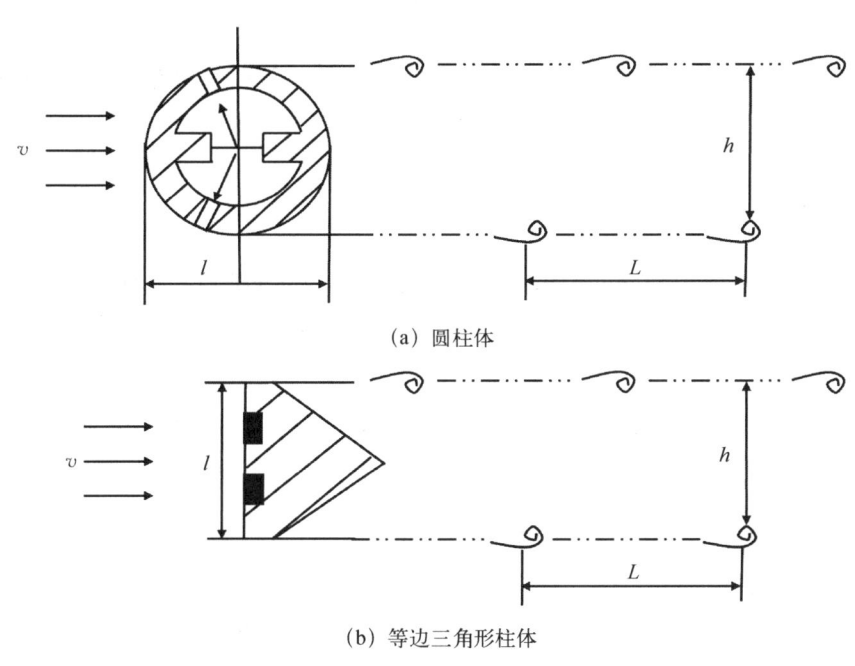

(a) 圆柱体

(b) 等边三角形柱体

图 2-62 "涡街"的发生情况

实验证明，当旋涡之间的纵向距离 h 和横向距离 L 之间满足下列关系：

$$\text{sh}\left(\frac{\pi h}{L}\right) = 1 \qquad (2-72)$$

即 $\dfrac{h}{L} = 0.281$ 时，非对称的"卡门涡街"是稳定的。通过大量实验证明，单侧的漩涡产生的

频率 f 与柱体附近的流体流速 v 成正比,与柱体的特征尺寸 l 成反比,即

$$f = St \frac{v}{l} \qquad (2-73)$$

式中,St 为无因次数,称斯特劳哈尔数。

St 是以柱体特征尺寸 l 计算流体雷诺数 Re_l 的函数。而且发现,Re_l 在 500～150 000 的范围内,St 基本不变。St 的数值对于圆柱体为 0.2,对等边三角形柱体为 0.16。因此当柱体的形状、尺寸确定后,就可通过测定单侧漩涡释放频率 f 来测量流速和流量。对于工业圆管,漩涡流量计一般应用在 $Re_l = 1\,000\sim10\,000$。设管内插入柱体和未插入柱体时的管道通流截面比为 m,对于直径为 D 的圆管,可以证明:

$$m = 1 - \frac{2}{\pi}\left(\frac{l}{D}\sqrt{1-\left(\frac{l}{D}\right)^2} + \sin^{-1}\frac{l}{D}\right) \qquad (2-74)$$

当 $l/D<0.3$ 时:

$$m \approx 1 - 1.25 \frac{l}{D} \qquad (2-75)$$

根据流动的连续性,有柱体处的流速 v 和无柱体处的管内平均流速 $\bar{v}$ 与两者流通截面积成反比,即

$$\frac{\bar{v}}{v} = m \qquad (2-76)$$

将式(2-75)与式(2-76)代入式(2-73),得圆管中漩涡的发生频率 f 与管内平均流速 $\bar{v}$ 的关系为

$$f = \frac{St}{\left(1 - 1.25 \frac{l}{D}\right)} \frac{\bar{v}}{l} \qquad (2-77)$$

所以,体积流量与频率 f 之间的关系为

$$q_V = \frac{\pi D^2}{4}\bar{v} = \frac{\pi D^2}{4}\left(1 - 1.25\frac{l}{D}\right)\frac{fl}{St} \qquad (2-78)$$

漩涡频率信号 f 的检出方法很多,可以利用漩涡发生时发热体散热条件变化的热检出;也可用漩涡产生时漩涡发生体两侧产生的差压来检出,差压信号可通过压电变送或应变片变送,等等。例如,三角柱漩涡流量计中,在三角柱体的迎流面中间对称地嵌入两个热敏电阻,因三角柱表面涂有陶瓷涂层,所以热敏电阻与柱体是绝缘的。在热敏电阻中通以恒定电流,使其温度在流体静止的情况下比被测流体高 10℃ 左右。在三角柱两侧未发生漩涡时,两只热敏电阻温度一致、阻值相等;当三角柱两侧交替发生漩涡时,在发生漩涡的一侧由于流体的漩涡发生能量损失,流速要低于另一侧,因而换热条件变差,使这一侧

热敏电阻温度升高,阻值变小。以这两个热敏电阻为电桥的相邻臂,在电桥对角线上就输出一列与漩涡发生频率相对应的电压脉冲。经放大、整形后得到与流量相应的脉冲数字输出,或用"脉冲-电压"转换电路转换为模拟量输出,供指示和累计用。三角柱漩涡流量计的原理方框图如图 2-63 所示。目前使用较多的是在三角柱根部平面两侧装设两片压电晶体,当漩涡左右交替产生时,三角柱左右振动,从而使两压电晶体轮流受压,交替产生电势,将此电势信号引出并放大,就可得到一系列电脉冲,由此得到旋涡产生的频率,经过转换可求出体积流量。

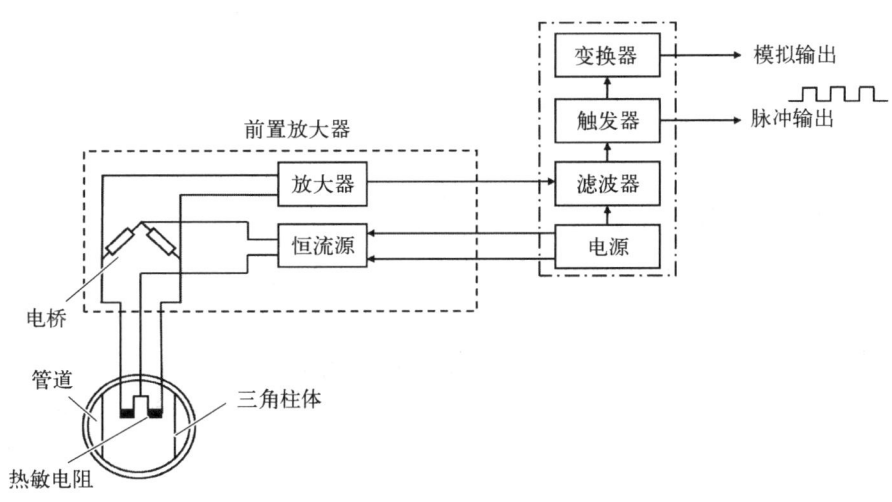

图 2-63 三角柱漩涡流量计框图

由于漩涡流量计的测量范围宽(仪表口径越大,测量范围越宽,一般可达 100∶1),压损小,具有数字输出,其结构简单且安装、维护方便,输出信号不受流体压力、温度、黏度和密度的影响等优点,正受到广泛的关注。目前漩涡流量计的准确度为±0.5%～±1%。该流量计对于大口径管道的流量测量(如烟道排气和天然气流量测量)更为便利。由于是速度式测量方法,管道内流速分布对测量准确性有较大影响,因此漩涡发生体前面至少要有 20D 长、后面要有 5D 长的直管段,管段的内壁上不能有明显的凹凸。对于大口径管道,要求的直管段更长,这给漩涡流量计的使用带来困难。

4. 电磁流量计

电磁流量计的原理是法拉第电磁感应定律。图 2-64 是其结构示意图。

在工作管道的两侧有一对磁极,另有一对电极安装在与磁力线和管道垂直的平面上。当导电流体以平均速度 $\bar{v}$ 流过直径为 D 的测量管段时切割磁力线,于是在电极上产生感应电势 E,电动势方向可由右手定则判断。

如磁场的磁感应强度为 B,则电动势:

$$E = C_1 BD\bar{v} \qquad (2-79)$$

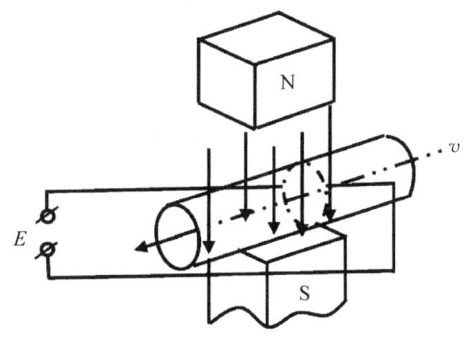

图 2-64 电磁流量计结构示意

式中，C_1 为常数。

因为流过仪表的体积流量

$$q_V = \frac{1}{4}\pi D^2 \bar{v} \qquad (2-80)$$

合并式(2-79)和式(2-80)，得

$$q_V = \frac{\pi}{4C_1}\frac{D}{B}E \qquad (2-81)$$

$$E = 4C_1 \frac{B}{\pi D} q_V = K q_V \qquad (2-82)$$

式中，K 为电磁流量计的仪表常数，$K = 4C_1 \dfrac{B}{\pi D}$。

当仪表口径 D 和磁感应强度 B 一定时，K 为定值，感应电势与流体体积流量存在线性关系。

为了避免极化作用，以及导体与电解质之间通过直流电后产生的吸热或放热反应，工业用电磁流量计通常采用交变磁场，缺点是干扰较大。采用直流磁场对于真实地反映流量的急剧变化有利，故适用于实验室等特殊场合或用来测量不致引起极化现象的非电解性液体，如液态金属之类。

电磁流量计的感受件结构如图 2-65 所示。为了避免磁力线被管道壁短路和降低涡流损耗，测量导管应由非导磁的高阻材料制成，一般为不锈钢、玻璃钢或某些具有高电阻率的铝合金。在用不锈钢等导电材料做导管时，测量导管内壁及内壁与电极之间必须有绝缘衬里，以防止感应电势被短路。衬里材料视工作温度而异，常用耐酸搪瓷、橡胶、聚四

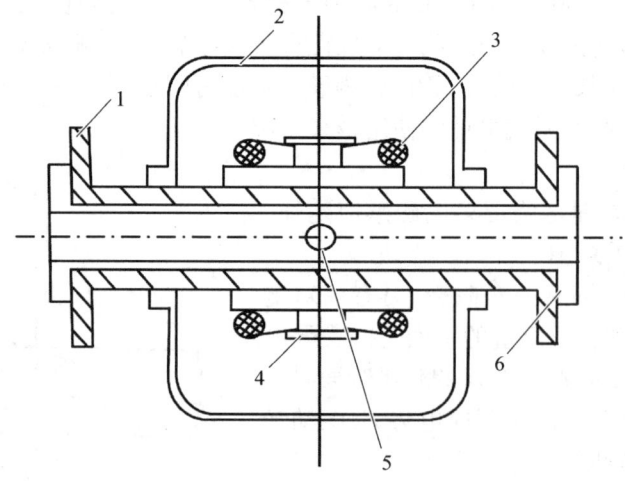

1—导管和法兰；2—外壳；3—马鞍形激磁线圈；4—磁轭；5—电极；6—内衬

图 2-65　电磁流量计感受件结构示意

氟乙烯等。电极与管内衬平齐,电极材料常用非导磁不锈钢制成,也有用铂、金或镀铂、镀金的不锈钢制成。

产生交变磁场的激磁线圈结构根据导管口径不同而有所不同,图2-65所示的适合大口径导管(100 mm以上),将激磁线圈分成多段,每段匝数的分配按余弦分布,并弯成马鞍形驼伏在导管上下两边,在导管和线圈外边再放一个磁轭,以便得到较大的磁通量,并提高导管中磁场的均匀性。

采用交变磁场时,磁感应强度 $B = B_\mathrm{m}\sin\omega t$,则式(2-79)成为

$$E = C_1 B_\mathrm{m} D \bar{v} \sin\omega t \qquad (2-83)$$

式中,B_m 为磁感应强度的幅值;ω 为变磁场的角频率。

由于交变磁通总有可能穿过由被测导电液体、电极引线和感应电势测量仪表等所形成的回路,并在此回路中产生一个干扰电动势 E_t,干扰电动势的大小为

$$E_t = -C_2 \frac{\mathrm{d}B}{\mathrm{d}t} \qquad (2-84)$$

由于 $B = B_\mathrm{m}\sin\omega t$,所以上式为

$$E_t = C_2 B_\mathrm{m} \sin\left(\omega t - \frac{\pi}{2}\right) \qquad (2-85)$$

可见,信号电动势 E 和干扰电动势 E_t 的频率相同而相位相差90°,故称此干扰为正交干扰,严重时其值可与信号电动势相当。所以要实现准确测量须消除此项干扰。

电磁流量计无可动部件和插入管道的阻流件,所以压力损失极小。其流速测量范围 $0.5\sim10$ m/s,口径范围 $1\sim2\,000$ mm,反应迅速,可用于脉动流、双相流以及如灰浆等含固体颗粒液体流量的测量。如果截面上流速分布是轴对称的,则层流、紊流等流动状态不影响测量的准确性。如果截面上的流速分布不是轴对称的,而在电极附近及两电极之间的流量分配多,则仪表指示流量将大于实际流量;相反,如果在与电极成90°方向的区域里流量多,则指示值将偏小。一般要求在电磁流量计之前有 $5\sim10$ 倍管道直径的直管段。

仪表准确度可达 $\pm1\%$ 以上。被测流体必须是导电的,电导率一般要求在 $(20\sim50)\times10^{-8}$ S/m 以上,不能用于测量气体、蒸汽、石油制品等。另外,仪表使用温度、压力不能过高,目前使用温度不应超过200℃。安装地点要远离强磁场和振动源。使用中还应注意,测量的准确度会受测量导管内壁,特别是电极附近积垢的影响。由于电磁流量计价格昂贵,这影响了它的推广使用。

5. 超声波流量计

超声波流量计的原理是,在流体中超声波向上游和向下游的传播速度由于叠加了流体流速而不相同,其原理如图2-66所示。

因此,可以根据超声波向上、下游传播速度之差测得流体流速,测定传播速度之差的方法很多,主要有时间差、相位差或频率差等方法。

设静止流体中的声速为 c,流体流速为 v,发送器与接收器之间的距离为 L,则传播时间差为

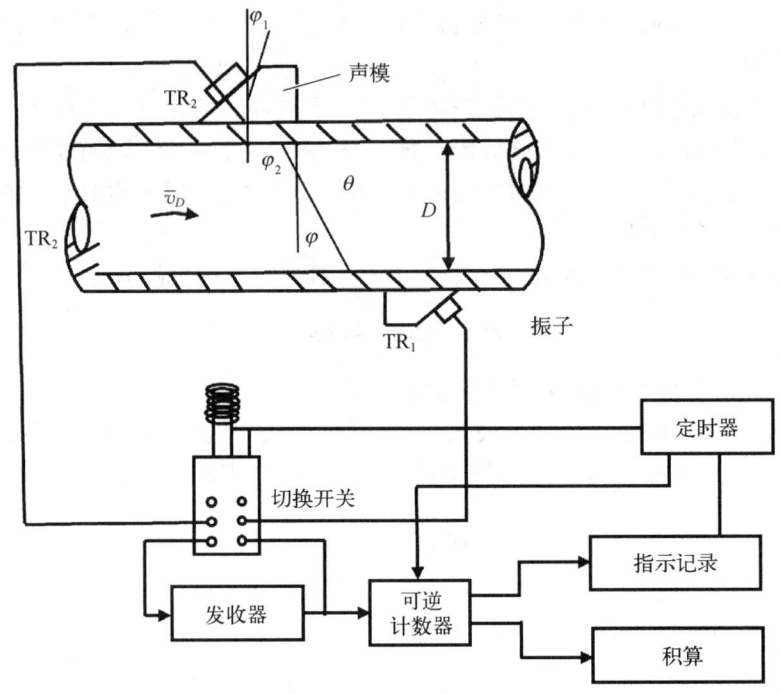

图 2-66 超声波流量计

$$\Delta t = \frac{L}{c-v} - \frac{L}{c+v} = \frac{2Lv}{c^2-v^2} \qquad (2-86)$$

当 $c \gg v$ 时

$$\Delta t \approx \frac{2Lv}{c^2} \qquad (2-87)$$

如果发送器发出的是连续正弦波,则上、下游接收到的波的相位差为

$$\Delta \varphi = \omega \Delta t = \frac{2\omega Lv}{c^2} \qquad (2-88)$$

式中,ω 为超声波的角频率。

由式(2-86)、式(2-88)看出,测得 Δt 或 $\Delta \varphi$ 就能求得流速 v。但是,流体中声速 c 是随流体温度而变的,水中声速 c 的温度系数为 0.2%/℃,因此在流速一定时,Δt 和 $\Delta \varphi$ 的温度系数约为 0.4%/℃,造成测量误差。一般需采用流体温度补偿装置。采用频率法的优点是可消除声速 c 的影响,从而上、下游接收到的超声波的频率之差为

$$\Delta f = \frac{c+v}{L} - \frac{c-v}{L} = \frac{2v}{L} \qquad (2-89)$$

可见在频率法中,频率差与声速 c 无关,因此工业上常用频率法。

在管壁的斜对面固定两个超声波振子 TR_1、TR_2,兼作为超声波的发送和接收元件。

由一侧的振子产生的超声波脉冲穿过管壁-流体-管壁为另一侧的振子所接收,并转换为电脉冲,经放大后再用此电脉冲来激发对面的发送振子,形成单环自激振荡,振荡周期由超声波在流体中的顺流传播速度决定,周期的倒数即单环频率f_1。一定时间间隔以后,切换电路使发送振子切换成接收振子,接收振子切换成发送振子,测出取决于超声波在逆流中传播速度的单环频率f_2,如此循环交替地测出f_1、f_2。若管径方向流体平均流速为$\bar{v}_D$,超声波束与管轴间的夹角为θ,管径为D,静止流体中声速为c,则

$$f_1 = \left[\frac{D}{\sin\theta(c - \bar{v}_D\cos\theta)} + \tau\right]^{-1} \qquad (2-90)$$

$$f_2 = \left[\frac{D}{\sin\theta(c + \bar{v}_D\cos\theta)} + \tau\right]^{-1} \qquad (2-91)$$

式中,τ为超声波在管壁内和电脉冲信号在电路中传输所产生的滞后时间的总和。当$c \gg \bar{v}_D$且T很小时,可得

$$\Delta f = f_2 - f_1 = \frac{\sin 2\theta}{D}\left(1 + \frac{\tau c}{D}\sin\theta\right)^{-2}\bar{v}_D \qquad (2-92)$$

所以,当D、θ、τ、c为常数时,Δf与$\bar{v}_D$成线性关系。由于τ很小,在大口径管道中τc一项可忽略。通过运算电路算得的Δf值可供指示、记录和计算。

式(2-92)也可用下面的方法来消去滞后时间τ。设超声波在流速为零的流体中频率为f_0,称为超声波基准频率,显然

$$f_0 = \left(\frac{D}{c\sin\theta} + \tau\right)^{-1} = \frac{c\sin\theta}{D}\left(1 + \frac{\tau c\sin\theta}{D}\right)^{-1} \qquad (2-93)$$

从式(2-92)、式(2-93)中消去τ得

$$\Delta f = 2D\cot\theta\left(\frac{f_0}{c}\right)^2\bar{v}_D \qquad (2-94)$$

f_0可在停止流动时测量,或者用f_1、f_2的平均值代替。由上式可见,由于τ的存在,声速的变化对测量的影响实际上还是存在的。

超声波与管轴之间的夹角θ可由折射定律决定:

$$\frac{\sin\varphi_1}{c_1} = \frac{\sin\varphi_2}{c_2} = \frac{\sin\varphi}{c} \qquad (2-95)$$

$$\theta + \varphi = \frac{\pi}{2} \qquad (2-96)$$

式中,c_1、c_2、c分别为声楔、管道壁、流体中的声速;φ_1、φ_2、φ见图2-66中所示。

超声波振子通常由钛酸铅陶瓷等压电材料制成,通过压电效应和电致伸缩效应将超声波脉冲转换为电脉冲或将电脉冲转换为机械伸缩而产生超声波。声楔是用塑料等制成

的楔形块,它使超声波通路与管道轴线成一定的夹角。

值得注意的是,超声波流量计测得的是超声波通路上流体的平均流速,也就是沿管道直径上的平均流速$\bar{v}_D$,它不等于求体积流量所需要的管道截面上的平均流速$\bar{v}$。如上节所述,在层流情况下$\bar{v}=3/4\bar{v}_D$;在紊流情况下$\bar{v}$与$\bar{v}_D$之间的比值与雷诺数有关,但在一般的流量范围内雷诺数变化不会太大,因此往往可以认为该比值是一常数。因此,在用超声波流量计测量流量时,考虑到截面平均流速$\bar{v}$与沿直径平均流速$\bar{v}_D$之间关系的影响,体积流量q_V与频率差Δf之间的关系为

$$q_V = \frac{\pi}{4}D^2\bar{v} = \frac{\pi}{4k}D^2\bar{v}_D = \left\{\frac{1}{k}\left[\frac{\pi}{4}\frac{D(D+\tau c\sin\theta)^2}{\sin 2\theta}\right]\right\}\Delta f \quad (2-97)$$

或

$$q_V = \left[\frac{\pi D}{8k}\left(\frac{c}{f_0}\right)^2\tan\theta\right]\Delta f \quad (2-98)$$

式中,k为流量修正系数,$k=\bar{v}_D/\bar{v}$,当雷诺数在$3\times10^4 \sim 10^6$范围内变化时k值的相对变化约为±1%。

另外,为了在仪表前就达到典型层流或紊流流速分布,仪表前后必须要有足够的直管段(前$20D$,后$5D$),否则,流速分布要发生变化,并且不稳定,使流量指示的离散性很大,准确度很差。使用中还应注意被测液体流中可能含有的气泡、未充满的空气层等对超声波传播的干扰,以及泵和其他声源所混入的超声杂音干扰。

超声波流量计的最大特点是,仪表可装设在管外,不用破坏管道,且其价格不会随管道口径增大而增大,因此特别适合于大口径管道的液体流量测量。

2.3.2 差压流量测量

差压式流量测量方法

差压式测量方法是流量或流速测量方法中使用历史最久和应用最广泛的一种。它们的共同原理是伯努利定律,即通过测量流体流动过程中产生的差压来测量流速或流量。这种差压可能是由于流体滞止造成的,也可能是由于流体通流截面改变引起流速变化而造成的。属于这种测量方法的流量计包括皮托管、均速管、节流变压降流量计等。这些流量计的输出信号都是差压,因此其显示仪表为差压计。此外,也可以改变节流件的通流面积,使不同流量下节流件前后的差压值维持不变,利用流面积来测量流量,这就是所谓节流恒压降变截面流量计,如转子流量计。

1. 节流式流量计

节流式流量计可用于测量液体、气体或蒸汽的流量。这种流量计是应用历史最长和最成熟的差压式流量计,至今在生产过程所用的流量仪表中仍占有重要地位。

节流式流量计中产生差压的装置称节流装置,其主体是一局部收缩阻力件,称为节流元件。通过节流元件改变流体流通截面,从而在节流元件前后形成压力差。节流装置分为标准节流装置和非标准节流装置两大类,标准节流装置的研究最充分,实验数据最完善,其形式已经标准化和通用化,只要根据有关标准进行设计计算,严格遵照加工要求和安装要求,这样的节流装置不需进行单独标定就可以使用。非标准节流装置用以解决脏

污和高黏度流体的流量测量问题,尚缺乏足够的实验数据,故没有标准化。

节流式流量计的特点是结构简单,无可动部件;可靠性较高,复现性能好;适应性较广,它适用于各种工况下的单相流体,适用的管道直径范围宽,可以配用通用差压计;装置已标准化。其主要缺点是安装要求严格;流量计前后要求较长直管段;测量范围窄,一般范围度为3∶1;压力损失较大;对于较小直径的管道测量比较困难($D<50$ mm);精确度不够高($\pm1\%\sim\pm2\%$)等。

1) 节流式流量计测量原理

节流式流量计的测量原理以能量守恒定律和流动连续性定律为基础,在节流元件前后流体的静压和流速分布情况如图2-67所示。

图2-67中的节流元件为孔板。稳定流动的流体沿水平管道流经孔板,在其前后产生压力和速度的变化。流束在孔板前截面1处开始收缩,位于边缘的流体向心加速,流束中央的压力开始下降。在截面2处流束达最小收缩截面,此处流速最快,静压最低。之后流束开始扩张,流速图2-67 流体流经节流件时压力和流速变化情况逐渐减慢、静压逐渐恢复。但由于流体流经节流元件时会有压力损失,所以静压不能恢复到收缩前的最大压力值。

假设流体为不可压缩的理想流体,在节流件上游入口处流体流速为v_1,静压为p_1,密度为

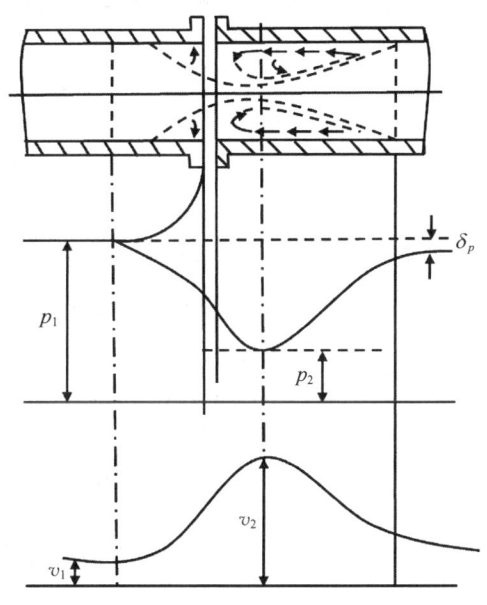

图2-67 流体流经节流件时压力和流速变化情况

ρ_1。在最小收缩截面处的流体流速为v_2,静压为p_2,密度为ρ_2。可以列出水平管道的能量方程式和连续性方程式:

$$\frac{p_1}{\rho_1} + \frac{v_1^2}{2} = \frac{p_2}{\rho_2} + \frac{v_2^2}{2} \tag{2-99}$$

$$Av_1\rho_1 = A_0 v_2 \rho_2 \tag{2-100}$$

式中,A为管道截面积;A_0为最小收缩截面积。由于节流件很短,可以假定流体度不变,即用节流件开孔面积代替$A_0=\pi d^2/4$;并引入β值表示开孔直径d与管道直径D之比:$\beta=d/D$。由式(2-99)和式(2-100)可以求出流体流经孔板时的平均流速v_2:

$$v_2 = \frac{1}{\sqrt{1-\beta^4}}\sqrt{\frac{2}{\rho}(p_1-p_2)} \tag{2-101}$$

根据流量的定义,流量与差压$\Delta p = p_1 - p_2$之间的关系式如下。

流体的体积流量:

$$q_V = A_0 v_2 = \frac{A_0}{\sqrt{1-\beta^4}}\sqrt{\frac{2}{\rho}(p_1-p_2)} = \frac{A_0}{\sqrt{1-\beta^4}}\sqrt{\frac{2}{\rho}\Delta p} \tag{2-102}$$

流体的质量流量：

$$q_m = A_0 v_2 \rho = \frac{A_0}{\sqrt{1-\beta^4}} \sqrt{2\rho(p_1-p_2)} = \frac{A_0}{\sqrt{1-\beta^4}} \sqrt{2\rho\Delta p} \qquad (2-103)$$

在实际计算过程中，由于用节流件的开孔面积代替最小收缩截面，Δp 受不同的取压位置的影响，必然造成测量偏差。为此引入流量系数 α，最后推导出的流量方程式为

$$q_V = \alpha A_0 \sqrt{\frac{2}{\rho}\Delta p} = \alpha \frac{\pi}{4} d^2 \sqrt{\frac{2}{\rho}\Delta p} \qquad (2-104)$$

$$q_m = \alpha A_0 \sqrt{2\rho\Delta p} = \alpha \frac{\pi}{4} d^2 \sqrt{2\rho\Delta p} \qquad (2-105)$$

流量系数 α 为渐进速度系数 E 与流出系数 C 的乘积，即 $\alpha = CE$，其中渐进系数 $E = 1/\sqrt{1-\beta^4}$。有些场合也有用流出系数进行修正。流量系数 α 是一个影响因素复杂的实验系数。对节流法测量流量具有重要意义，实验证明，在管道直径、节流件形式、开孔尺寸和取压位置确定的情况下，α 只与流体的雷诺数 Re 有关，当 Re 大于某一数值（称为界限雷诺数）时，α 可以认为是一个常数，因此节流式流量计应工作在界限雷诺数以上。

对于可压缩流体，考虑流体的膨胀效应，再引入流束膨胀系数，其流量方程式为

$$q_V = \alpha\varepsilon A_0 \sqrt{\frac{2}{\rho}\Delta p} = \alpha\varepsilon \frac{\pi}{4} d^2 \sqrt{\frac{2}{\rho}\Delta p} \qquad (2-106)$$

$$q_m = \alpha\varepsilon A_0 \sqrt{2\rho\Delta p} = \alpha\varepsilon \frac{\pi}{4} d^2 \sqrt{2\rho\Delta p} \qquad (2-107)$$

流束膨胀系数 $\varepsilon \leqslant 1$，它与节流件形式、β 值、Δp 及气体等熵指数 k 有关，可以查阅图表求得，其中 Δp 的取值为常用流量时所对应的差压值。

节流式流量计的阻力损失可用式(2-108)估算：

$$\delta_p = \frac{1-\alpha\beta^2}{1+\alpha\beta^2}\Delta p \qquad (2-108)$$

在流量方程式中，各物理量的单位为国际单位制。目前在工程中还使用着另一些常用单位，把这些单位代入流量方程式，在方程式中会有换算系数，这一点应特别注意。

2) 节流式流量计的组成

图 2-68 为节流式流量计的组成示意图。节流装置产生的差压信号，通过压力传输管引至差压计，经差压计转换成电信号或气信号送至显示仪表。三种标准节流件形式如图 2-69 所示，它们的结构、尺寸和技术条件均有统一的标准，计算数据

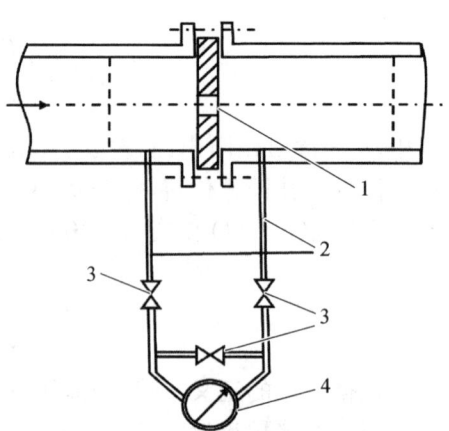

1—节流元件；2—引压管路；3—三阀组；
4—差压计

图 2-68 节流流量计组成

和图表可查阅有关手册或资料（GB/T 2624-93 或 GB 2624-81）。

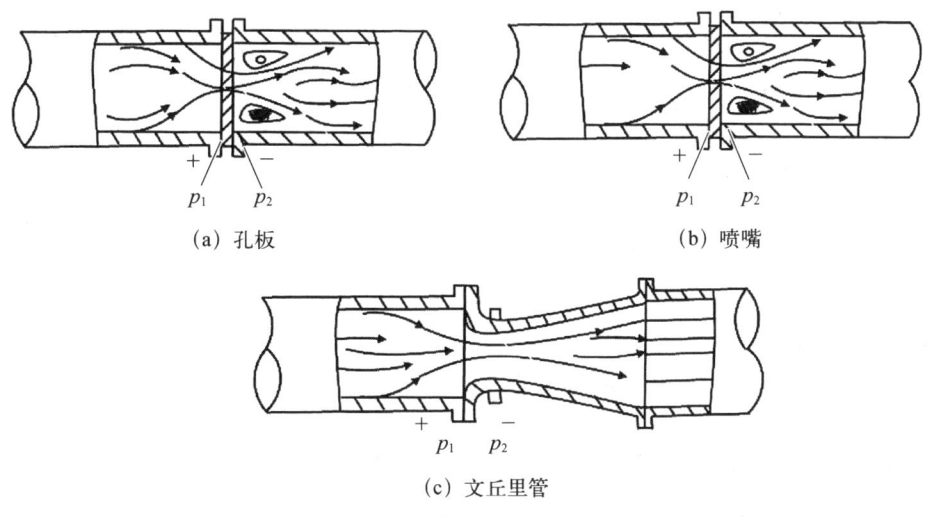

（a）孔板　　　　　　　　　　（b）喷嘴

（c）文丘里管

图 2-69　标准节流装置示意图

3）节流装置的设计和计算

在实际的工作中，通常有两类计算命题，它们都以节流装置的流量方程式为依据。

（1）已知管道内径及现场布置情况，已知流体的性质和工作参数，给出流量测量范围，要求设计标准节流装置。为此要进行以下几个方面的工作：选择节流件形式，选择差压计形式及量程范围；计算确定节流件开孔尺寸，提出加工要求；建议节流件在管道上的安装位置；估算流量测量误差。制造厂家多已将这个设计计算过程编制成软件，用户只需提供原始数据即可。由于节流式流量计经过长期的研究和使用，手册数据资料齐全，根据规定的条件和计算方法设计的节流装置可以直接投产使用，不必经过标定。

（2）已知管道内径及节流件开孔尺寸、取压方式、被测流体参数等必要条件，要求根据所测得的差压值计算流量。这一般是实验工作需要，为了准确地求得流量，需同时准确地测出流体的温度、压力参数。

4）节流式流量计的安装与使用条件

标准节流装置的流量系数，都是在一定的条件下通过严格的实验取得的，因此对管道选择、流量计的安装和使用条件均有严格的规定。在设计、制造与使用时应满足基本规定条件，否则难于保证测量准确性。

（1）标准节流装置的使用条件，节流装置仅适用于圆形测量管道，在节流装置前后直管段上，内壁表面应无可见坑凹、毛刺和沉积物，对相对粗糙度和管道圆度均有规定。管径大小也有一定限制（D 最小 50 mm）。

（2）节流式流量计的安装，节流式流量计应按照手册要求进行安装，以保证测量精度。节流装置安装时要注意节流件开孔必须与管道同轴，节流件方向不能装反。管道内部不得有突出物。在节流件装置附近，不得安装测温元件或开设其他测压口。

（3）取压口位置和引压管路的安装，与测压仪表的要求类似，应保证差压计能够正确，迅速地反映节流装置产生的差压值。引压导管应按被测流体的性质和参数要求使用耐压、耐腐蚀的管材,引压管内径不得小于 6 mm,长度最好在 16 m 以内。引压管应垂直或倾斜敷设,倾斜方向视流体而定。

(4) 差压计用于测量差压信号,其差压值远小于系统的工作压力,因此,导压管与差压计连接处应装截断阀,截断阀后装平衡阀。在仪表投入时平衡阀可以起到单向过载保护作用。在仪表运行过程中,打开平衡阀,可以进行仪表的零点校验。

5) 非标准节流装置

非标准节流装置通常只在特殊情况下使用,它们的估算方法与标准节流装置基本相同,只是所用数据不同,这些数据可以在有关手册中查到。但非标准节流装置在使用前要进行实际标定。图 2-70 所示为几种典型的非标准节流装置,其中:

(1) 1/4 圆喷嘴,1/4 圆喷嘴的开孔入口形式是半径为 $d/2$ 的 1/4 圆弧,它主要用于低雷诺数下的流量测量,雷诺数范围为 $500 \sim 2.5 \times 10^5$;

(2) 锥形入口孔板,锥形入口孔板与标准孔板形状相似,只是入口为 45° 锥角,相当于一只倒装孔板,主要用于低雷诺数测量,雷诺数范围为 $250 \sim 2 \times 10^5$;

(3) 圆缺孔板,圆缺孔板主要用于脏污、有气泡析出或有固体微粒的液体流量测量,其开孔在管道截面的一侧,为弓形开孔。测量含气液体时,其开孔位于上部;测量含固体物料的液体时,其开孔位于下部了,测量管段一般要水平安装。

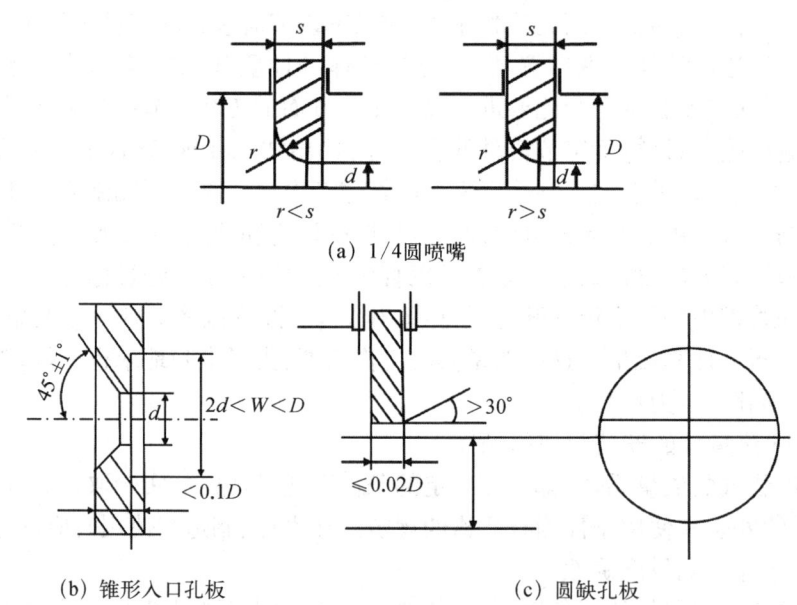

图 2-70 非标准节流装置

2. 恒压降变截面流量计

与节流变压降流量计不同,恒压降变截面流量计在测量过程中保持节流件前后的差压不变,而节流件的通流面积随流量而变,因此可通过测量通流面积来测量流量,在这类流量计中使用最广泛的就是转子流量计。

转子流量计由一段垂直安装并向上渐扩的圆锥形管和在锥形管内随被测介质流量大小而作上下浮动的浮子组成,如图 2-71 所示。当被测介质流过浮子与管壁之间的环形通流面积时,由于节流作用,在浮子上下产生差压 Δp,此差压作用在浮子上,浮子承受向上的力。当此力与被测介质对浮子的浮力之和等于浮子重力时,浮子处于力平衡状态,浮子就稳定于锥形管的一定位置上。由于测量过程中浮子的重力和流体对浮子的浮力是不变的,故在稳定的情况下,浮子受到的差压始终也是恒定的。当流量增大时,差压增加,浮子上升,浮子与管壁之间环形通流面积增大,差压又减小,直至浮子上下的差压恢复原来的数值,这时浮子平衡于较上部新的位置上,可用浮子在锥形管中的位置来指示流量。

浮子处于锥形管中,相当于通流面积 A_0 可变的节流件。流体流经节流件所产生的差压与体积流量的关系如下:

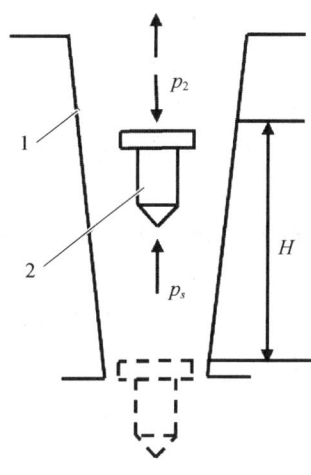

1—锥形管;2—转子

图 2-71 转子流量计原理图

$$q_V = \alpha A_0 \sqrt{\frac{2\Delta p}{\rho}} \quad (2-109)$$

式中,α 为与浮子形状、尺寸等有关的流量系数;ρ 为流体密度。

当浮子处于力平衡情况下,差压对浮子产生向上的作用力等于浮子在流体中的重力,即

$$A_f \Delta p = V_f(\rho_f - \rho)g \quad (2-110)$$

$$\Delta p = \frac{V_f}{A_f}(\rho_f - \rho)g \quad (2-111)$$

式中,A_f 为浮子的有效横截面积;V_f 为浮子体积;ρ_f 和 ρ 分别为浮子材料和流体的密度;g 为当地的重力加速度。

合并式(2-110)与式(2-111)可得体积流量 q_V 与通流面积 A_0 之间的关系:

$$q_V = \alpha A_0 \sqrt{\frac{2gV_f}{A_f}} \sqrt{\frac{\rho_f - \rho}{\rho}} \quad (2-112)$$

考虑到锥度很小的锥形管中通流面积 A_0 与浮子在管中的高度 H 近似成正比,即

$$A_0 \approx CH \quad (2-113)$$

式中,C 为与圆锥管锥度有关的比例系数。

因此可得体积流量与浮子高度的关系式:

$$q_V \approx \alpha CH \sqrt{\frac{2gV_f}{A_f}} \sqrt{\frac{\rho_f - \rho}{\rho}} \quad (2-114)$$

实验证明,转子流量计的流量系数 α 与浮子形状、流体雷诺数等有关,对于一定的浮子形状,当雷诺数大于某一低限雷诺数$(Re_D)_k$时,流量系数趋于一常数。因此,对于一定材料、形状的浮子和一定密度的流体,雷诺数在低限雷诺数以上,就能得到体积流量和浮子位置 H 之间的线性刻度关系。图 2-72 中列举了三种浮子的转子流量计流量系数 α 与雷诺数的关系。其中 1 为旋转式浮子,它的低限雷诺数$(Re_D)_k$约为 6 000,多用于玻璃管直接指示的转子流量计;2 为圆盘式浮子,它的$(Re_D)_k=300$;3 为板式浮子,$(Re_D)_k=40$。2 和 3 广泛应用于电气远传式转子流量计。电气远传式转子流量计通常是使浮子带动差动变压器的铁芯上下移动的,通过位移-电感变换的方法将浮子的位置信号变换为电量信号。

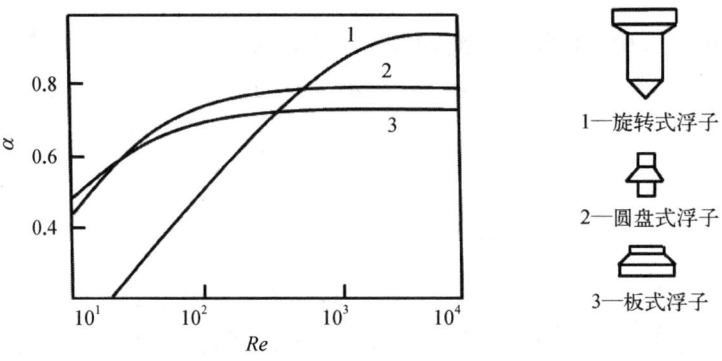

图 2-72 转子流量计 $\alpha - Re$ 曲线

转子流量计的量程比可达 10,准确度为 $\pm 1\% \sim \pm 2\%$。应注意,当被测流体密度和黏度变化时,必须对原有刻度进行校正。被测流体黏度变化对刻度的影响关系非常复杂,因流量计的构造、形状、尺寸而异,只能用试验求得校正系数。被测流体密度变化对刻度的影响可用下式校正:

$$q_V = q'_V \sqrt{\frac{(\rho_f - \rho)\rho_0}{(\rho_f - \rho_0)\rho}} \qquad (2-115)$$

式中,q'_V、q_V 分别为仪表体积流量读数和体积流量的准确值;ρ_0、ρ 分别为仪表分度时和使用时的流体密度。

式(2-115)还表示了可用改变浮子材料密度 ρ_f 来改变仪表的量程。当改用较大的 ρ_f 时,仪表量程扩大,即

$$q_V = q'_V \sqrt{\frac{(\rho'_f - \rho)\rho_0}{(\rho_f - \rho_0)\rho}} \qquad (2-116)$$

式中,q'_V、q_V 分别为仪表上原来的体积流量刻度数和改量程后新的体积流量刻度数;ρ_f、ρ'_f 分别为分度时和改量程后浮子的材料密度;ρ 为被测介质密度。

2.3.3 质量流量测量

在工业生产中,不论是生产过程控制还是成本核算,通常需要准确地获知流体的质量

流量 q_m。因此,需要有能直接测定流体质量流量的质量流量计。质量流量计的输出信号不受流体压力、温度等参数改变引起的流体密度变化的影响,因此测量准确度有很大的提高。前述各种流量计的输出信号是反映体积流量(如容积流量计)的,或者其输出信号与流体密度直接有关(如差压式流量计)。因此,在被测参数密度变化的情况下就无法得到准确的质量流量数值。

直接式质量流量计的型式很多,如量热式、双涡轮式、角动量式等。这里仅介绍振动管式科里奥利力(科氏力)质量流量计的基本工作原理,如图 2-73 所示。

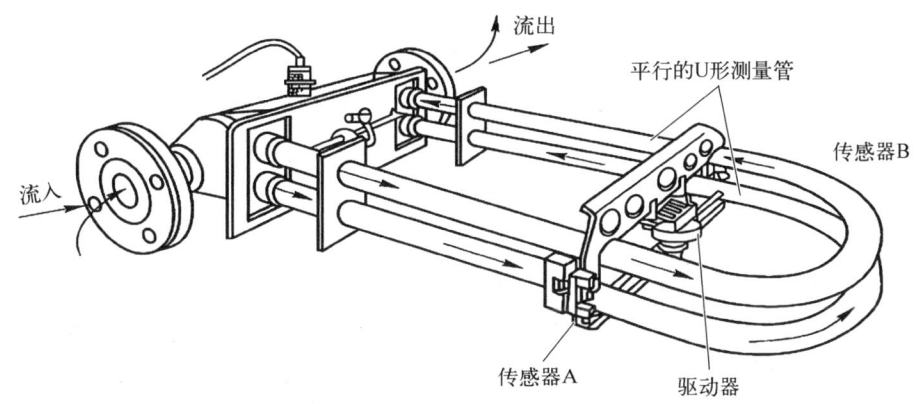

图 2-73 振动管式质量流量计

一根(或两根)U 形管在驱动线圈的作用下,以约 80 Hz 的固有频率振动,其上下振动的角速度为 ω。被测流体以流速 v 从 U 形管中流过,流体流动方向与振动方向垂直。若 U 形管半边管内流体质量为 m,则半边管上所受到的科里奥利力 F_c 为

$$F_c = 2mv\omega \tag{2-117}$$

力的方向可由右手螺旋法则决定。由于两半管中流体质量相同,流速相等而流向相反,故 U 形管左右两半边管所受的科里奥利力大小相等、方向相反,从而使金属 U 形管产生扭转,即产生扭转角 θ。当 U 形管振动处于由下向上运动的半周期时,扭转角方向如图 2-74 所示;当处于由上向下运动的半周期时,由于两半管所受的科里奥利力反向,U 形管扭转角方向与图中方向相反。F_c 产生的扭转力矩 M_c 为

$$M_c = 2rF_c = 4rmv\omega = 4\omega r q_m \tag{2-118}$$

式中,r 为 U 形管两侧肘管至中心的距离。U 形管扭转变形后产生的弹性反作用力矩为

$$M_f = K_f \theta \tag{2-119}$$

式中,K_f 为 U 形管扭转变形弹性系数。在稳态情况下存在 $M_c = M_f$ 关系,因此流过流量计的流体质量流量 q_m 与 U 形管扭转角之间存在如下关系:

$$\theta = \frac{4\omega r}{K_f} q_m \tag{2-120}$$

当 r、K_f 和 ω 为定值时,U 形管扭转角 θ 直接与被测流体质量成正比,而与流体密度等无关。用安装在 U 形管两侧的磁探测器传感此扭转角,并经适当的电子线路变换为所要求的输出信号,从而直接指示质量流量值。此种流量计可测量气体、液体和多相流体,准确度可达 0.2%~1.0%。

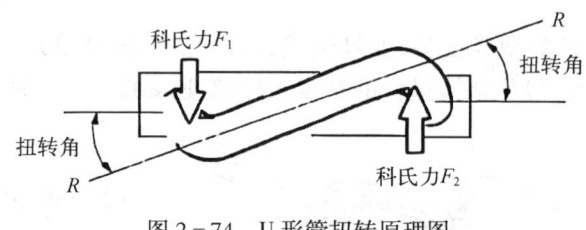

图 2-74　U 形管扭转原理图

2.4　应 变 测 量

应变是指物体在外力或非均匀温度场等作用下的相对变形,它涉及材料在受力后的永久变形能力。在工程应用中,应力和应变的测量对于评估材料的性能至关重要。

电阻应变式传感器是测量应变最最广泛的传感器之一,具有悠久的历史。电阻应变计简称应变片,是一种将应变转换成电阻变化的变换元件。将应变片粘贴在被测构件表面上,随着构件受力变形,应变片产生与构件表面应变成比例的电阻变化,采用合适的测量电路和仪器就能测得构件的应变或应力。同时,应变片还可以测量力、扭矩、压力、位移、温度、加速度等其他物理量。

应变片电测技术之所以得到广泛应用,是因为其具有非线性小、应变片尺寸小、测量范围广、测量精度高等优点。非线性小,即电阻的变化与应变成线性关系;应变片尺寸小,重量轻,惯性小,频率响应好,可测 0~500 kHz 的动态应变;测量范围广,一般测量范围为几十到数千 $\mu\varepsilon$;测量精度高,动态测试精度达 1%,静态测试精度可达 0.1%。因此,应变片可在各种复杂或恶劣的环境中进行测量,例如,从 -270℃ 深冷温度到 1 000℃ 的高温环境,从宇宙空间的真空到几千个大气压的超高压状态,长时间地浸没于水下,强大的离心力和强烈振动,强磁场、高放射性和化学腐蚀等很多极端恶劣环境。

2.4.1　应变计与应变仪

1. 电阻应变计

1) 工作原理

由物理学知识可知,导体的电阻值 $R(\Omega)$ 与导体的密度、长度、截面面积具有如下关系:

$$R = \rho l / A \qquad (2-121)$$

式中,ρ 为导体电阻率(单位为 $\Omega \cdot m$);l 为导体长度(单位为 m);A 为导体横截面积(单位为 m^2)。

由于导体受力发生的机械变形而引起电阻值改变的现象,称为应变-电阻效应。电阻应变计就是利用金属导线的应变-电阻效应工作的[6]。

对式(2-121)取对数进行微分得

$$\frac{dR}{R} = \frac{dL}{L} - \frac{dA}{A} + \frac{d\rho}{\rho} \tag{2-122}$$

式中,dL/L 为金属导体的长度相对变化,用应变量 ε 来表示,则为

$$\varepsilon = \frac{dL}{L} \tag{2-123}$$

dA/A 为导线横截面面积的变化,对于圆形界面的导线,若其直径为 D,则有

$$dA = d(\pi D^2/4) = (\pi/2) DdD \tag{2-124}$$

$$dA/A = 2dD/D \tag{2-125}$$

导线直径的相对变化 $dD/D = -\mu dL/L$,μ 是导线材料的泊松比。代入式(2-125)可得

$$dA/A = -2\mu dL/L \tag{2-126}$$

最终,式(2-122)可变为

$$dR/R = (1 + 2\mu)\varepsilon + d\rho/\rho \tag{2-127}$$

研究发现,金属丝的电阻率也随着它的体积变化而变化。在一定的应力范围内,金属丝的电阻率相对变化与它的体积有如下关系:

$$d\rho/\rho = cdV/V \tag{2-128}$$

式中,c 对一定的金属材料和加工方法来说是常数,而 dV/V 与应变 ε 有下列关系:

$$dV/V = dL/L + dA/A = (1 - 2\mu)\varepsilon \tag{2-129}$$

将式(2-129)代入式(2-128)中,得

$$d\rho/\rho = c(1 - 2\mu)\varepsilon \tag{2-130}$$

将式(2-130)代入式(2-127)中,整理得

$$dR/R = [1 + 2\mu + c(1 - 2\mu)]\varepsilon \tag{2-131}$$

令 $K = 1 + 2\mu + c(1 - 2\mu)$,则

$$dR/R = K\varepsilon \tag{2-132}$$

式中,K 称为灵敏系数,在一般情况下为常数。

由式(2-132)可见,金属导线受力变形后,其几何尺寸发生变化,从而使其电阻发生变化。可以设想,如果将一根直径较细的金属丝粘贴在工件的表面上,利用金属丝的应变电阻效应,把工件表面的应变量直接变为电阻的相对变化量,就可以进行应变量的测量

了。电阻应变计就是利用这一原理而制成的传感元件。

2）电阻应变计的结构和分类

电阻应变计一般由敏感栅、基底、覆盖层、黏结剂和引线等组成,如图 2-75 所示。

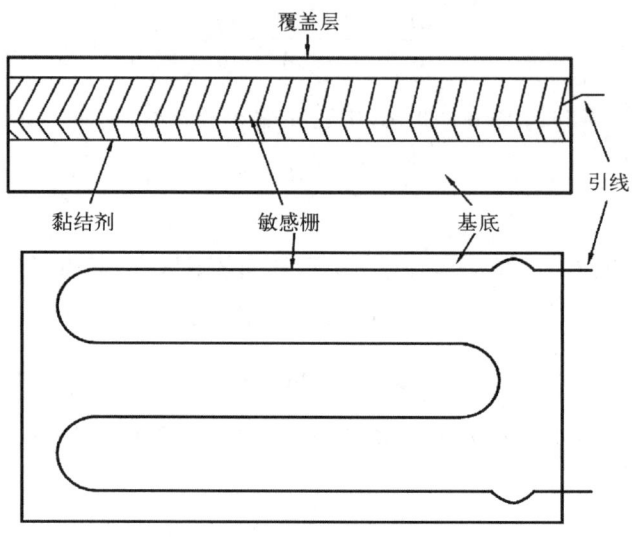

图 2-75　电阻应变计的结构

敏感栅是把应变量变换成电阻变化量的主要部分,一般是由金属或半导体材料制成的单丝或栅状体。基底是用来保持敏感栅、引线的几何形状和相对位置的部分。基底的尺寸通常代表应变计的外形尺寸,覆盖层用来保护覆盖在敏感栅上面的绝缘层。黏结剂是具有一定电绝缘性能的黏结材料,用它将敏感栅固定在基底上,或者将应变计的基底固定在被测试件的表面上。引线是从敏感栅引出电信号的丝状或带状的导线。

应变计的分类很多,按敏感栅的材料不同,可分为金属电阻应变计和半导体应变计两类;按敏感栅的形状不同,可分为丝式和箔式电阻应变计两类;按基底材料不同可分为纸基、胶基和金属基底三类;按使用方式不同可分为粘贴式、焊接式、喷涂式和埋入式四类;按使用温度不同可分为低温、常温、中温和高温四类。图 2-76 展示了几种典型应变计。

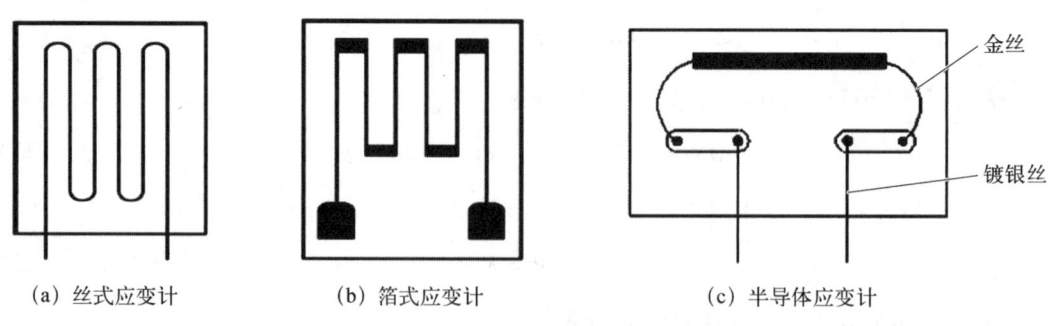

图 2-76　不同种类的电阻应变计

箔式应变计的敏感栅是用高阻值的金属片经光刻腐蚀成栅状。箔片常用的材料是很薄的(0.002~0.005 mm)康铜、镍铬合金,比较柔软,可粘贴于复杂形状的构件表面,较真实地反映其应变值。它的敏感栅横向部分可以做得比较宽,减小其横向效应。箔栅薄而柔软,具有粘贴牢固、散热性好、疲劳寿命长、蠕变小等特点,所以被广泛采用。

半导体电阻应变计的敏感栅是一个狭长的单晶硅半导体,硅片两端镀有黄金膜,引线从黄金膜上焊出。它的基底一般采用酚醛树脂,其优点是灵敏度系数比较大(高达250),但缺点是热稳定性差,非线性严重。

3)电阻应变计的工作特性

虽然应变计的使用范围非常广泛,但使用条件相差甚远,对应变计性能的要求也不相同。下面介绍常温下应变计的工作特性。

(1)应变计的电阻值:室温时应变计未经安装且不受外力的情况下,所测量的电阻值。它包括单片电阻值、平均名义电阻值和标准电阻值。标准电阻值是指国家推荐的标准名义电阻值,如 60 Ω、120 Ω、200 Ω、350 Ω、500 Ω、1 000 Ω。在允许通过同样工作电流的情况下,选用较大的电阻可以提高测量灵敏度。电阻应变仪等常用应变测量仪器的桥臂电阻习惯上按 120 Ω 设计,故 120 Ω 的电阻应变计最为常用。

(2)应变计的灵敏系数 K:在应变计轴线方向的单向应力作用下,应变计电阻的相对变化与安装应变计试件轴向应变的比值,即单位应变所引起的电阻相对变化,即

$$K = (dR/R)/\varepsilon = 1 + 2\mu + c(1 - 2\mu) \tag{2-133}$$

灵敏系数 K 取决于材料特性 μ 和 c。当材料进入塑性变形范围,泊松比 $\mu \approx 0.5$,在弹性区域时 $\mu = 0.2 \sim 0.4$,即体积基本不变,$K \approx 2.0$。希望各种导线的灵敏系数最好是常数。实验表明,大多数金属导线在弹性范围内电阻的相对变化与应变量之间的关系是线性的,即 K 为常数。特别应当指出,康铜的灵敏系数 K 从弹性区到塑性区基本保持不变,因此大应变的应变计常用康铜制成。

(3)绝压电阻值:应变计的敏感栅和引线与被测试件之间的电阻值,一般要求在500 MΩ 以上。绝缘电阻低,使得测量灵敏度下降,并引起零漂。提高绝缘电阻的途径,主要是选用电绝缘性能良好的黏结剂和基底材料,并采用防潮措施等。

(4)机械滞后:应变计安装在构件上,在恒温条件下加载和卸载过程中,在同一机械应变量情况下,指示应变的差值。通常在正式试验之前,预先加载卸载若干次,以减少机械滞后的影响。

(5)疲劳寿命:在恒幅交变应力作用下,应变计连续工作到产生疲劳损坏时的循环次数。疲劳寿命是反映应变计对动态应变适应能力的参数。一般要求疲劳寿命达 $10^5 \sim 10^7$ 循环次数。为了提高疲劳寿命,要特别注意引线的连接方式和焊接点的质量,使引线和敏感栅的连接处都与应变计的轴线呈 45°方向,可提高应变计的疲劳寿命。

(6)热输出:应变计粘贴在允许自由膨胀的构件上且不受外力作用,在缓慢变化的均匀温度场中,应变计输出的指示应变值。

4)测量电路

电阻应变计是把构件的应变值 ε 转换成 $\Delta R/R$。由于一般测量的应变量很小,如测量应变量为 5 με,应变计的阻值 $R = 120$ Ω,灵敏系数 $K = 2$ 时,则电阻变化 $\Delta R = 0.001\ 2$ Ω。如果直接测量 $R + \Delta R = 120.001\ 2$ Ω,必须采用六位以上的精密电桥,而一般较精密的五位

电桥就需在恒温室内使用,所以直接测量较困难。因此,一般采用专门的测量电路,把 $\Delta R/R$ 转换成电压或电流的变化。目前电阻应变仪中最常用的测量电路主要有两种:一种是电桥电路,另一种是电位计式电路。

a. 直流电桥

如图 2-77 所示,R_1、R_2、R_3 和 R_4 分别为桥臂电阻。AC 两端接直梳电源 E。BD 两端接一内阻为 R_g 的检流表,R_g 可看作电桥负载,其电压 U 即电桥的输出。

b. 电压输出

当电桥输出与高阻抗负载(如数字电压表等)相连,此时电桥输出端相当于开路状态,只能输出电压信号,电流输出近于零,即 $R_g = \infty$,$I_g \approx 0$。根据分压原理:

$$U_{BC} = ER_2/(R_1 + R_2) \quad (2-134)$$

$$U_{DC} = ER_3/(R_3 + R_4) \quad (2-135)$$

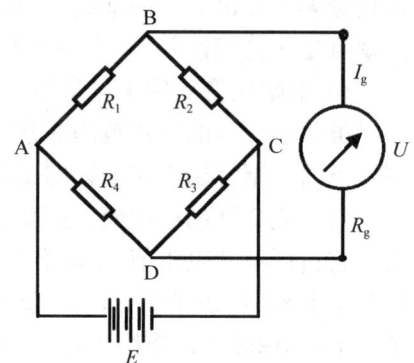

图 2-77 电阻应变计的直流电桥电路

则输出电压为

$$U = U_{DC} - U_{BC} = E(R_1R_3 - R_2R_4)/[(R_1 + R_2)(R_3 + R_4)] \quad (2-136)$$

当 $R_1R_3 = R_2R_4$ 时,输出电压 $U=0$,则电桥处于平衡状态。

单臂电桥的测量仅有一个桥臂为应变计参与应变,其余桥臂均为固定电阻。令 $R_1 = R_2 = R_3 = R_4 = R$,$R_1$(应变计)的电阻增量为 ΔR,且 $R \gg \Delta R$ 时,代入式(2-136),输出电压为

$$\begin{aligned} U &= E[(R+\Delta R)R - R^2]/[(R+\Delta R + R)(2R)] \\ &\approx E[\Delta R R/(4R^2)] \\ &= (E/4)(\Delta R/R) = (E/4)K\varepsilon \end{aligned} \quad (2-137)$$

若四个桥臂电阻均有变化,即 R_1、R_2、R_3 和 R_4 的增量分别为 ΔR_1、ΔR_2、ΔR_3 和 ΔR_4,则称为全桥测量。同样可得

$$\begin{aligned} U &\approx (E/4)[(\Delta R_1/R_1) - (\Delta R_2/R_2) + (\Delta R_3/R_3) - (\Delta R_4/R_4)] \\ &= (E/4)[K(\varepsilon_1 - \varepsilon_2 + \varepsilon_3 - \varepsilon_4)] \end{aligned} \quad (2-138)$$

c. 功率输出

当电桥输出端与电阻较小的负载相接时,电桥将有电流输出。为了获得最大的输出功率,要求负载阻扰 R_g 与电桥输出阻抗 R_o 相匹配,即 $R_g = R_o$。电桥输出阻抗为

$$\begin{aligned} R_o &= [(R_1R_2)/(R_1 + R_2)] + [(R_3R_4)/(R_3 + R_4)] \\ &= [(R_1R_2)(R_3 + R_4) + R_3R_4(R_1 + R_2)]/[(R_1 + R_2)(R_3 + R_4)] \end{aligned} \quad (2-139)$$

由基尔霍夫定律,并将输出电压 U 和输入电压 E 的关系即式(2-137)代入,得

$$\begin{aligned} I_g &= U/(R_g + R_o) = U/(2R_o) \\ &= [E(R_1R_3 - R_2R_4)]/[2R_o(R_1 + R_2)(R_3 + R_4)] \\ &= (E/2)(R_1R_3 - R_2R_4)/[R_1R_2(R_3 + R_4) + R_3R_4(R_1 + R_2)] \end{aligned} \quad (2-140)$$

当 $R_1R_3 = R_2R_4$ 时，输出电流 $I_g = 0$，即电桥处于平衡状态。

对于单臂电桥测量，令 $R_1 = R_2 = R_3 = R_4 = R$，$R_1$（应变计）的电阻增量为 ΔR，且 $R \gg \Delta R$，由式(2-140)得电桥的输出电流为

$$\begin{aligned} I_g &= (E/2)[(R+\Delta R)R - R^2]/[(R+\Delta R)2R^2 + R^2(R+\Delta R+R)] \\ &\approx (E/2)(\Delta R R)/(4R^3) \\ &= (E/8R)(\Delta R/R) \\ &= (E/8R)K\varepsilon \end{aligned}$$

对于全桥测量，若四个桥臂电阻 R_1、R_2、R_3 和 R_4 的电阻增量分别为 ΔR_1、ΔR_2、ΔR_3、ΔR_4，同理可得输出电流为

$$\begin{aligned} I_g &\approx (E/8R)[(\Delta R_1/R_1) - (\Delta R_2/R_2) + (\Delta R_3/R_3) - (\Delta R_4/R_4)] \\ &= (E/8R)[K(\varepsilon_1 - \varepsilon_2 + \varepsilon_3 - \varepsilon_4)] \end{aligned}$$

由此式可见，电桥的输出电压 U 或输出电流 I_g 均与应变计的电阻变化（$\Delta R/R$）成正比，即与试件的应变 ε 成线性关系。

直流电桥的优点是，没有分布电容的影响，对连接导线要求较低，容易预调平衡，且工作频率范围宽。缺点是直流放大器比较复杂，容易受零漂和接地电位的影响。

d. 交流电桥

为了克服直流放大器的零漂问题，可以采用交流载波放大式方案，使用交流电桥，如图 2-78 所示。

设电桥桥臂阻抗分别为 Z_1、Z_2、Z_3 和 Z_4，供桥电压也称为载波电压，$E = E_m \sin\omega t$。交流电桥的关系式和直流电桥相同，只要把电阻 R 改成阻抗 Z。交流电桥输出的调幅电信号的关系式与式(2-136)相似：

$$U = E(Z_1Z_3 - Z_2Z_4)/[(Z_1+Z_2)(Z_3+Z_4)] \tag{2-141}$$

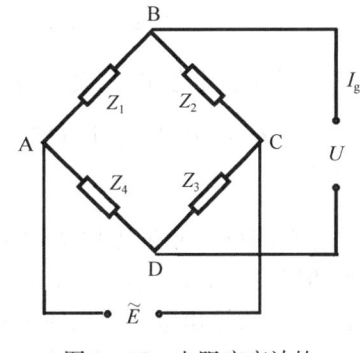

图 2-78 电阻应变计的交流电桥电路

则交流电桥的平衡条件为

$$Z_1Z_3 = Z_2Z_4 \tag{2-142}$$

Z 为复数，$Z = |Z|e^{j\varphi}$。上述公式表示交流电桥达到平衡时，其桥臂阻抗的幅值和相位都必须满足下列条件：

$$|Z_1||Z_3| = |Z_2||Z_4| \tag{2-143}$$

$$\varphi_1 + \varphi_3 = \varphi_2 + \varphi_4 \tag{2-144}$$

因此，具有交流电桥的应变仪中，设置有电阻平衡和电容平衡的调节装置，以使交流电桥达到初始平衡。当桥臂上应变计电阻发生变化时，电桥输出电压为

$$U = (E/4)K\varepsilon = (K/4)\varepsilon E_m \sin\omega t \tag{2-145}$$

测量不同性质的应变时,电桥输出电压的幅值、频率和相位如图2-79所示。

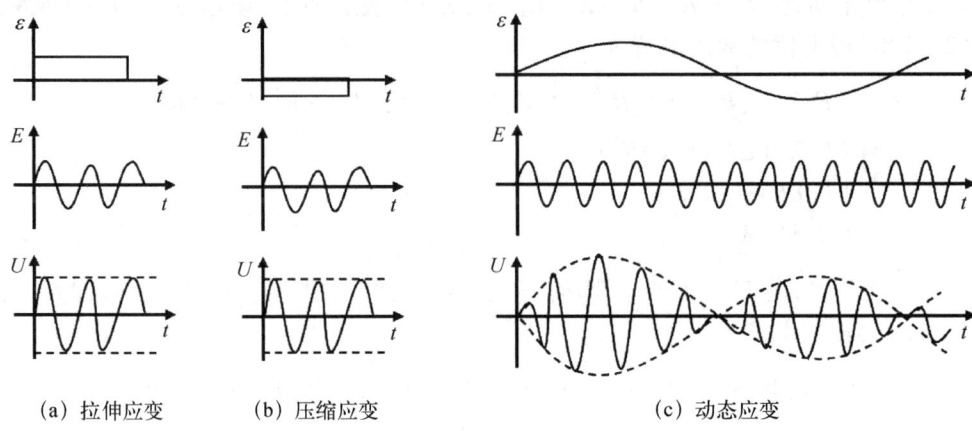

(a) 拉伸应变　　　　(b) 压缩应变　　　　　　　(c) 动态应变

图2-79　电桥的输出电压波形

对于拉伸应变,即 $\varepsilon = \varepsilon_+$,则输出电压为

$$U = (K/4)\varepsilon_+ E_m \sin \omega t \tag{2-146}$$

对于压缩应变,即 $\varepsilon = -\varepsilon_+$,输出电压为

$$U = (K/4)(-\varepsilon_+)E_m \sin \omega t = (K/4)(\varepsilon_+)E_m \sin(\omega t + \pi) \tag{2-147}$$

而对于动态应变,设 $\varepsilon = \varepsilon_m \sin \Omega t$,则有

$$U = (K/4)\varepsilon_m \sin \Omega t E_m \sin \omega t = (K/8)\varepsilon_m E_m [\cos(\omega - \Omega)t - \cos(\omega + \Omega)t] \tag{2-148}$$

在测量拉伸应变时,输出电压的幅值与应变 ε 正比,频率和相位与载波电压相同;测量压缩变形时,输出电压的幅值与应变成正比,频率与载波电压相同,相位差180°;测量动态应变时,输出电压是由应变信号调制的调幅波,它由两个频率为 $(\omega-\Omega)$ 和 $(\omega+\Omega)$ 的等幅波组成,其幅值与应变成正比。一般情况下,供桥电压的频率 ω 比动态应变的频率 Ω 高5~10倍以上,故输出电压为窄带调幅电压,这是应变仪中窄带放大器的设计依据。

2. 电阻应变仪

电阻应变片的电阻变化很小。测量电桥的输出信号也很小,不足以推动显示和记录装置,因此需将电桥的输出信号用一个高增益的放大器进行放大。用于完成这一任务的仪器称为应变仪。此外应变仪还起阻抗变换的作用,和采集记录仪器达到阻抗匹配。

电阻应变仪具有灵敏度高、稳定性好、测量简便、准确、可靠且能做多点较远距离测量等特点。对电阻应变仪的要求是,应变测量输出大,具有低阻抗的电流输出或高阻抗的电压输出,便于连接各种记录仪器。

1) 电阻应变仪的分类及其特点

电阻应变仪按被测应变的变化频率及相应的电阻应变仪的工作频率范围可分为:静态电阻应变仪、静动态电阻应变仪、动态电阻应变仪、超动态电阻应变仪。按放大器工作原理可分为直流放大和交流放大两类。

a. 静态电阻应变仪

静态电阻应变仪主要用于测量静载荷作用下物理量的变化,其应变信号变化十分缓慢或变化一次后能相对稳定。静态电阻应变仪一般是载波放大式的,使用零位法进行测量,进行多点测量时需选配一个预调平衡箱。各传感器和箱内电阻一起组桥,并进行预调平衡。预调或实测时需另配一手动或自动的多应变转换开关,依次接通测量。

b. 静动态电阻应变仪

静动态电阻应变仪以测量静态应变为主,也可测量频率较低的动态应变,工作频率为 0 到几十或几百 Hz。

c. 动态电阻应变仪

动态电阻应变仪与各种记录仪相配合,用以测量动态应变,测量的工作频率可达 0~2 000 Hz,个别的可达 10 kHz。动态电阻应变仪具有电桥、放大器、相敏检波器和滤波器等。动态应变仪用"偏位法"进行测量,可测量周期或非周期性的动态应变。

d. 超动态电阻应变仪

工作频率高于 10 kHz 的应变仪称为超动态应变仪,用于测量冲击等剧烈变化的瞬间过程。超动态电阻应变仪工作频率比较高,要求载波频率就更高,因此多采用直流放大器。

2) 载波式电阻应变仪的工作原理

载波式应变仪由电桥、放大器、载波振荡器、相敏检波器、滤波器、记录器和稳压电源组成,其工作原理如图 2 - 80 所示。

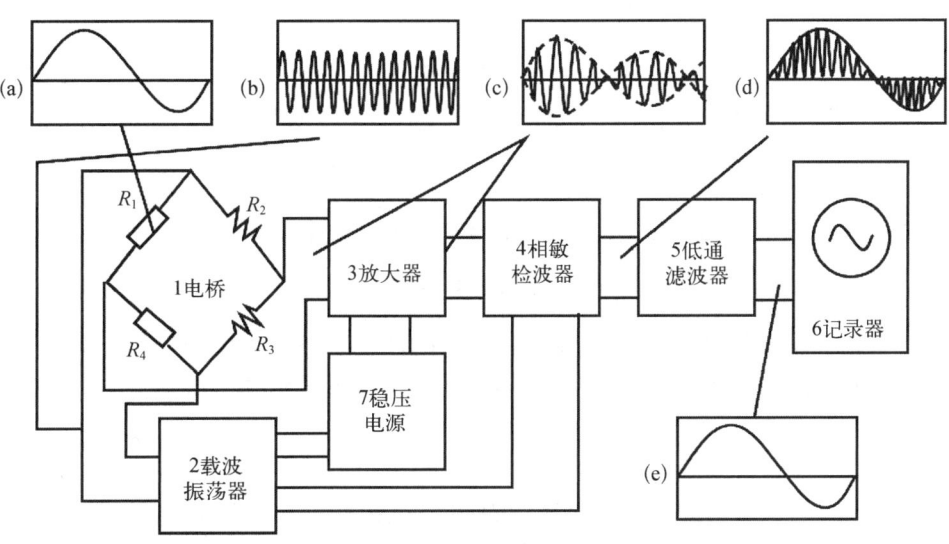

图 2 - 80　载波应变仪的典型原理框图

稳压电源对放大器和载波振荡器提供稳定的电压。载波振荡器产生 1~35 kHz 的正弦电压供给测量电桥和作为相敏检波器的参考电压。当工作片感受一个如图 2 - 79 所示的动态应变时,电桥输出一个微弱的调幅波,其包络与动态应变相似。放大器将微弱的调幅波放大 1 600~2 000 倍后输入相敏检波器,经解调得应变包络线,检出应变波形,辨别出信号的正负方向,再经低通滤波器滤除载波及高次谐波得到与所测动态应变相似的放大信号,并将这种信号输给记录仪或采集仪器。

2.4.2 非常温应变测量

1. 温度效应与温度补偿

应变计粘贴在试件上,除感受外力产生机械应变外,还感受环境温度变化产生的指示应变。前者需要测量,而后者是一种虚假应变,称为温度效应,需要剔除。

将应变计粘贴在可以自由膨胀的试件上,且不受外力作用,在环境温度不变时,应变计的指示应变为零。当环境温度变化时,应变计有指示应变输出,该应变值是由温度变化而引起,故称之为温度效应,也称热输出。应变计产生热输出的主要原因是敏感栅材料的电阻温度效应和敏感栅与被测试件材料之间的线膨胀系数的差异,如图2-81所示。

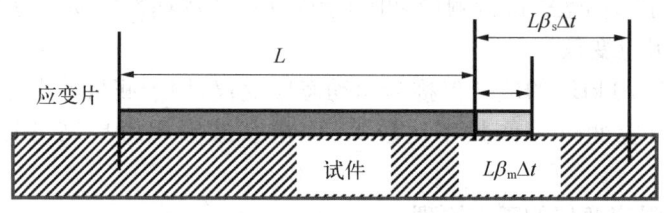

图2-81 应变计受热变形

若应变计敏感栅材料的温度系数为α,当温度变化Δt时,应变计电阻的相对变化为$\Delta R/R = \alpha \Delta t$,以指示应变表示,则

$$\varepsilon_{11} = \alpha \Delta t / K \tag{2-149}$$

若试件和敏感栅的线膨胀系数分别为β_s和β_m,当温度变化Δt时,其指示应变为

$$\beta_{12} = (\beta_s - \beta_m) \Delta t \tag{2-150}$$

将式(2-149)和式(2-150)相加,即得到电阻应变计的热输出:

$$\varepsilon_t = [\alpha/K + (\beta_s - \beta_m)] \Delta t \tag{2-151}$$

由上可见,热输出的大小不仅与应变计本身的性能和环境温度的变化有关,还与被测试件的线膨胀系数有关,即相同的应变计粘贴在线膨胀系数不同的试件上,其热输出值是不一样的。

用电阻应变计测量试件的应变,当温度变化时,其指示应变包含试件受力产生的机械应变和应变计的热输出两部分。如果采用镍铬含金制成应变计的敏感栅粘贴在某型钢材上,温度变化1℃时,应变片的热输出ε_t约为70 $\mu\varepsilon$。如果测量时试件的温度由20℃升到70℃,则应变计的热输出高达3 500 $\mu\varepsilon$,给测量带来很大的误差。因此必须消除由温度变化引起的热输出,也即温度补偿。

常用的温度补偿方法有三种:曲线修正法、桥臂补偿法、温度自补偿应变法。

1)曲线修正法

首先在实验室测出应变计在模拟实际温度场变化环境下的热输出曲线,如图2-82

所示。应变计是同一型号,所粘贴的试件材料应与被测构件相同。在实际现场测量时,除了测量出应变计的指示应变外,还应同时测出该点的温度,然后根据热输出曲线对其进行修正,以求出机械应变 ε。

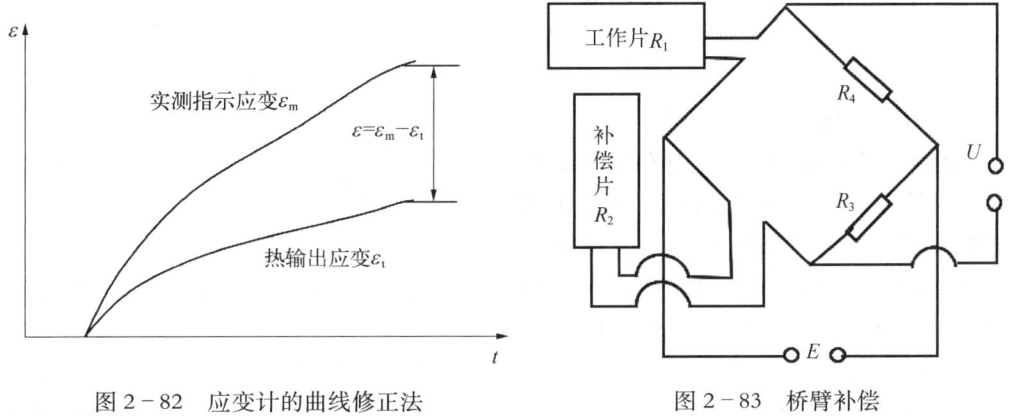

图 2-82 应变计的曲线修正法　　图 2-83 桥臂补偿

2) 桥臂补偿法

图 2-83 中,在与被测试件材料相同而不受力的补偿块上贴一补偿应变计,其规格和性能与工作应变计相同,且补偿块与试件处于相同的温度环境中。将工作片 R_1 和补偿片 R_2 分别接入电桥的相邻两臂。

在环境温度变化前 $R_1/R_2 = R_4/R_3$,电桥平衡;当温度发生变化后,因补偿片与工作片相同,$R_1 = R_2$,$\Delta R_1 = \Delta R_2$,故:

$$(R_1 + \Delta R_1)/(R_2 + \Delta R_2) = R_4/R_3 \quad (2-152)$$

即电桥仍然保持平衡,也就是两个应变计由于温度而产生的热输出可以在桥路中相互抵消,达到了温度补偿的目的。若使用焊接式应变计,可以在工作片附近点焊一个补偿片(此补偿片不受力),以实现温度补偿。

若使两应变计始终处于相同的温度变化下,桥臂补偿是一种比较简单而有效的温度补偿方法。缺点是不能用于旋转试件(无法固定补偿片);环境温度变化剧烈或者应变计热输出分散度大时,补偿效果不好。

3) 温度自补偿应变法

在一定温度范围内,由于应变计敏感栅本身的特殊结构,使其热输出自行抵消或在所允许的范围内,起到温度自补偿的作用。

a. 单丝自补偿应变计

由式(2-152)可知,要使应变计在工作时热输出为零,必须满足:

$$\alpha = -K(\beta_s - \beta_m) \quad (2-153)$$

即改变敏感栅材料的性能,使其与被测试件材料的性能满足上式,就可以达到温度补偿的目的。通常采用的方法是,改变敏感栅材料的合金成分,或采用特殊的制造工艺,或进行特殊的热处理,以控制敏感栅的电阻温度系数 α,使它和某一定膨胀系数的试件材料满足式(2-153)。

目前常用的温度自补偿应变计由康铜和卡玛合金制成,最高使用温度分别为200℃和400℃,其补偿精度一般在±1.8 με/℃ 以内。由于应变片的热输出曲线不是直线,故用这种方法进行温度补偿的范围不大,如图 2-84 所示。

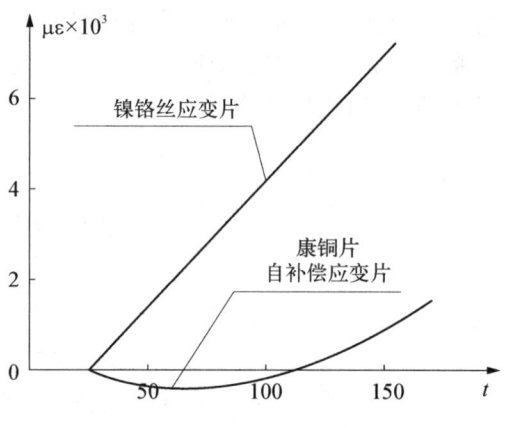

图 2-84 两种自补偿应变片的热输出

b. 组合式温度自补偿应变计

如图 2-85 所示,它是利用不同电阻温度系数的两种材料(一种为正值,一种为负值)串联组合成敏感栅。如果串联的两端敏感栅 R_1、R_2 随温度变化而产生的电阻变化大小相等而符号相反,那么整个敏感栅由于温度变化而产生的电阻变化为零,即热输出为零。由于可以通过调节两种敏感栅的长度来控制应变计的补偿效果,所以精度较高,可达±0.45 με/℃。温度在 250~300℃时,敏感栅大多采用康铜。

c. 半桥式自补偿应变计

它由工作栅 R_1 和温度补偿栅 R_2 组成,分别构成电桥的两个相邻桥臂。图 2-86 中是一种铂电阻半桥式自补偿应变计。工作栅 R_1 由铂钨合金制成,它对应变敏感而电阻温度系数小;温度补偿栅 R_2 由铂丝制成,它的电阻温度系数大而对应变很不敏感。将两个敏感栅的长度作适当调整,使其在温度改变时,电阻增量的大小相等,符号相同,能相互抵消,因而实现温度补偿。

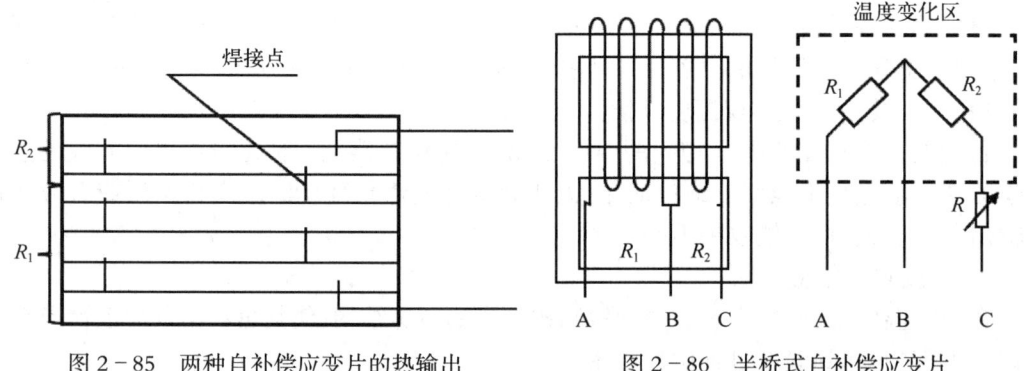

图 2-85 两种自补偿应变片的热输出　　图 2-86 半桥式自补偿应变片

有时工作栅电阻 R_1 比补偿栅电阻 R_2 大,为了构成等臂电桥,一般是在 R_2 上串联一个补偿电阻 R。接入 R 可以改变补偿臂的热输出值,以适应不同试件材料的线膨胀系数,实现最佳的温度补偿。因此,这种应变计的适应性较广,补偿精度也较高,可达±0.1 με/℃。

d. 半桥或全桥焊接式温度自补偿应变计

利用桥臂补偿原理,将两种规格和性能相同的敏感栅或四个敏感栅(图 2-87)安装在同一块金属箔基底上,两栅的轴线方向互相垂直,组成半桥或全桥式温度自补偿应变计,要求金属箔基底的线膨胀系数与被测试件一样。

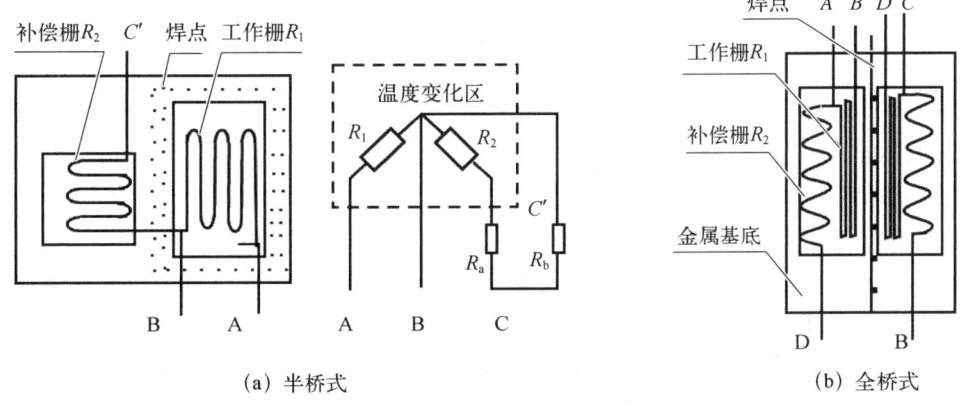

(a) 半桥式　　　　　　　　　(b) 全桥式

图 2-87　半桥或全桥焊接式温度自补偿应变计

使用时,将工作栅四周的金属基底用点焊或滚焊固定于试件上,而补偿栅基底部分悬空。当试件受力变形时,工作栅感受变形,补偿栅可以认为无变形。而温度变化时,两敏感栅在相同温度环境下产生热输出在桥臂电路中相互抵消,起到温度补偿的作用。若金属基底材料的线膨胀系数与试件各有差异,应变计就有热输出,达不到完全补偿。可以采用外补偿的方法补偿,即在补偿栅的桥臂电路上分别串、并联一个电阻 R_a、R_b,如图 2-87(a) 所示,使其自阻值保持不变而灵敏度有所下降,满足两敏感栅的热输出相等,达到完全补偿的要求。这种形式补偿效果较好,还可以扩大应变计的应用范围,即可以用于线膨胀系数不同的试件。半桥焊接式温度自补偿应变片的工作温度已达 550℃。

全桥焊接式温度自补偿片[图 2-87(b)],在温度达到 550℃ 时,其热输出约 1.8 $\mu\varepsilon$/℃;若采用外补偿线路,则热输出可降低至 0.5 $\mu\varepsilon$/℃。

然而,上述焊接式温度自补偿应变计不能用于曲率大的试件,也不适用于温度变化快或剧烈振动的试件。

2. 高温下的应变测量

航空发动机很多零件是在高温下工作的,如压气机后面几级的叶片、轮盘,其温度有 200~300℃,而涡轮盘、轴、叶片的温度高达 500~900℃,甚至更高。随着温度的继续升高,试件和应变计材料的性能都会发生变化,包括试件材料的弹性模量会下降,线膨胀系数增大;应变片灵敏度系数随温度变化,热输出、蠕变和热滞后变大;应变计性能的稳定性变差等。因此,在高温下进行应变测量更复杂、更困难,测量的精度也较低。

前面所讨论的应变测试技术在高温应变测量中仍然是基本的手段,而高温下应变测量的主要问题是温度补偿和应变计的安装。温度补偿前面已叙述过,高温应变计的安装方式目前有三种,即粘贴、焊接和喷涂。下面主要介绍高温喷涂应变计。

高温喷涂所适应的试件的工作温度在 650℃ 以上,使用温度可高达 1 000℃ 以上,其粘贴能力强,能耐高温气流的冲刷,有良好的抗热冲击和抗腐蚀能力,绝缘性能比无机粘贴剂好。喷涂法用的应变计是脱框式应变计,其框架用 0.05~0.1 mm 厚的铜箔或 0.5 mm 厚的聚四氟乙烯增强塑料做成,敏感栅和引线用丙酮赛璐珞临时粘固,也可用黏结剂粘贴在框架上。

2.4.3 旋转件应变测量

航空发动机转子的处于高速旋转状态，特别是叶片、轮盘、轴等零件的结构形状复杂，工作环境恶劣，应力水平很高，理论计算很难获得精确的结果，往往需要通过应变测量来确定其寿命和可靠性。

旋转零件的应变测量在原理上与静止件是一样的，测量方法也基本相同。但是，由于试件处于旋转状态，对应变测量提出了一些特殊要求。应变计和导线的安装既要牢固又要合理。由于试件高速旋转，应变计和导线不仅承受着较大的离心力作用，还有高速高温气流的冲刷。所以，除了粘贴牢固外，通常在应变计和导线外表面采用涂胶或焊金属箔片的方法加以保护。另外，旋转件的平衡要求很高，应变计的安装和导线的走向应以不破坏其平衡精度为前提。

采用引电器，将旋转件上的应变信号通过引电器，准确地传递到静止的测量仪器上。引电器是一种中介传感器，可以传递旋转试件的应变、温度、扭矩、振动等参数的电信号，而提高传递精度的关键是减少引电器接触电阻的变化。引电器有接触式和非接触式两大类，接触式引电器又分为直接接触式（刷环引电器）和间接接触式（水银引电器），直接接触式又分为端面接触和径向接触两种，具体如下。

1. 刷环引电器

刷环引电器属于直接接触式引电器，它主要由旋转的集流环、静止的集流刷和弹簧等组成，按其接触的方向不同分为端面接触式和径向接触式两种，如图2-88所示。

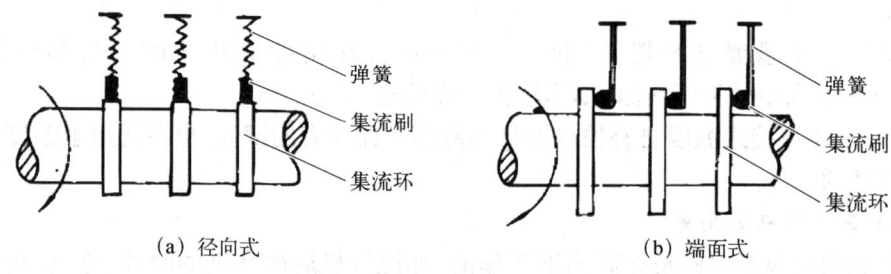

图2-88 刷环引电器

应变计粘贴在旋转试件上，当试件受力（离心力、气动力、热应力）变形时，应变计所感受的应变信号由引线传到与试件同轴旋转的集流环（每个集流环之间是绝缘的）上。此应变信号通过集流环传到与其接触的集流刷上（静止件），然后由弹簧经引线将应变信号传到测试仪器上。集流环和集流刷材料的性能以及两者的接触方式，是影响刷环引电器性能的主要因素。

1) 刷与环之间的接触压力

刷与环之间的接触压力是保证信号正确传递的重要参数。增大该压力会使接触电阻的变化降低，同时引起磨损的增加。磨损率随压力加大成线性关系增长，而接触电阻的变化是随压力增大呈指数关系下降。压紧力太小，接触电阻的变化大；压紧力过大，则磨损严重。因此，选取集流刷压力时，既要使接触电阻尽量小，又要使磨损率不太高。通常，集流刷材料的含银量越多，则保证集流刷与集流环稳定接触的压力也越大。

为了降低集流刷与环的磨损，延长引电器的使用寿命，可采用气动式控制机构。当需要测量旋转试件的应变数据时，使压缩空气进入气缸，通过推动集流刷组件，使各触头与所对应的集流环的端面压紧，则应变信号通过引电器传输到应变测量仪器；测量完毕后，由气动控制，使集流刷回到原位，集流刷与环脱开，转子空转。若将空气引向集流刷与环的接触处，对其进行冷却并带走由于磨损所产生的尘粒，这对降低磨损和电噪声是非常有益的。

2）集流刷与环的材料

大量的试验和应用表明，集流刷与环的材料对引电器的接触电阻、热电势、绝缘和耐磨性能有极大的影响。用银铜合金（货币银）制集流环，用银石墨制集流刷较理想，其中银的含量应根据摩擦速度的大小而定。当速度较大时，石墨比例大一些，银的含量一般在60%~80%。

据资料介绍，在集流刷的材料中加入二硫化钼（MoS_2）、二硒化铌（$NbSe_2$）可以提高耐磨性、工作稳定性和可靠性。弹簧使集流刷与环在工作时紧密接触而不松开。对弹簧片材质的要求是弹性好、疲劳极限高、抗磁性好、导电率高，通常采用铍青铜制成。

3）结构型式

合理地选取集流刷与环的压紧力、材料以及采冷却等都对改善引电器性能有重要作用，而结构设计的合理性也能产生良好的效果。

同一集流环上采用多个集流刷同时接触，对减少接触电阻，降低工作时接触电阻的变化有明显的作用；但电刷数目过多，会引起集流环磨损增加，且结构复杂。一般取2~4个电刷。同一集流环上几个电刷的压紧弹簧，最好具有不同的固有频率，以避免由于共振而产生接触不良。

实践证明，端面接触式刷环引电器比径向接触式性能好。因为引电器上用的轴承有径向间隙，工作时有径向跳动，使径向接触的质量大大下降。另外，旋转试件的径向振动远大于轴向振动，因此径向接触式引电器将产生较大的电噪声。因此目前刷环引电器大都采用端面接触式。

2. 感应式引电器

接触式引电器是通过触点传递信号，若转速很高，或轴的尺寸太大（如多转子中的中、高压转子），触点处速度很大，致使接触电阻变化大、温度效应严重，性能难以保证，引电器寿命也急剧下降。这种情况下最好采用非接触式引电器。非接触式主要有感应式、收发报式以及光电引电器。

感应式引电器也称为旋转变压器，是利用电磁感应原理，将旋转试件上的应变信号通过电磁线圈耦合，传输到静止的测量电路，如图2-89所示。旋转试件上的应变计R_1、R_2、R_3和R_4组成全桥电路，静止线圈L_2与产生高频等幅信号的振荡器相联，通过电磁感应，此信号传给转动线圈L_1'作为电桥的电源（载波信号）。试件受力变形，应变计R_1产生电阻变化，电桥的应变信号输出，即转动线圈L_2'中的调幅电压输出。同理静止线圈L_2中感生出与L_2'相似的调幅信号，经放大、检波、记录指示出旋转试件上的应变值。

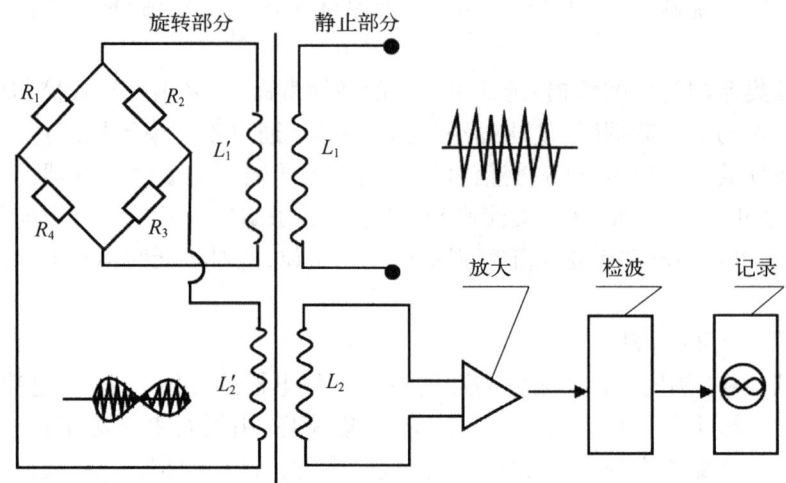

图 2-89 感应式引电器

感应式引电器允许转速高,寿命长,且结构简单,维护方便。但却存在干扰问题。为了抗干扰,提高信噪比,可采取增大各组线圈之间的轴向距离,并用铜或铝制屏蔽环,以减弱轴向串音;提高耦合线圈之间的同心度,减少工作气隙的变化,以保持电感和阻抗的稳定性。

感应式引电器的输送效率与静、转子线圈的径向间隙成反比。因为空气的磁阻比铁物质的磁阻大几百倍以上,因此,在不发生相互摩擦前提下,静、转子线圈的径向间隙越小越好;另外还应合理选取静、转子线圈的匝数比,以获得最佳传送效率。

3. 收发报式引电器

收发报式引电器是一种无线电遥测装置,是以天线耦合实现信号的发送与接收。无线电遥测的特点是信噪比高,能耐冲击和振动,使用方便,可在各种恶劣环境或测试人员不易接近的部位(如发动机的旋转零部件),进行应力、温度、振动等参数的测量。

无线电遥测系统含有发射和接收两部分,见图 2-90。按传输信号的多少可分为单通道和多通道,按信号调制的方式可分为直接调频、调频-调频、调幅-调频和脉码调制等。

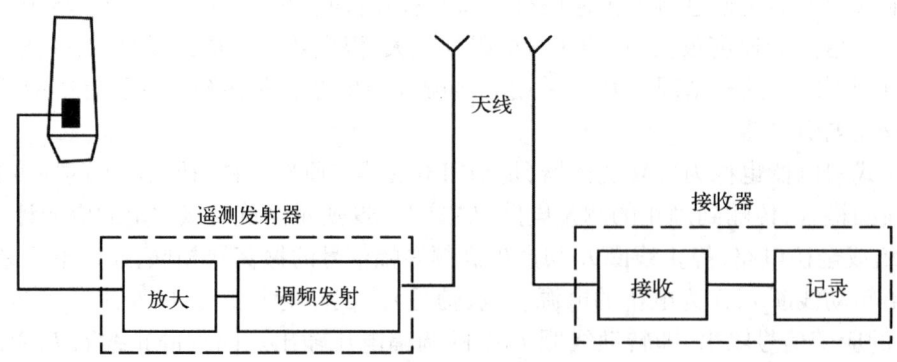

图 2-90 收发报式引电器

遥测装置的基本工作原理是将旋转试件上的应变信号,通过电位计线路或电桥,转换成电压信号,经放大后输出载波振荡器(也称射频振荡器),对载波进行调制,使电压信号转换成频率变化的信号(称为调频),由天线发射出去。地面接收天线收到调频信号,经放大、解调后,获得与原应变信号一致的模拟信号,最后送记录仪或示波器指示和记录。

多通道遥测装置可分为频分制、时分制和按时间顺序选测三种。频分制是将各路应变信号送入不同中心频率的副载波发生器,对副载波进行调制,通过相加器,再对主载波进行调制后由天线发射。时分制是将各路应变信号由分配器按时间顺序依次进行采样(采样频率应大于待测信号频率2倍以上),经放大器放大后,对高频信号进行调制,然后由天线发出。按时间顺序选测是在单通道发射机前,增加一个由模拟开关组成的选通门,选通门前可输入多路信号;按时间顺序选测,选测的频率低于待测信号的频率。选测系统设备简单,体积很小,适用于航空发动机。

天线是无线电遥测系统的一个关键部件,一般采用1/4波长的谐振天线。对旋转试件测量,发射部分用环形天线,绕在轴上与试件一起旋转。发射部分的电源重量轻、体积小、寿命长、性能稳定,常用电池或感应电源。在高转速、大重力加速度下,电池内部易短路,可采用感应电源,由地面站供电。

4. 光电引电器

光电引电器应用光电转换原理,将旋转试件上的应变信号通过光电耦合,传输到静止件上,属于非接触式引电器,如图2-91所示。

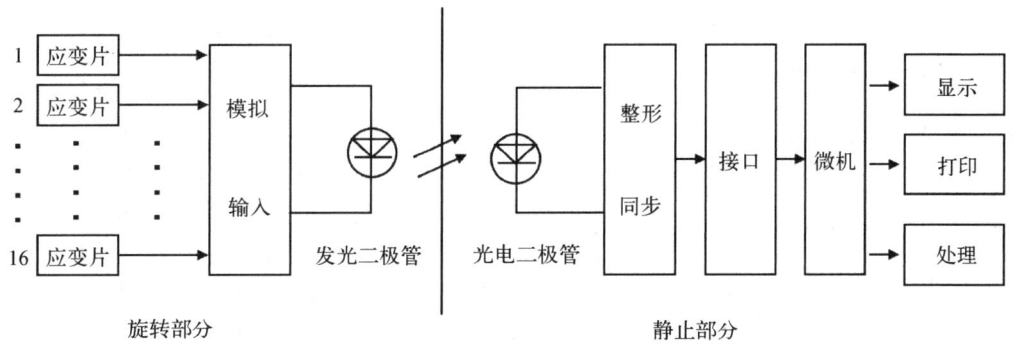

图2-91 光电引电器

光电引电器由发射和接收两部分组成。光的发射部分安装在旋转体内,通过联轴器与试件相联,一起高速旋转。当试件受力变形时,应变信号通过模拟输入部分,经放大和量化处理后,以数字脉冲信号的形式输入红外发光二极管,将电脉冲信号转换成光脉冲信号。

光的接收部分是静止不动的,光电二极管接收由旋转体上发出的光脉冲信号,并将其转换成电脉冲信号,经整形、同步处理后,输入计算机进行运算,然后显示、记录各测量点的应变值。

光电引电器的优点是系统分辨率高,可达 $5~\mu\varepsilon$。信号传输直接与计算机连接,测试速度快,便于结果处理、显示和存储。提高了旋转试件应变测量的测试水平。

2.5 振动测量

振动是工程机械部件和产品在工作过程中无法避免的问题,特别是对于航空推进系统,振动对于航空发动机及其零部件的性能和疲劳寿命都具有非常大的影响。因此,振动的测量和控制成为关键技术。另一方面,为了获得某一零部件的振动特性和振动疲劳寿命,一般必须进行振动试验进行确定。

振动测量是通过对振动变化量进行检测并将其转换为电信号,从而提取信息的测量技术。电信号可以显示、分析和处理,通过振动测量结合信号处理技术可以对振源及其传播途径进行辨识。一般采用传感器将振动体的振动特性转化为电信号,但往往需要经过信号调理器对输出信号进行放大才能作为显示和分析仪器的输入。若测量对象是无振动激励源的机械零部件或结构,还需要用激振器对被测对象施加激励使其产生振动才能进行测量。

2.5.1 振动传感器

1. 振动传感器分类

振动传感器按力学原理可分为相对式和惯性式两种。相对式传感器又分为顶杆式和非接触式。相对式传感器以外壳作为参考坐标,借助顶杆或间隙(非接触式)直接感受机械振动。所以,相对式传感器所测得的振动是以外壳为参考坐标的相对运动;惯性式传感器是利用弹簧质量系统的强迫振动特性进行振动测量,这种传感器直接固定在被测物体上,如图 2-92 所示,不需要相对固定点,是一种绝对式传感器。

惯性式传感器,由惯性质量 m、弹性元件 k,以及阻尼元件 c 所组成。惯性质量通过弹性元件和阻尼元件与外壳相连,根据质量块相对于外壳的运动来测量被测物体的振动。

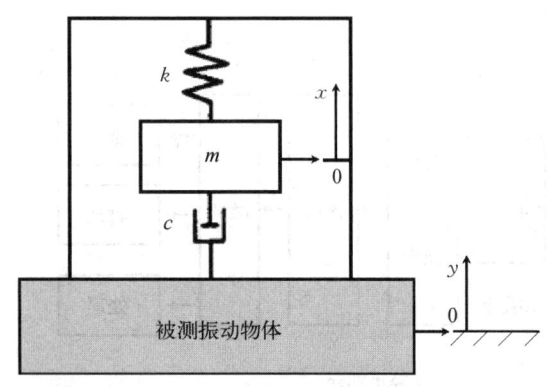

图 2-92 惯性式传感器力学原理

2. 压电式加速度传感器

压电式加速度计是以压电晶体的压电效应为基础制成的传感器,与其他振动传感器相比,它具有灵敏度高、频率范围宽、动态线性范围大以及尺寸小、重量轻等特点,是振动测量中最常用的一种传感器。例如,石英、钛酸钡等晶体,在外力作用下,晶体内部会产生极化,晶体表面出现电荷而形成电场,当外力去除后,表面又恢复到不带电状况,这种现象称为压电效应。具有这种性质的材料,称为压电材料。若将压电材料置于外电场作用,会导致压电材料产生机械变形,这种现象称为逆压电效应。压电加速度传感器是基于晶体介质的顺压电效应,压电晶体激振器是基于晶体介质的逆压电效应。

压电材料的灵敏度,主要决定于压电常数。通常压电陶瓷材料具有较高的压电常数,如钛酸钡($BaTiO_3$)、锆钛酸铅和铌镁酸铅压电陶瓷等,它们的压电常数比石英压电材料大几十倍,是目前应用较广的压电材料。单晶石英虽然灵敏度低,然而它具有很高的机械强度,居里点高达 573℃。在数百度温度范围内,其压电常数不随温度变化,而且具有良好的时间稳定性。因此,用它制成电压式加速度计不仅能耐高温,而且性能稳定,是航空发动机振动测量中较好的一种加速度计。

压电式加速度计的传感原理如图 2‑93 所示,将加速度计与被测试件牢固地连在一起,当加速度计与试件一起振动时,质量块产生惯性力作用于压电晶体片上。若被测试件的振动频率远远低于加速度计的固有频率时,则如前所述,质量块的惯性力与被测振动体的加速度成正比。又因压电晶片的压电效应,在晶片的极化表面上产生的电荷与作用的惯性力成正比。所以,压电晶片表面的电荷大小与被测振动体的加速度成正比。

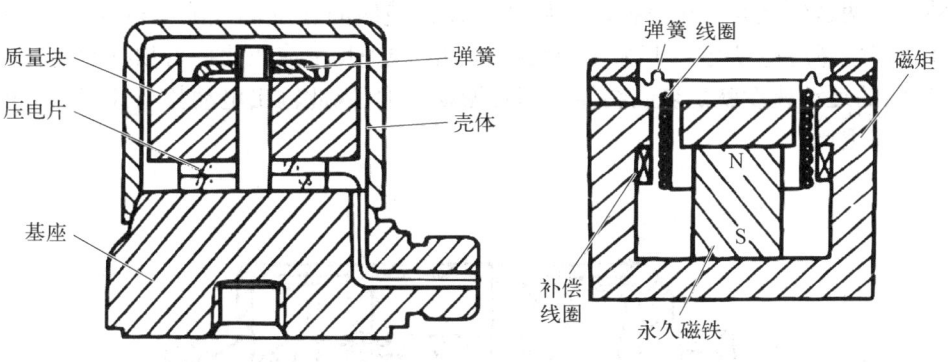

图 2‑93 压电式加速度计原理图　　图 2‑94 惯性式磁电传感器

3. 速度式传感器

对于中频小位移的振动体,广泛采用速度传感器。航空发动机测振动的速度式传感器大多采用磁电式传感器,有惯性式和相对式两种。

1) 惯性式磁电传感器

图 2‑94 是惯性式磁电传感器的结构简图。

线圈处于闭合磁路的工作气隙中,当线圈相对于磁场做直线运动时,线圈切割磁力线,在线圈中产生感应电势:

$$e = -W\frac{d\varphi}{dt} = -WBLv\,(\text{V}) \tag{2-154}$$

式中,B 为工作气隙中的磁感应强度(单位为 T);L 为线圈每匝平均长度(单位为 m);W 为线圈匝数;v 为线圈相对磁场的线速度(单位为 m/s)。

当结构确定后,B、L、W 均为常量,感应电势 e 与相对运动速度 v 成正比。这就是惯性式磁电传感器的工作原理。

2) 相对式磁电传感器

相对式磁电传感器如图 2‑95 所示,它主要由永磁体和线圈所组成,适用于导磁性材料。试件与传感器形成磁回路,当试件振动时,引起间隙 δ 变化,磁路的总磁阻也随之而变化。线圈内因磁通量变化而产生感应电势:

$$e = -W\frac{d\varphi}{dt} = -W\frac{d\varphi}{dx}v(\text{V}) \quad (2-155)$$

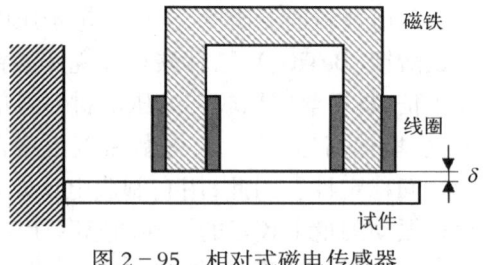

图 2-95 相对式磁电传感器

当试件振动幅值很小时,$d\varphi/dx$ 近似为常量,则感应电势 e 与试件振动速度 v 成线性关系。传感器的灵敏度与间隙 δ 有关,间隙越小,灵敏度越高。因此,应尽量减小初始间隙。

图 2-96 为相对式磁电速度传感器的结构图,它用于测量两个试件之间的相对速度。壳体固定在一个试件上,顶杆顶住另一个试件,磁铁通过壳体构成磁回路,线圈置于回路的缝隙中。两试件之间的相对振动速度通过顶杆使线圈在磁场气隙中运动,线圈因切割磁力线而产生感应电动势 e,其大小与线圈运动的线速度 v 成正比。若顶杆运动符合跟随条件,线圈的运动速度就是被测物体的相对振动速度,因此输出电动势与被测物体的相对振动速度成正比。

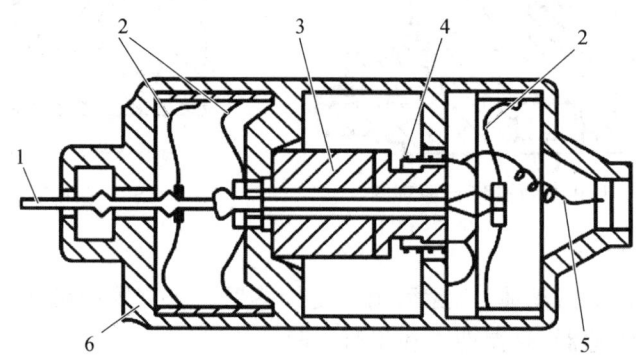

1—顶杆;2—弹簧片;3—磁铁;4—线圈;5—引出线;6—壳体

图 2-96 相对式磁电速度传感器

4. 位移传感器

位移传感器可分为电涡流式传感器、电容式传感器、光纤传感器等,具体如下。

1) 电涡流式位移传感器

电涡流式位移传感器的主要特点是与被测试件不接触,因此它特别适用于旋转轴的振动监视和较小物体的振动测量。它与电容式等其他非接触式传感器相比,具有线性度好、频响范围宽(0~10 kHz)、抗干扰能力强、灵敏度稳定、结构简单等特点,也适用于微小静位移的非接触测量,在国内外受到广泛的重视和应用。

电涡流传感器的工作原理是基于电涡流效应,如图 2-97 所示。线圈中通以交流电流而产生交变磁通,当被测导体表面靠近线圈时,交变磁通穿过导体而感应电涡流;此电涡流随即产生磁通 $\varPhi_e$,它总是阻碍原交变磁通 $\varPhi$ 的变化,从而改变了原线圈中的

电感 L。变化的大小与距离 δ 有关,另外还与导体的电阻率、磁导率、激磁电流频率等有关。分析表明,当线圈结构与被测导体材料确定之后,传感器的电感 L(阻抗)与间隙 δ 的大小有关,是单值函数,但不是线性关系,这就是非接触式电涡流传感器测量振动位移的依据。

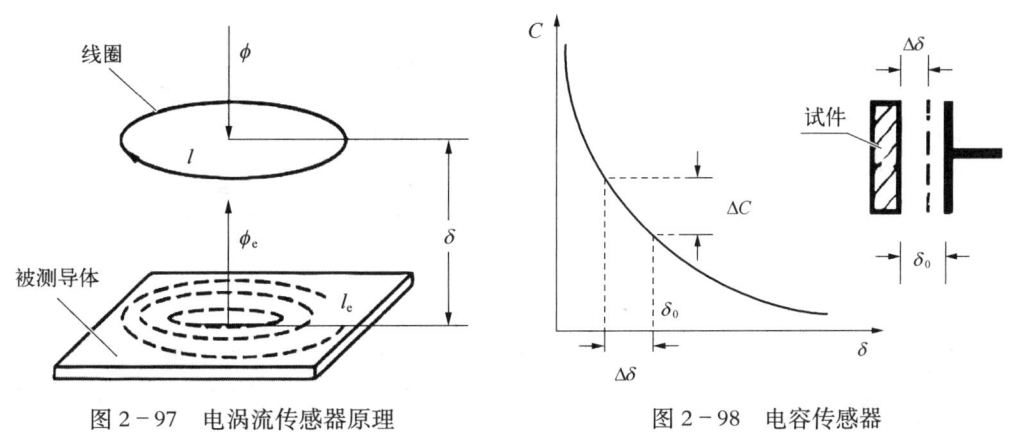

图 2-97 电涡流传感器原理　　　　图 2-98 电容传感器

2) 电容式传感器

电容式传感器是把被测物体位移(或振幅)的变化量转换成电容量的变化,进而转换成便于传输的电信号,其工作原理如图 2-98 所示。

平行板式电容器的电容为

$$C = \frac{\varepsilon A}{\delta} \tag{2-156}$$

式中,δ 为两极板间的间隙;A 为两极板的覆盖面积;ε 为极板间介质的介电常数。

由式(2-156)可知,若 A、ε 一定,则试件的位移(或振幅)使间隙 δ 变化时,引起电容 C 的变化,其关系曲线如图 2-98 所示。当间隙 δ 有一微小变化量 $\mathrm{d}\delta$,则引起电容的微小变化量 $\mathrm{d}C = -\varepsilon A \mathrm{d}\delta/\delta^2$,由此可以得到电容传感器的灵敏度为

$$S = \frac{\mathrm{d}C}{\mathrm{d}\delta} = -\varepsilon A \frac{1}{\delta^2} \tag{2-157}$$

灵敏度 S 与电容极板之间距离的平方成反比,极距越小,灵敏度越高。由于灵敏度随极距的变化而变化,所以,将引起非线性误差。为减小误差,获得近似线性关系,一般取极距变化范围为 $\delta/\delta_0 \approx 0.1$。因此,电容式传感器通常用于小位移(小振幅)的测试。

3) 光纤传感器

光导纤维是近代光信息传输学科的巨大成果。光纤传输的特点是信息传输量大、抗干扰能力强、频带宽、损耗低、柔性好、尺寸小、绝缘性好、防水耐火及成本低等。光纤传感技术近年来获得了迅速发展。

光纤是用玻璃、石英、塑料等光透射率高的介质制成的极细纤维,从近红外线到可

见光范围内传输损耗非常小,是极为理想的传输线路。为了尽量减少各相邻光纤之间的干扰,每条光纤的芯线之外覆盖一层包层结构,芯线介质的折射率比外包层的高(图 2-99)。标准型光缆芯线的折射率为 1.62,包层的折射率为 1.52,这样使每条光纤内形成全反射传输,有效地减少了相互之间的干扰,损耗极低。

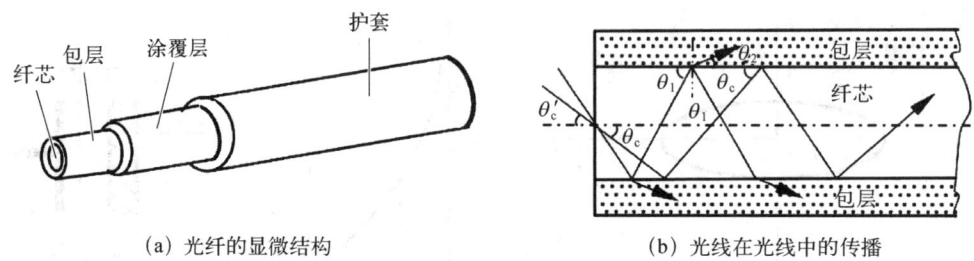

(a) 光纤的显微结构　　　　　　(b) 光线在光线中的传播

图 2-99　光导纤维原理结构

光纤传感器主要分为两类:一是传输型(也称结构型),利用光纤的低损耗传输功能,其原理是基于光的完全内反射定律;二是传感型(也称功能型)光纤传感器,其工作原理基于光纤环境(如应变、力、电、磁、热、放射性等)变化而引起光纤中光传播的相位、光强,波长等变化,其灵敏度很高。

光纤位移传感器主要有相位调制型和强度调制型两类。相位调制型利用干涉技术检测相位变化,在结构上比强度调制型复杂,由光源、光纤敏感头、光纤干涉仪、光探测器和相位检测等单元组成。强度调制是最早使用的调制方法,其特点是技术简单、可靠、价格低、可采用多模光纤,光纤的连接器和耦合器已经实现了商品化。光源可采用输出稳定的 LED 或高强度白炽灯等非相干光源。探测器一般用光敏二极管、PIN 和光电池等。强度调制型光纤位移传感器有反射式、基于辐射损耗的、基于光弹效应的等多种形式。

下面仅介绍反射式强度调制型光纤位移传感器,其工作原理基于光反射系数的变化,结构如图 2-100 所示。从光源发出的光束经过入射光纤射向被测表面,经被测物体表面直接或间接反射,反射光强经过接收光纤后,由光敏元件接收。

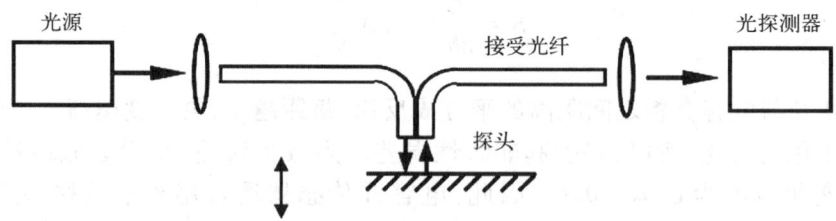

图 2-100　反射式光纤位移传感器的结构图

光纤位移传感器的工作原理是,当光纤探头紧贴被测目标时,发射光反射不到接收光纤中去,因而无信号输出。随着被测目标远离光纤探头,发射光在被测目标上照亮的区域 A 越来越大,发射光锥与接收光锥重合的面积 B_1 也越来越大,因而接收光纤端面被反射光照亮的区域 B_2 也越来越大,如图 2-101(a)所示。传输的光越强,输出的信号也就越大。当被测目标移动到某一位置时,所有反射光正好照亮接收光纤的整个端面,因而输出信号达到最大值,称为"光峰点";当目标继续远离时,反射光的照射面大于接收光纤的端面,即仅有一部分反射光进入接收光纤,传输的光越来越弱,故输出信号随距离增加而减小。

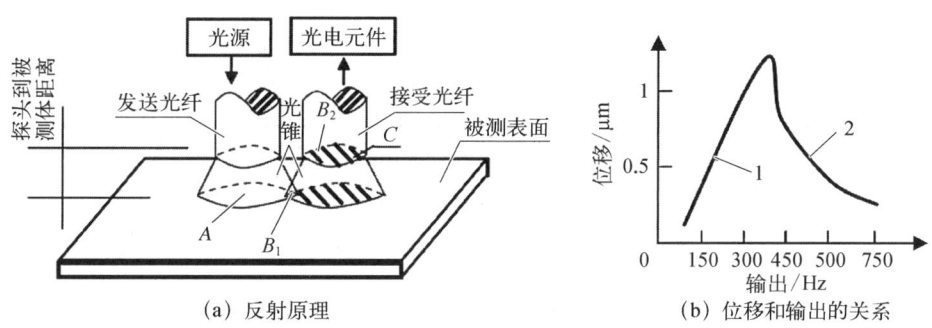

图 2 - 101 光纤位移传感器输出特性

传感器输出信号与距离的关系如图 2 - 101(b)所示。光峰点之前的区段称为前坡区,光峰点之后的区段称为后坡区。在前坡区的绝大部分,输出信号与位移基本上呈线性关系,且灵敏度高,故该区段适用于测量 μm 级的位移;在后区段,接收的反射光量大体上与距离的平方成反比,故该区段适用于较大位移,而对灵敏度、线性度要求不高的测量;在光峰点附近,输出信号对光强变化的灵敏度很高,而对位移变化的灵敏度较小,故这一区段适用于测量表面光洁度。

光纤传感器的灵敏度和测量范围与光导纤维的数量,数值孔径和尺寸有关,特别是取决于探头端部发射光纤和接收光纤的分布状况。理论分析表明,在一根接收光纤周围布放 4 根发射光纤的排列方案,灵敏度最高,但工艺上难以实现。当前实际采用的方案有随机分布、半球形对开分布、共轴内发射或外发射分布等几种。实践证明:随机分布的方案较好,接近最佳灵敏度。

5. 位移、速度和加速度之间的转换

简谐振动位移的表达式为

$$x = A\sin(\omega t + \varphi) \quad (2-158)$$

式中,$\omega = 2\pi f$ 为角速度;A 为振幅;φ 为初相角。

振动速度是位移的一次微分:

$$v = \frac{dx}{dt} = \omega A\sin\left(\omega t + \varphi + \frac{\pi}{2}\right) \quad (2-159)$$

振动加速度是位移的二次微分:

$$a = \frac{d^2 x}{dt^2} = \omega^2 A\sin(\omega t + \varphi + \pi) \quad (2-160)$$

以 ωt 为横坐标,分别以位移、速度和加速度为纵坐标,绘制成时间历程曲线,如图 2-102 所示。

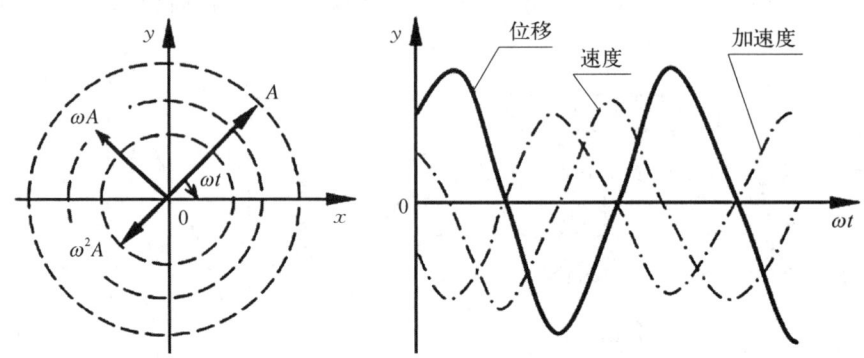

图 2-102　位移、速度和加速度的旋转矢量及波形图

比较上述三个方程及其波形图可见,位移、速度和加速度,三个振动参数的频率和振动形式是一样的,仅是速度超前位移 90°,加速度超前位移 180°。简谐振动的位移、速度和加速度还可以用旋转矢量表示。由于它们都有相同的频率,它们均以相同的角速度旋转,故它们的相对位置不变。它们的振幅分别为 A、ωA、$\omega^2 A$,其相位是依次超前 90°。根据旋转矢量,不难得出它们的时间历程及其运动图。

因此,位移、速度、加速度三个量,只要选定一种传感器测得其中任何一个振动参数,就可以利用微分或积分电路,获得另外两个振动参数。如用速度传感器测得振动速度,配用微分放大器可以获得振动加速度,配用积分放大器,可以获得振动位移。需要注意,上述位移、速度和加速度的转换关系仅限于简谐振动。

2.5.2　激振器

航空发动机及其零部件的振动特性、振动疲劳寿命等,一般都由振动试验最终确定。而振动试验中经常需用激振装置对被测试件进行激振。常用的激振设备有机械式激振器、磁吸式(电磁)激振器、压电晶体式激振器、电涡流激振器、电磁振动台、梁式振动台、气体激振器等。前几种常用于叶片振动试验,后面的常用于振动疲劳试验。

1. 压电式激振器

压电晶体激振器的工作原理是利用晶体材料的逆压电效应,它属于接触式激振器,一般用于叶片、轮盘等轻小零件的振动特性测量。结构形式广泛采用薄片长方形,如图 2-103 所示。

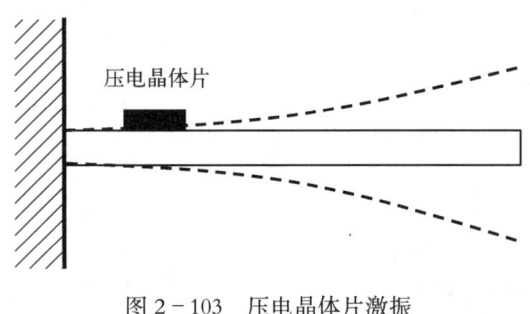

图 2-103　压电晶体片激振

压电晶体的激振方式是利用其长度形变的换能方式,使用时将压电晶体片用黏结剂固定在被测试件上,通以交变电压信号至晶体片的两个电极,使晶体片产生周期性的长度变形,叶片也随之一起变形,从而使叶

片产生强迫振动,其激振试验系统如图 2-104 所示。

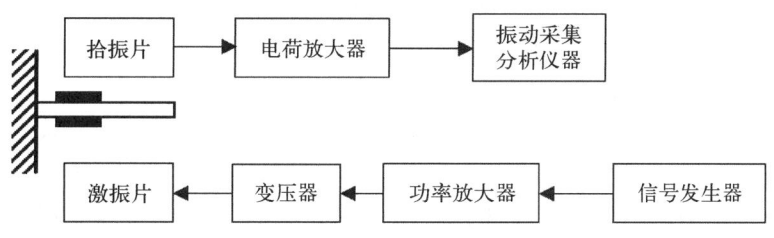

图 2-104 压电晶体片的激振和拾振系统

2. 电磁式激振器

电磁激振器的结构如图 2-105 所示,它主要由顶杆、弹簧、动圈、中心磁极、磁极板等组成。其中动圈和顶杆联成一整体,组成可动部分,由弹簧支承以保证轴向运动,并能给顶杆和试件之间提供一定的预紧力。

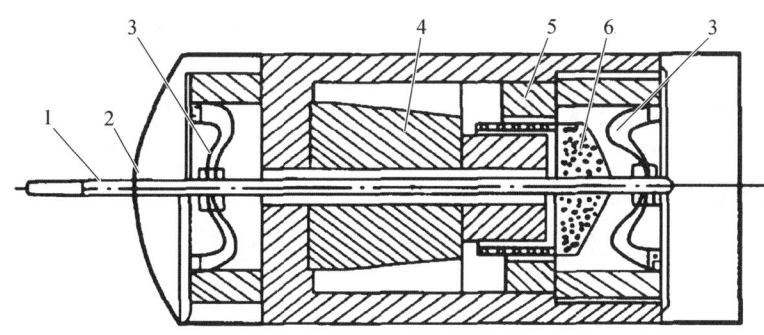

1—顶杆;2—外壳;3—弹簧;4—中心磁极;5—磁极;6—动圈

图 2-105 电磁式激振器

电磁激振器的工作原理为:给动圈输入一个频率可调的交流电流 $i = I\sin\omega t$,由于动圈处于中心磁极和磁极板之间的磁场中,因此动圈承受电磁力使得顶杆运动,进而在试件上产生激振力,其大小为

$$F = BLi = BLI\sin\omega t \tag{2-161}$$

对于已经设计好的激振器,B 和 L 都是常数,激振力 F 与电流 i 成正比。当动圈中通以交流电信号,则载流线圈在恒磁场的作用下产生电磁激振力;动圈带动激振杆作简谐振动,其振动频率与交流电信号频率相同。

实际使用中,由信号发生器产生一个频率可调的正弦电压信号,输入功率放大器放大,以保证一定的电流输出到激振器,这样顶杆就给被激系统一个频率与信号发生器输出频率相同的正弦激振力。调节信号发生器的频率、电压及功率放大器的输出电流,可以改变激振力的频率和幅值的大小。

2.5.3 频率和振型测量

航空发动机压气机和涡轮工作叶片的频率有静频和动频之分,静频是指非旋转状态下叶片的自振频率;在发动机实际工作状态下的自振频率称为动频。由于离心力、气体力、温度以及榫头连接刚性等因素的影响,动频和静频是不相等的,有时相差很大。但静频和动频之间有一定关系,可通过实验获得,也可根据经验公式估算。

实践表明,防止叶片共振故障的有效措施是,对叶片进行调频和控制叶片频率的分散度。因动频测量试验系统复杂,消耗能源和经费,不可能对每个叶片进行动频测试,而是通过与动频有一定关系的静频测试达到调频和控制分散度的要求。另外在生产、检验、维修中,也是通过静频来反映叶片振动特性是否合格。

振型是振动体在某自振频率对应的振动弹性线的形式,而与振动位移的大小无关。对于叶片等振动体而言,可以划分为 n 个微元体进行分析,即为 n 自由度系统,存在 n 个自振频率。其中最小频率称为一阶频率,依次为二阶、三阶和其他高阶频率,对应的振型称为一阶振型、二阶、三阶和其他高阶振型。由于实际结构不可避免地存在着阻尼,对应于高频率的高阶振型很快衰减,且高阶振型的振幅很小。因此,在一般工程结构中,仅考虑前几阶振型。

1. 静频测试

叶片静频的测量方法有自振法、共振法和实验模态分析法等,广泛采用的是共振法。叶片静频测试系统如图 2-106 所示。试件在可调频率的简谐激振力作用下,产生强迫振动。当激振力的频率等于叶片的固有频率时,振幅急剧增大,试件进入共振状态。通过测试仪器(示波器、频率计等)可准确判别,并显示和记录静频值。

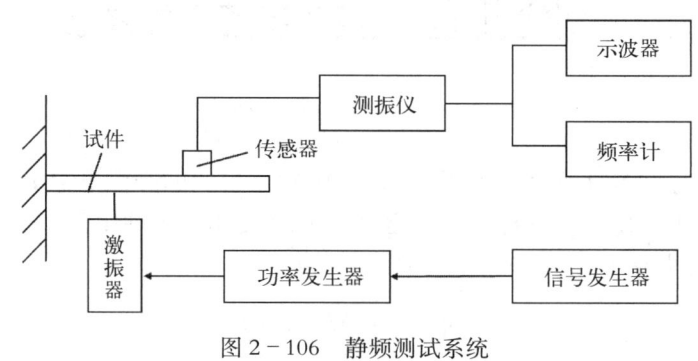

图 2-106 静频测试系统

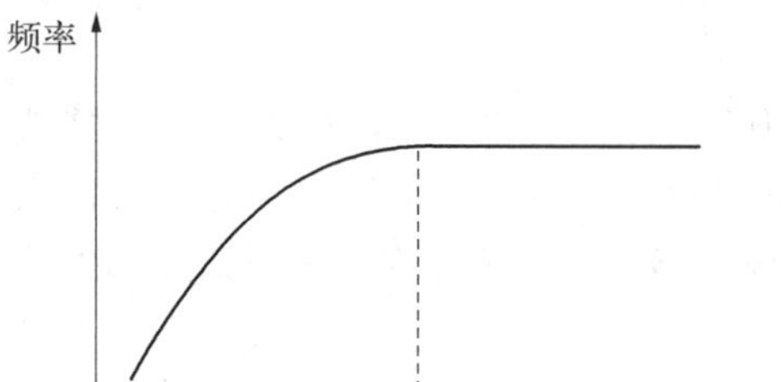

静频测试的整个系统通常由固持系统、激振系统、测试系统三部分组成,具体如下:

1) 固持系统

固持系统主要由安装叶片的夹具和基座组成。夹具应夹紧叶片,并符合叶片的工作状态。叶片处于发动机正常工作状态时,受到很大的离心力作用,使叶片根部接近完全"固持"状态。因此,在静频测试中要求其根部固持夹紧力是反映固持状态的重要参数,如图 2-107 所示。

图 2-107 静频与夹紧力的关系

随着夹紧力的增加,静频逐步升高;夹紧力达到一定值以后,静频变化缓慢;当夹紧力超过某一定值时,静频不再升高,这种状态称为"固持"状态。测频时,夹紧力应力求大于此值。

通常用限力扳手或液压操纵系统控制夹紧力的大小,以保证静频测试的准确性和稳定性。夹具的结构设计要合理。加工精度,特别是榫头结合面处的精度应符合要求,夹紧力的传力路线应合理,刚性要好;否则,叶根处不能达到"固持"状态,测量结果重复性差,频率值不稳定。

基座有柔性基座和刚性基座两种型式,如图 2-108 所示。图 2-108(a)所示的基座是柔性基座,即夹具和基座组合系统的自振频率低于被测叶片的自振频率,且越低越好。由于试件振动频率和外界干扰频率都远大于基座系统的自振频率,所以它们对于基座系统的影响很微弱,可以把这种固持系统看作是绝对固持,对测频没有影响。这种基座形式常用于激光测振试验。

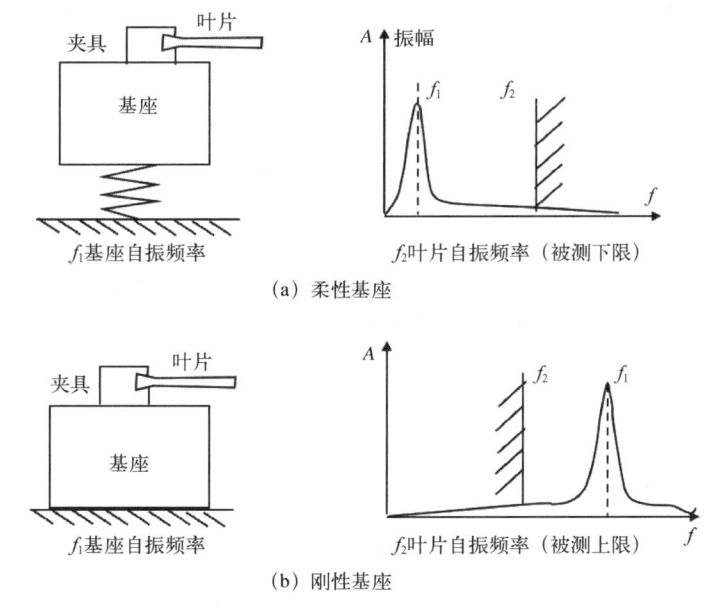

图 2-108 叶片装夹的固持系统

刚性基座,即系统的自振频率高于被测叶片的自振频率,且越高越好,其系统工作特性如图 2-108(b)所示。整个系统基本上处于绝对刚性,基座位移很小,对叶片测试几乎没有影响,通常用于测频和振动疲劳实验中。

2) 激振系统

通常由频率信号发生器、功率放大器和激振器等组成激振系统。它对被测试件提供足够的激振能量,以激励试件,产生强迫振动。要求激振力的幅值和频率的稳定性好,且能无级调节。激振器是激振系统的关键设备,有接触式和非接触式激振器两大类。接触式激振器激振能量大,但是对试件有附加质量和附加刚度作用,影响测频精度,一般用于成组叶片、转子、机匣等大型构件。非接触式激振一般对试件的振动特性没有影响,测试精度高。

3) 测试系统

通常由传感器、放大器、毫伏表、示波器、频率计、记录仪等组成测试系统。通过观察这些测量仪器的指示值可准确地判明叶片是否共振,并显示、记录频率值。

若被测试件的静频为 f_0,激振的频率为 f,调节激振频率达 $f=f_0$ 时,试件出现共振,此时振幅最大,毫伏表指示值达最大。从数字频率计直接读出试件静频值。当 $f=f_0/n$（n 为整数）时,试件也会出现对应于频率 f_0 振型的共振,此类共振称为谐共振。可以从示波器的李萨如图形上判读。

2. 振型测试

一个弹性体振动时,各点的位移、速度和加速度,既是时间的函数,又是空间的函数。现以一维简支梁为例加以说明。简支梁的振动位移表达式可以写成:

$$y = Y(x)T(t) \tag{2-162}$$

式中,$Y(x)$ 是空间的函数,即振型。当简支梁以其某一阶固有频率作自由振动时,就有一个与其对应的固有振型函数。如当简支梁以固有频率 $p_1,p_2,p_3\cdots$ 振动时,其相应的振型函数为

$$Y_1(x) = A_1 \sin\frac{\pi x}{l}$$

$$Y_2(x) = A_2 \sin\frac{2\pi x}{l}$$

式中,l 为简支梁长度;$A_1,A_2\cdots$ 为任意常数,也可以取 1。上述振型分别称为该梁的一阶、二阶……固有振型。图 2-109 所示为简支梁的二阶振型。

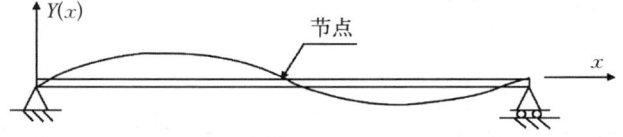

图 2-109　简支梁的二阶固有振型

所谓振型就是振动体上各点在同一时刻的振动位移之比（或振幅之比,并计及相位差）。上述简支梁的二阶振型在振动过程中,两端和跨度中间有一点位移始终为零,称为振型节点。对于二维弹性体,其振型也是二维参数的函数。它们的振型往往有节线（振动过程中保持不动的点所组成的线）。因为节线上各点位移为零,因而节线两边各点的振动方向必然相反；而在两节线之间,必然有一处振动幅值最大,即必存在振型峰。因此,若找到了各阶振型节线,便可大概估计出各阶振型的概貌。

3. 动频和衰减率测试

1) 动频测试

压气机和涡轮工作叶片在发动机实际工作状态下的自振频率称为动频 f_D,它与叶片静频 f_0 的关系为

$$f_D^2 = f_0^2 + Bn^2 \tag{2-163}$$

式中，B 为动频系数；n 为工作转速（单位为 r/s）。

由式（2-163）可知，静频与动频有一定关系，且测试方便，因此人们把静频作为研究叶片振动特性的基础。但是静频和动频之间有区别，反映在动频系数上。影响动频的因素很多，最主要的是离心力、叶片的几何参数等。一般用半经验的数学表达式可以近似地估算某些叶片一阶弯曲振动的动频系数。但高阶的或复杂的振型，很难确定 B 值，只有通过实验直接测定动频。

总之，要准确地确定叶片的振动特性（如振动故障分析），必须在发动机实际工作状态下测定其自振频率（动频）。叶片动频测试方法分调频率法、调速法和脉冲序列测试法等。

a. 调频法

叶片动频测试系统如图 2-110 所示，主要由动力传动系统（电动机、增速器）、试件支承系统（试件、轴承座、真空箱）、激振系统和测试系统等组成。

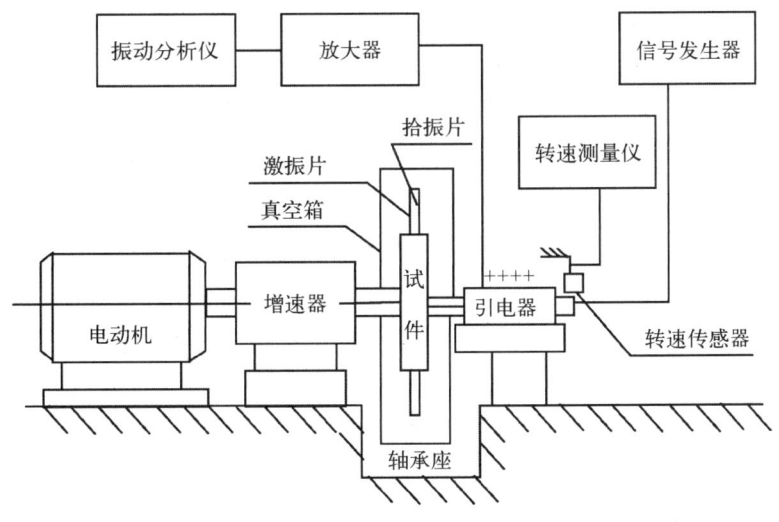

图 2-110 动频测试系统

调频法测动频的原理与静频测试的共振法相类似，所不同的是在旋转状态下达到叶片共振状态，调频法原理如图 2-111 所示。

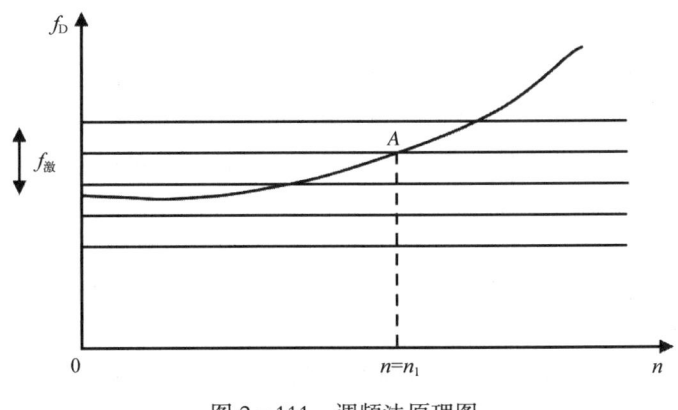

图 2-111 调频法原理图

测量时，先将试件调节到某一恒定的转速下工作，如 $n=n_1$。这时，与该转速相对应的叶片动频已确定了，调节信号发生器的频率，当压电晶体激振片的激振频率与这时的动频相等时，叶片产生共振；通过测试系统判别并记录共振状态，确定叶片动频值，即得到图上点 A。然后再分别调节几个转速，用同样的方法进行测试，就可求得动频曲线。

某发动机导流器叶片的静频 $f=962\ \text{Hz}$，用上述方法测得一阶弯曲的动频如表 2-5 所示。

根据式(2-163)，求得动频系数的平均值 $B=1.16$。

表 2-5 流器叶片一阶弯曲动频

转速 $n/(\text{r/min})$	2 000	3 000	4 000	6 000	7 000	8 000	9 000	10 000	12 000
动频 f_D/Hz	962	964	965	970	972	976	981	992	999

b. 调速法

调速法和调频法一样都是利用共振法测频。所不同的是：调频法是在叶片动频（转速）一定的情况下，调节激振频率使叶片产生共振；而调速法则是激振构造因素 K 不变，调节叶片的动频（即调节转速）使叶片产生共振。另一个不同点是激振方法，调频法用压电晶体片激振，调速法用压缩空气激振。其测试原理如图 2-112 所示。

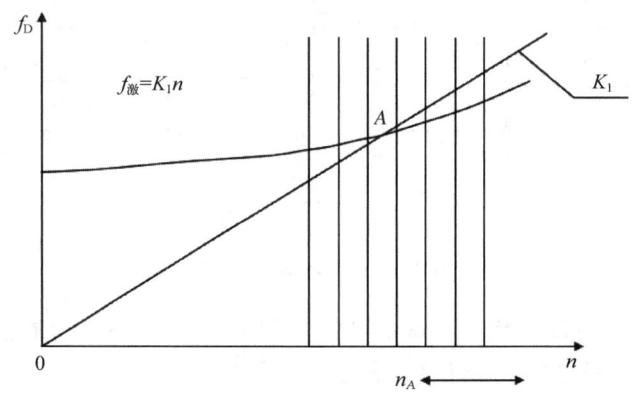

图 2-112 调速法原理图

试验时，选定喷嘴数目 K_1，通过压缩空气对叶片激振。同时，调节试件转速 n，于是激振频率随转速而变（$f_激=K_1 n$ 是斜线），叶片动频 f_D 也随转速而变，调到某个转速 n_A 时，$f_激=f_D$ 叶片发生共振。通过测试系统判别共振状态，并记录此时的转速 n_A，得到叶片的动频 $f_D=K_1 n_A$，即图 2-112 中的点 A。然后改变喷嘴数目 K，用同样的方法进行测试，就可求得动频曲线。

压缩空气激振能量大，可满足多种实验。但无法抽真空，驱动功率很大。

2) 衰减率测量

对数衰减率是表征物体的减振性能和抗振性能。不同的材料振动衰减率是不同的，如复合材料的振动衰减率比钛合金要大 10 倍左右，为了提高叶片的抗振能力，提高振动疲劳寿命,必须研究不同材料,不同结构形式对衰减率的影响,因此测量振动衰减率是一项重要内容。常用的测试方法有自由振动衰减法和半功率点法等。

a. 自由振动衰减法

自由振动衰减法是利用共振法使叶片处于共振状态,然后突然移去激振源,叶片便形成自由衰减振动,衰减过程由示波器记录,衰减波形图如图2-113所示。

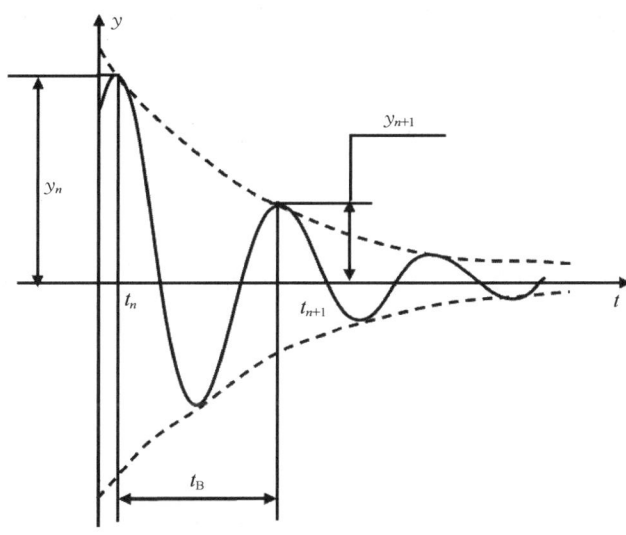

图2-113 自由振动衰减波形

假设到振动峰值 y_n 所经历的时间为 t_n,到下一个峰值所经过的时间为 t_{n+1},相差一个周期,即

$$t_{n+1} = t_n + \frac{2\pi}{\omega} \quad (2-164)$$

由振动理论黏性阻尼自由振动的位移:

$$y = y_0 e^{-\frac{c}{2m}t} \cos \omega t \quad (2-165)$$

两相邻振幅之比:

$$\frac{y_n}{y_{n+1}} = \frac{y_0 e^{-\frac{c}{2m}t_n}}{y_0 e^{-\frac{c}{2m}t_{n+1}}} = e^{\frac{\pi c}{m\omega}} = 常量 \quad (2-166)$$

令 $\delta = \frac{\pi c}{m\omega}$ 则 $\frac{y_n}{y_{n+1}} = e^{\delta}$,两边取自然对数得

$$\delta = \ln \frac{y_n}{y_{n+1}} \quad (2-167)$$

δ 称为对数衰减率,即两个相邻正波峰值比的自然对数。为提高测试精度,往往取 n 个波峰的幅值,即

$$\delta = \frac{1}{n}\ln\frac{y_i}{y_{i+n}} \tag{2-168}$$

显然,对数衰减率 δ 与阻尼系数 c 成正比,与振动体的自振频率 ω 和质量 m 成反比。

b. 半功率点法

半功率点法又称共振峰法或响应曲线法,是根据系统简谐振动的振幅放大因子来推算衰减率。由振动理论,黏性阻尼系统作简谐振动时,振幅放大因子为

$$\beta = y/y_{st} = y/(F_0/K) \tag{2-169}$$

式中,$y_{st} = F_0/K$ 是 $\omega = 0$ 时系统的静位移。由此得到振幅 y 与激振频率 ω 和阻尼比 ξ 的关系如下:

$$y = \frac{y_{st}}{\sqrt{(1-\lambda^2)^2 + (2\xi\lambda)^2}} \tag{2-170}$$

式中,

$$\lambda = \frac{\omega}{\omega_0} = \frac{f}{f_0} \tag{2-171}$$

$$\xi = \frac{c}{2\sqrt{mk}} = \frac{1}{2\pi}\frac{\pi c}{m\sqrt{\frac{k}{m}}} = \frac{1}{2\pi}\frac{\pi c}{m\omega} = \frac{1}{2\pi}\delta \tag{2-172}$$

将式(2-170)的关系绘制成曲线如图 2-114 所示。当 $f = f_0$(即 $\lambda = 1$)时,系统出现共振,振幅最大为

$$y_{max} = \frac{y_{st}}{2\xi} = A_0 \tag{2-173}$$

令 $y_1 = y_{max}/\sqrt{2} = A_0/\sqrt{2}$,作水平线与曲线相交于 B、C。则 B、C 两点称为半功率点。利用 B、C 两点的距离(f_1、f_2)来求衰减率的方法,称为半功率点法。

当 $\xi \ll 1$,即小阻尼时,f_1、f_2 十分接近共振频率 f_0,可认为 $2\xi\lambda_1 \approx 2\xi$。令半功率点之间的频率带宽为 $\Delta f = f_2 - f_1$,$f_0 - f_1 = \Delta f/2$,则有

$$y_1 = \frac{y_{st}}{\sqrt{(1-\lambda^2)^2 + (2\xi\lambda)^2}} \approx \frac{y_{st}}{\sqrt{\left(1-\left(\frac{f_1}{f_0}\right)^2\right)^2 + (2\xi)^2}} = \frac{y_{st}}{\sqrt{\left(\frac{\Delta f}{f_0}\right)^2 + 4\xi^2}}$$

$$\tag{2-174}$$

由式(2-173)和式(2-174)得

$$\frac{y_{max}}{y_1} = \frac{\sqrt{\left(\frac{\Delta f}{f_0}\right)^2 + 4\xi^2}}{2\xi} = \sqrt{2} \tag{2-175}$$

两边平方后整理得

$$2\xi = \frac{f_2 - f_1}{f_0} \tag{2-176}$$

所以,

$$\delta = \pi 2\xi = \pi \frac{f_2 - f_1}{f_0} \tag{2-177}$$

测量时,可利用静频测试系统,调节频率,记录振动响应和频率,绘制成曲线(图2-114)。再根据响应曲线确定共振频率 f_0 及所对应的最大幅值 A_0,然后在纵坐标上截取 $y = A_0/\sqrt{2}$ (即 $0.707 A_0$) 作水平线平行于横坐标,与响应曲线相交 B、C 两点,即半功率点,得到对应的频率 f_1、f_2。最后按式(2-177)计算对数衰减率。

例如,利用半功率点法求得某型发动机高压压气机第 2 级钛合金叶片的对数衰减率 $\delta = 0.0118$。

需要注意的是,半功率点法求对数衰减率仅适用于小阻尼振动系统。

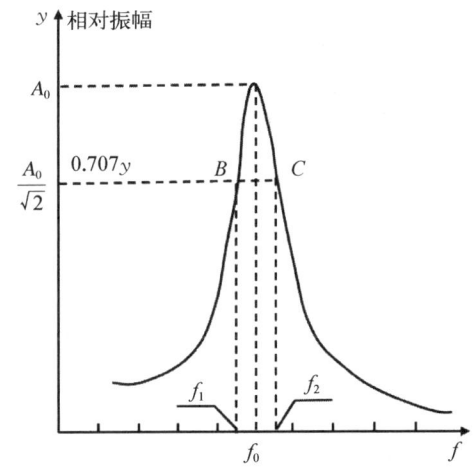

图 2-114 半功率点法测衰减率

2.5.4 旋转件振动测量

旋转状态下工作叶片的振动应力测量也称动态振动应力测量。动态振动应力测试的主要目的是确定叶片在工作转速范围内的应力与转速关系,编制叶片在各种工作状态下的载荷(应力)谱,为判定叶片的寿命和可靠性提供依据。这是发动机研制、生产、排故、定寿和延寿等工作中一项重要的测试项目。另外,严格控制振动应力水平是发动机台架监测中的一项重要内容,若超过规定值应及时报警,以便采取措施保证发动机安全工作。

叶片振动应力的动态测量方法主要有电测法、脉冲调制法、间断相位法(也称为叶尖定时法)、跟踪扫描式激光多普勒测振法和多摄像机组网摄影法等。其中,应变计电测法原理简单、可靠且易定量分析,至今仍然被广泛采用,但是它必须敷设引线和安装引电器,带来很多不便和限制。脉冲调制法、间断相位法、激光多普勒测振法和组网摄影法等均属进于非接触式测量,不需要引电器,但测量技术较复杂,且也受到一定限制,例如,对带冠叶片来说,高阶振型振幅很小,测量非常困难。本书对旋转件的振动测量及其测量方法不做过多介绍,仅供了解。

1. 脉冲调制法

在压气机机匣上装一磁电传感器。当叶片旋转通过传感器时,在传感器中产生一个电脉冲信号,其频率等于同级叶片数 m 和转速 n 的乘积($mn/60$)。若叶片未振动,则各个叶片分别等距离地通过磁电传感器,在示波器屏幕上可以看到等距离的连续脉冲。如果叶片发生振动,则脉冲出现的时间将发生提前或滞后,经过若干转后,这些脉冲位置的变化将趋近于叶尖圆周方向振幅的峰-峰值。

这种方法最适宜用于测量引起灾难性破坏的旋转失速和一阶弯曲颤振时同一级各叶片振幅的分散度;缺点是单个探头不包含频率信息,振型、频率需用别的方法测量。

2. 间断相位法

间断相位法,也称为叶尖定时法,它测量叶片振动参数(振幅、频率、相位、振型等)是建立在测量有关时间间隔的基础上,即把转子叶片叶尖的相对位移转换为传感器脉冲之间的时间间隔。

间断相位法是一种非接触式测量,所测量信号在压气机或涡轮机匣上,正对叶尖处安装一个叶尖定时传感器。转子旋转,叶片端部通过传感器时,可得到叶片的叶尖定时信号。在转子的任何部位上,安装激励器或销钉或齿轮,其销钉数或齿数与所测叶片数量一致。在与激励器相对应的静止机匣上安装一个根部同步传感器,当转子旋转,销钉经过该同步传感器时可获得相等节距的叶根同步信号。转速同步信号,转子每旋转一周产生一个同步脉冲。叶片的相对位置使用转速同步传感器确定。

间断相位法最主要的优点是能够同时测量旋转机械转子上所有工作叶片的振动。而用电阻应变计测量叶片的动应力仅能在某几个叶片上进行,而在很多情况下,整级叶片上的动应力分散度相差可达 6 倍[7]。间断相位法的另一个优点是,试验准备工作很简单,只要在机匣的有关位置上安装传感器即可,不用复杂的引线和测点有限的引电器;不足的是,因间断相位法测量的是叶尖处的振幅位移,随着振动频率和阶数的增高,测试灵敏度会显著下降,影响测量结果。

2.6 小　　结

本章详细介绍了航空动力系统的传感技术,包括温度、压力、流量、应变、振动等物理量的概念、意义和基本测量方法,介绍了上述物理量测量的仪器和传感器的种类及其原理,分析了测量过程中可能存在的误差和传统测量技术的瓶颈问题。部分结论如下。

(1) 温度是一个很重要的物理量。物体的许多物理现象和化学性质都与温度有关,许多生产过程均是在一定的温度范围内进行的。用来量度物体温度高低的标尺称为温度标尺,简称温标。

(2) 目前工程中普遍采用的测温方法和手段包括热电偶温度计、电阻温度计、膨胀式温度计、压力式温度计以及辐射温度计等。对于高温、高速、动态气流的温度测量,还要考虑总温、静温和动温等。

(3) 温差电势是一根导体上因两端温度不同而产生的热电动势。当同一导体的两端温度不同时,高温端的电子由于能量较大而向低温端迁移,从而在高、低温端之间形成一个从高温端指向低温端的静电场,在形成动平衡状态时在导体两端产生一个相应的电位差,该电位差称为温差电势。

(4) 热电偶温度计由热电偶、电测仪表和连接导线组成。热电偶通过将温度信号转变成电信号,便于信号的远传和实现多点切换测量。因此,热电偶测量温度有较高的准确度。

（5）电阻温度计在工业上一般用来测量-200~500℃的温度。电阻温度计由热电阻、显示仪表和连接导线组成，热电阻由电阻体、绝缘管和保护套管等主要部件组成。

思 考 题

2.1 简述热电偶测温的原理和特点。
2.2 热电偶热电势与哪些因素有关？如何对热电偶参考端进行处理？
2.3 热电偶为什么要校正或周期检验？
2.4 比较热电偶和热电阻测温原理、特点和适用领域。
2.5 测量热电阻时，消除导线电阻的影响的方法是什么？
2.6 几只同分度号的热电偶能否串联或并联使用？如能，各有什么特点？
2.7 某锅炉排烟温度在580~670℃，应选用何种热电偶测量？
2.8 进行高流速测量时，流体速度导致测量误差的原因是什么？
2.9 进行高温测量时，温度导致的测量误差的原因是什么？
2.10 进行动态测量时，如何考虑响应速度问题？
2.11 简述单色光学高温计的工作原理，影响其示值准确性的因素有哪些？
2.12 简述红外温度计和红外热像仪的原理。
2.13 红外探测器有哪几类？原理是什么？
2.14 什么是红外测量的大气窗口？
2.15 如某一热电偶在冷接点为0℃时，温度和热电势的关系可用下式表示：

$$t = 15.4E, \quad 0℃ \leq t \leq 50℃$$

$$t = 21.0 + 12.2E, \quad 200℃ \leq t \leq 250℃$$

式中，t 为温度，单位为℃；E 为热电势，单位为mV。

用该热电偶进行排烟温度测量，测量时冷端接点为19.1℃，测得热电势为14.91 mV，试求烟气温度。

2.16 完成以下表格。

热电偶分度号	工作端温度/℃	冷端温度/℃	热电势/mV	热电阻分度号	温度/℃	电阻值/Ω
S	1 360	0	( )	Pt100	( )	80.31
S	( )	0	11.56	Pt100	50	( )
K	750	0	( )	Pt100	( )	270.86
K	( )	0	35.72	Cu50	( )	47.85
K	425	0	( )	Cu50	50	( )
K	600	30	( )	Cu100	( )	90.98
K	( )	500	31.61	Cu100	100	( )
S	1 250	100	( )	Cu100	( )	159.96

2.17 液柱式压力计有哪几种？简述其原理。

2.18 常用的弹性式压力计有哪几种？原理是什么？
2.19 常用弹性元件分别是什么？
2.20 试论述压阻式压力传感器的工作原理、优缺点。
2.21 试论述压电式压力传感器的工作原理、优缺点。
2.22 试论述压力传感器的选用原则。
2.23 校验压力表和压力传感器时，常用的标准压力计有哪几种？
2.24 采用如图1所示U形管压力计测微压，ρ_1为水，若要求p_1-p_2为9.8 Pa时，(h_1+h_2)为40 mm，工作液的ρ应为多少？

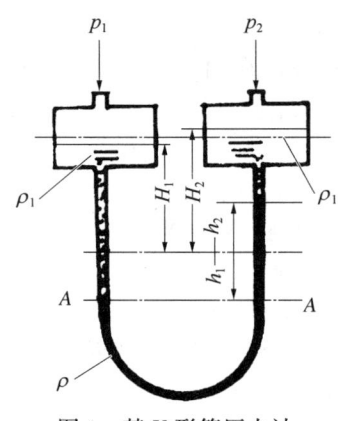

图 1　某 U 形管压力计

2.25 什么是总压探针的不敏感角？不敏感角与什么有关？
2.26 静压测量有几种方法？分别是什么？
2.27 三孔针转动法和不转动法的原理。
2.28 五孔针转动法和不转动法的原理。
2.29 探针使用中的堵塞效应指什么？为什么堵塞效应会造成测量误差？
2.30 分析速度法和容积法测量流量的异同点，并各举一例加以说明。
2.31 国家规定的标准节流装置有哪几种？
2.32 何谓标准节流装置？它对流体种类、流动条件、管道条件和安装等有何要求？为什么？
2.33 试述节流式差压流量计的测量原理。
2.34 试述浮子流量计的基本原理及工作特性。
2.35 浮子流量计在什么情况下对测量值要进行修正，如何修正？
2.36 简述科式流量计的测量原理。
2.37 常见的质量流量计有几种？原理是什么？
2.38 简述电阻应变计的工作原理。
2.39 采用电阻应变计测量应变时，为什么常用电桥来测量？常用电桥有哪几种？各有什么特点？
2.40 常规应变仪有哪几种？各有什么特点？
2.41 非常温环境下测量应变时，应注意些什么？常用温度补偿方法有哪些？
2.42 常用引电器有哪几种？请简述它们的优缺点。
2.43 设计一旋转件上测量应力的系统框图，并加以说明。
2.44 根据幅频特性曲线，说明惯性式位移传感器的工作原理、频响范围、使用特点。
2.45 为什么传感器设计中要引进阻尼？最佳阻尼比取多大？

2.46 何为压电效应?工程中有哪些应用?
2.47 压电加速度计有两种灵敏度,两者之间有什么关系?为什么常用电荷灵敏度?
2.48 说明磁电式速度传感器的工作原理,如何扩大其使用频率范围?
2.49 光纤传感器有哪些特点?
2.50 试述电磁振动台的工作原理及其频率特性。
2.51 比较各种激振器的优缺点及其使用范围。
2.52 何为固有频率、共振频率?有什么特征?如何测定?
2.53 如何判别振型、频率、应力的正负?
2.54 如何测量对数衰减率?半功率点法的应用条件是什么?
2.55 比较转动件各种非接触测量法的特点。

参 考 文 献

[1] 赵琪.1990年国际温标(ITS-90)的实施及其前景[J].自动化仪表,1994(5):4-11,48-49.
[2] 范瑾,田沛,李亮,等.热电偶分度表自动查询系统的设计[J].仪器仪表用户,2007(2),49-51.
[3] 饶芊芊.中小型航空发动机气流温度测量热电偶辐射特性研究[D].上海:上海交通大学,2017.
[4] 陈德勇.微机械谐振梁压力传感器研究[D].北京:中国科学院研究生院(电子学研究所),2002.
[5] 徐国梁.高抗干扰智能型涡街流量计的研究[D].杭州:浙江大学,2003.
[6] 付亚冰.航空发动机和传动系统中电阻应变测试技术应用研究[D].长沙:湖南大学,2013.
[7] 李志华.测振用叶尖定时传感器的设计[D].天津:天津大学,2005.

第 3 章

人工智能技术

【学习要点】

● 掌握：① 人工智能算法的发展；② 人工智能专家系统概念；③ 机器学习和深度学习的概念。

● 熟悉：① 优化问题的基本概念；② 遗传算法、粒子群优化算法、蚁群算法基本内容。

● 了解：① 机器学习主要策略；② 人工智能技术未来的发展方向和趋势。

3.1 人工智能的内涵与外延

人工智能(artifcial intelligence，AI)学科自 1956 年诞生以来，引起众多学科和不同专业背景的学者们以及各国政府和企业家的空前重视，已成为一门具有日臻完善的理论基础、日益广泛的应用领域和广泛交叉的前沿科学[1,2]。从数年前引起热烈讨论的阿尔法狗(AlphaGo)，到 2022 年突然火爆的 ChatGPT，再到最近 OpenAI 推出的 Sora 模型，人工智能迎来了爆发时代。目前，人工智能已经渗透到我们生活的方方面面，如语音输入、文本生成、图像识别、无人驾驶、棋类博弈、智能搜索等，它们以润物细无声的方式，在人类生产生活中发挥着重要的作用[3]。到底什么是人工智能？如何理解人工智能？人工智能研究什么并且在什么领域得到应用？本章将针对这些问题逐一展开讨论。

3.1.1 人工智能算法的发展

自世界上第一台计算机诞生以来，人们一直希望计算机能够具有更加强大的功能。进入 21 世纪之后，计算机在计算能力方面有了大幅提升，并且积累了大量的数据，人们发现人工智能可以使计算机更加智能。图 3-1 展示了人工智能的发展历程，自 1956 年诞生以来，经过近 70 年的发展，取得了重大的进展，期间经历了三次高潮、两次低谷，其最后一次高潮开始于 2006 年并延续至今。而且，大数据、云计算和物联网等新兴科技的发展，正在将人工智能推上新的高峰。

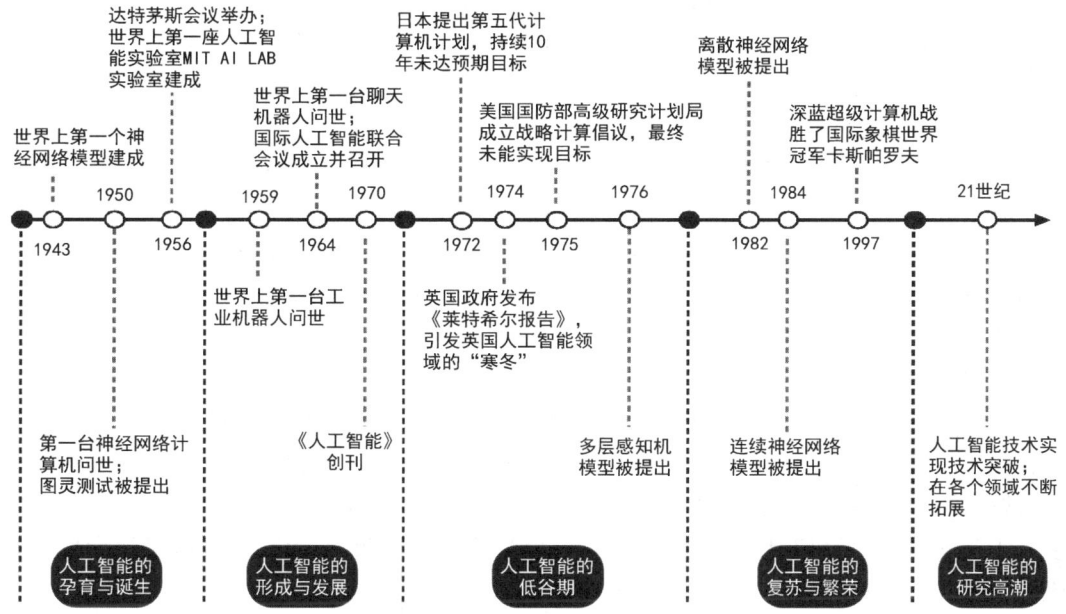

图 3-1 人工智能发展历程

1. 人工智能的孕育与诞生（1956 年以前）

20 世纪 50 年代人工智能兴起，世界上第一个神经网络模型由美国神经生理学家麦卡洛克（McCulloch）和数理逻辑学家皮茨（Pitts）于 1943 年建成，自此开启了人工神经网络时代。随后的 1950 年，"人工智能之父"明斯基（Minsky）建造了世界上第一台神经网络计算机，同年"计算机之父"图灵（Turing）提出了图灵测试，并大胆预言了机器真正具备智能的可行性。1956 年，达特茅斯会议在美国达特茅斯学院举办，会议中正式确立了"人工智能（artificial intelligence，AI）"这一术语，并设立了人工智能的目标，这是人类历史上第一次人工智能研讨会。会后不久，麦卡锡与明斯基共同创建了世界上第一座人工智能实验室——MIT AI LAB 实验室。

2. 人工智能的形成与发展（1956~1970 年）

20 世纪 60 年代人工智能开始发展，自达特茅斯会议之后的 10 多年间，人工智能的研究取得了许多引人注目的成就。1959 年，乔治·德沃尔和约瑟·英格柏格发明了世界上第一台工业机器人，命名为 Unimate（尤尼梅特），意思是"万能自动"。1964 年，美国计算机科学家约瑟夫·魏泽堡开发出首台聊天机器人，开启了自然语言处理研究的新篇章。1959 年，国际人工智能联合会议（International Joint Conference on AI, IJCAI）成立并每两年召开一次，标志着人工智能已经得到了世界的肯定。1970 年，《人工智能》（*International Journal of AI*）创刊，这些事件表明人工智能已成为一门独立的学科[4]。

3. 人工智能的低谷期（1970~1990 年）

20 世纪 70 年代人工智能进入低谷期，初期的顺利发展拔高了人们对人工智能的期望，但随着任务的复杂化和规模的扩大，人工智能系统暴露出了诸多的问题和局限性。1972 年，日本提出第五代计算机计划，但持续十年都未达到预期目标；1974 年，英国政府发布《莱特希尔(Lighthill)报告》，引发了英国人工智能领域的"寒冬"；1975年，美国国防部高级研究计划局(Defense Advanced Research Projects Agency，DARPA)成立了战略计算倡议(Strategic Computing Initiative，SCI)，旨在开发具有自主学习和推理能力的军事应用系统，但最终未能实现目标；1976年，罗森布拉特和希尔伯特提出了多层感知机(multilayer perceptron，MLP)模型，并证明了它可以逼近任意连续函数，却由于缺少有效训练算法没有引起足够关注。这些瓶颈的产生，暴露出来当时人工智能的两大缺陷：① 计算机性能不足；② 数据严重缺失，导致20世纪70年代后人工智能发展进入了低谷瓶颈期，促使研究者们对已有的人工智能和专家系统思想和方法进行反思。最终，不同人工智能学派之间的争论推动了人工智能的进一步发展。

4. 人工智能的复苏与繁荣(1990~2010年)

20世纪90年代到21世纪初期，人工智能逐渐复苏并飞速发展。随着计算机和网络技术的发展，人工智能重新得到关注，并出现了有别于传统人工智能的智能计算理论和方法，被称为计算智能。计算智能弥补了传统AI缺乏数学理论和计算的不足，更新并丰富了人工智能的理论框架，使人工智能进入一个新的发展时期，在此期间取得了两大标志性成果：机器学习的兴起和神经网络的复苏。

5. 人工智能的研究高潮(21世纪初至今)

21世纪以后，人工智能再次出现新的研究高潮。互联网的普及为人工智能研究提供了丰富的数据资源，大数据技术的发展为人工智能研究提供了新的机遇，许多人工智能技术实现了从"不能用、不好用"到"可以用"的技术突破，迎来爆发式增长的新高潮。深度学习的出现使得神经网络出现突破性进展，这一时期人工智能发展的里程碑事件包括人脸识别技术的普及应用、AlphaGo战胜人类围棋冠军等。近年来，自动驾驶、智能家居、智能医疗、金融科技等新兴领域纷纷涌现，人工智能在各个领域的应用不断拓展，逐渐成为推动社会进步的重要力量。

3.1.2 人工智能的定义

达特茅斯会议的发起建议书中对于人工智能的预期目标的设想是"制造一台机器，该机器可以模拟学习或者智能的所有方面"。该预期目标也曾经被当作人工智能的定义使用，对人工智能的发展起到举足轻重的作用。到目前为止，由于人工智能的严格定义依赖对智能的定义，而智能本身也还无严格定义，因此，人工智能也还没有一个标准的形式化定义。人工智能一般的解释就是用人工的方法在机器(计算机)上实现的智能或机器智能。

从学科的角度来说，人工智能是一门研究如何构造智能机器或智能系统，使之能模拟、延伸、扩展人类智能的学科。从智能能力的角度来说，人工智能是智能机器所执行的通常与人类智能有关的智能行为，如判断、推理、证明、识别、感知、理解、通信、设计、思考、规划、学习和问题求解等思维活动。

人工智能学科的基本思想和基本内容，即是研究人类智能活动的规律，构造具有一定智能的人工系统，研究如何让计算机完成以往需要人的智力才能胜任的工作，也就是研究如何应用计算机的软硬件来模拟人类某些智能行为的基本理论、方法和技术。

3.1.3 人工智能研究目标及内容

人工智能诞生之初的目的是,研究开发能够模拟、延伸和扩展人类智能的理论、方法、技术及应用系统的一门新的技术科学,研究领域分别为促使智能机器进行视(图像识别、文字识别等)、听(语音识别、机器翻译等)、说(语音合成、人机对话等)、想(人机对弈、定理证明等)、学(机器学习、知识表示等)、动(机器人、自动驾驶汽车等)等细分方向。

1. 人工智能的研究目标

人工智能的研究目标可分为近期研究目标和远期研究目标两种。

1) 近期研究目标

人工智能的近期研究目标是建造智能计算机以代替人类的某些智力活动。通俗地说,就是使现有的计算机更聪明和更有用,使它不仅能够进行一般的数值计算和非数值信息的数据处理,而且能够使用知识和计算智能,模拟人类的部分智力功能,解决传统方法无法处理的问题。为了实现这个近期目标,就需要研究开发能够模仿人类的这些智力活动的相关理论、技术和方法,建立相应的人工智能系统。

2) 远期研究目标

人工智能的远期研究目标是用计算机模仿人类的思维活动和智力功能,也就是说要建造能够实现人类思维活动和智力功能的智能系统,要最大限度地发挥计算机的灵巧性,使计算机能够模拟人脑,于机器上实现视、听、想、学、模仿、执行命令甚至出谋献策及创新等。实现这一宏伟目标还任重道远,这不仅是由于当前的人工智能技术远未达到应有的高度,而且还由于人类对自身的思维活动过程和各种智力行为的机理还知之甚少,我们还不知道要模仿问题的本质和机制。

2. 人工智能的研究内容

人工智能中的"智能"具有四个特征:感知能力、记忆和思维能力、学习和自适应能力、行为能力。总体来说,智能是一种能够认识客观事物和运用知识解决问题的综合能力,而这种能力就是各个科学领域中的"知识",以及交叉学科的实际灵活应用。人工智能学科有着十分广泛和极其丰富的研究内容,不同的人工智能研究者从不同的角度对人工智能的研究内容进行分类,下面仅列出部分具有普遍意义的人工智能研究内容,如图3-2所示。

人工智能发展史是一部充满挑战与创新的历程。从最初的逻辑推理、专家系统,到如今的深度学习、大数据,人工智能技术不断突破传统边界,为人类社会带来了前所未有的变革。然而,人工智能的发展也面临着伦理、法律和政策等多方面的挑战。各国政府也开始关注人工智能政策,以引导和规范人工智能技术的发展。未来人工智能研究将继续致力于解决这些挑战,为人类创造更加美好的未来。

3.2 智能优化算法

3.2.1 智能优化算法与人工智能

智能优化算法是人工智能的继承和发展,受人类智能、生物群体社会性及自然现象规

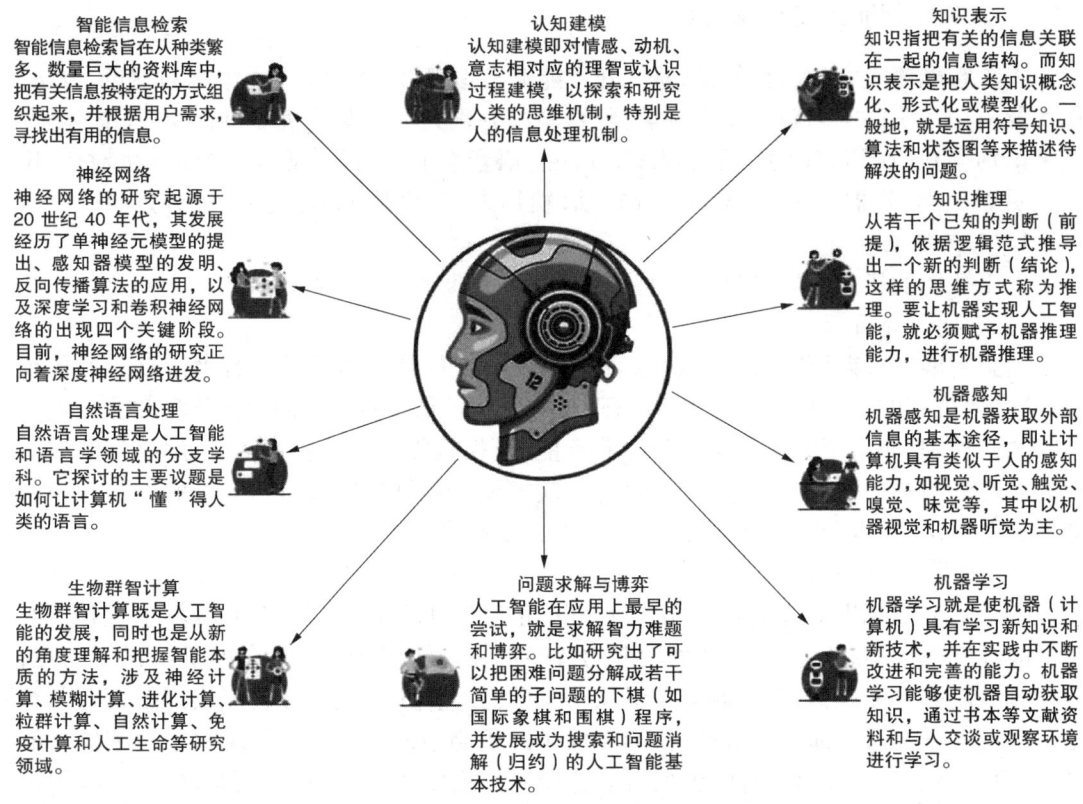

图 3-2 人工智能的研究内容

律的启发,人们根据其原理模仿设计了很多智能优化算法,涉及神经计算、模糊计算、进化计算、粒子群计算、免疫计算、蚁群算法、鱼群算法和生命周期群搜索优化计算等领域,它的研究和发展反映了当代科学技术多学科交叉与集成的重要发展趋势[5]。

随着人们对自然界和社会认知的不断发展,智能优化算法不断改进,衍生出众多方法,目前共有将近 100 个生物群智能优化算法,内容涵盖了分子、细胞、免疫、进化、种群、神经系统等多个层次的模拟。由于篇幅限制,本节主要介绍工程上最常用的遗传进化算法、粒子群优化算法及蚁群算法。

3.2.2 遗传算法

遗传算法(genetic algorithm, GA)起源可追溯到 20 世纪 60 年代初期,是模拟达尔文生物进化论中遗传学机理和自然选择的计算方法。1967 年,美国密歇根大学 J.Holland 教授的学生 Bagley 在他的博士论文中首次提出了遗传算法这一术语,并讨论了遗传算法在博弈中的应用,但早期研究缺乏带有指导性的理论和计算工具的开拓。1975 年,Holland 等提出了对遗传算法理论研究极为重要的模式理论,出版了专著《自然系统和人工系统的适配》(*Adaptation in Natural and Artificial Systems*)[6],在书中系统阐述了遗传算法的基本理论和方法,推动了遗传算法的发展。20 世纪 80 年代后,遗传算法进入兴盛发展时期,被广泛应用于自动控制、生产计划、图像处理、机器人等研究领域。

GA 是基于进化论思想和遗传学说的一种高度并行、随机和自适应搜索算法,它将问题的求解表示成"染色体"的适者生存过程,通过"染色体"群一代代地不断进化,最终收敛到"最适应环境"的个体,从而求得问题的最优解或满意解。由于 GA 在编码技术和遗传操作方面比较简单,优化过程也不受限制性条件的约束,成为了目前应用最为广泛,也是最有效的求解方法之一。

1. 遗传算法的框架及流程

遗传算法基于群体迭代进化的思想,多点同时进行搜索最优解,这些点称为个体,所有的个体则构成了一个群体,即种群。算法从选定的初始群体出发,通过交叉、变异及选择等遗传算子,不断迭代逐步改进当前群体的适应度值,直至最后收敛于全局最优解或满意解。遗传算法求解优化问题的整体流程框架如图 3-3 所示。

在进化迭代过程中,首先应将待求问题编码为染色体个体,随机产生一个包含 N 个个体的初代种群;接着,通过选择算子从群体中选择某些个体组成父代个体集,然后利用交叉算子和变异算子对父代个体集进行相关操作,产生子代个体集;最后,通过选择优良个体替换旧的群体,得到下一代种群。其中,初始群体一般在搜索空间中随机产生,交叉算子和变异算子用于发现新的候选解,选择算子和替换算子则用于确定群体的进化方向。

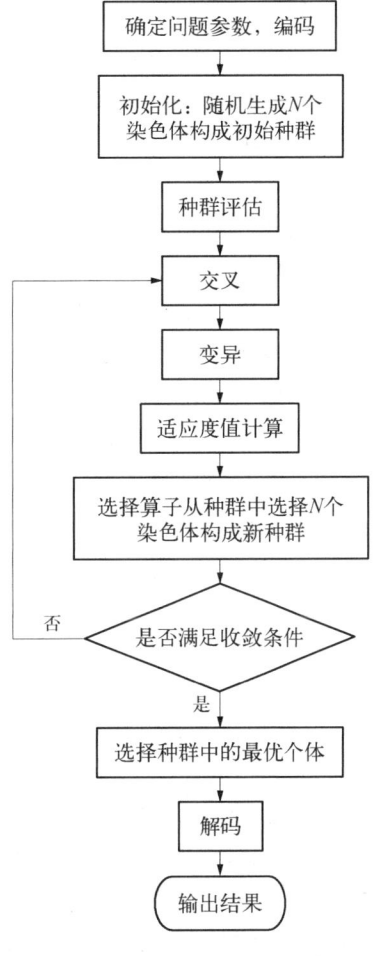

图 3-3 遗传算法流程框架

1) 编码与解码

由于遗传算法不能直接处理问题空间的参数,因此必须通过编码将待求解的问题表示成遗传空间的染色体或者个体。编码技术须考虑染色体的拉马克(Lamarckian)特性、解码的复杂性、编码的空间特性和存储量的需求。

a. 二进制编码

二进制编码用若干二进制数表示一个个体,将原问题的解空间映射到位串空间 $B = \{0,1\}$ 上,然后在位串空间上进行遗传操作。二进制编码类似于生物染色体的组成,从而使算法易于用生物遗传理论来解释,并使得遗传操作(如交叉、变异等)很容易实现。但在求解高维优化问题时,二进制编码串非常长,从而使算法的搜索效率很低。

b. 实数编码

为克服二进制编码的缺点,针对问题变量是实向量的情形,可以直接采用实数编码。实数编码则是用若干实数表示一个个体,然后在实数空间上进行遗传操作。采用实数编码不必进行数制转换,可直接在解的表现型上进行遗传操作,从而可引入与问题领域相关的启发式信息来增加算法的搜索能力。近年来,遗传算法在求解高维或复杂优化问题时一般使用实数编码。

解码是编码的逆过程,将遗传算法所搜索到的最优个体的染色体,转换为待求问题的实际最优解。一般根据编码方式确定解码规则,将染色体个体的编码数字转化为待求问题的实际取值。

2) 选择算子

选择算子模拟自然界"优胜劣汰,适者生存"的思想,其目的是把优秀的个体(或解)直接遗传到下一代或通过配对交叉产生新的个体再遗传到下一代。

选择操作是建立在群体中个体的适应度评估基础上的。生物学家使用适应度这个术语来度量某个物种对于生存环境的适应程度。对生存环境适应程度较高的物种将获得更多的繁殖机会,而对生存环境适应程度较低的物种,其繁殖机会就会相对较少,甚至逐渐灭绝。在遗传算法中,一般通过适应度函数来衡量某一个体的适应度高低,最直观的方法就是直接将待求解优化问题的目标函数作为适应度函数,根据目标函数是否为最大化问题和最小化问题,适应度函数的取值分别如式(3-1)和式(3-2):

$$\text{Fit}[f(x)] = f(x) \qquad (3-1)$$

$$\text{Fit}[f(x)] = \frac{1}{f(x)} \qquad (3-2)$$

目前常用的选择算子有轮盘赌选择(roulette wheel selection)和联赛选择(tournament selection)。轮盘赌选择策略在遗传算法中应用最多,其原理为先按个体的选择概率产生一个轮盘,轮盘每个区的角度与个体的选择概率成比例,然后产生一个随机数,根据其落入轮盘的区域选择相应的个体交叉;锦标赛选择方法则是从群体中随机选择 k 个个体(k 称为竞赛规模),将其中适应度最高的个体保存到下一代,并将这一过程反复执行,直到保存到下一代的个体数达到预先设定的数量位置。

3) 交叉算子

在遗传算法中,交叉算子通过个体之间的信息交换来模仿自然界中的交配过程。所谓交叉(crossover)是指以一定概率把两个父代个体的部分结构,加以替换重组而产生新个体,这个过程也可以称为重组(recombination),但交叉得到的后代并不能确保一定可以继承上一代的优良基因,甚至会不能再复制自己,难以生存。

常用的交叉方法有单点交叉(single-point crossover)、多点交叉(multiple-point crossover)、均匀交叉(uniform crossover)、洗牌交叉(shuffle crossover)和缩小代理交叉(crossover with reduced surrogate),也包括离散重组(discrete recombination)、中间重组(intermediate recombination)、线性重组(linear recombination)、扩展线性重组(extended linear recombination)等重组手段。其中,单点交叉与均匀交叉最为常见。

单点交叉通过选取两条染色体,随机选择一个交叉点 CPoint,接着在[0,1]之间随机产生一个均匀分布的随机数 rand,如果 rand 小于交叉概率 pc,则将这两个个体位于交叉点右半部分的信息进行交换,从而得到两个不同的子染色体,如图 3-4 所示。单点交叉是经典的交叉形式,与多点交叉或均匀交叉相比,它交叉混合的速度较慢(因为将染色体分成两段进行交叉,这种方式交叉粒度较大),然而对于选取交叉点位置具有一定内在含义的问题而言,单点交叉可以造成更小的破坏。

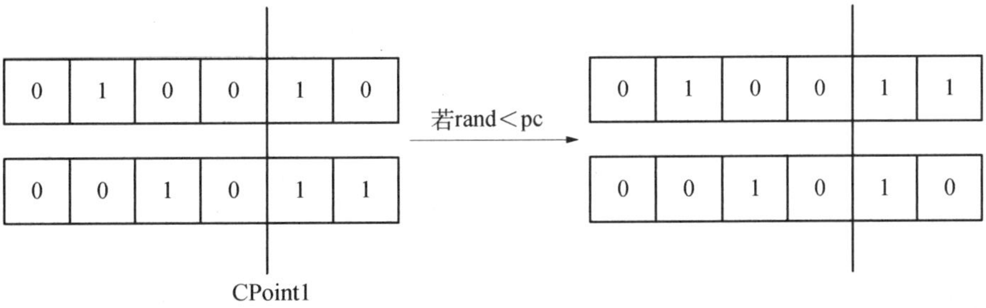

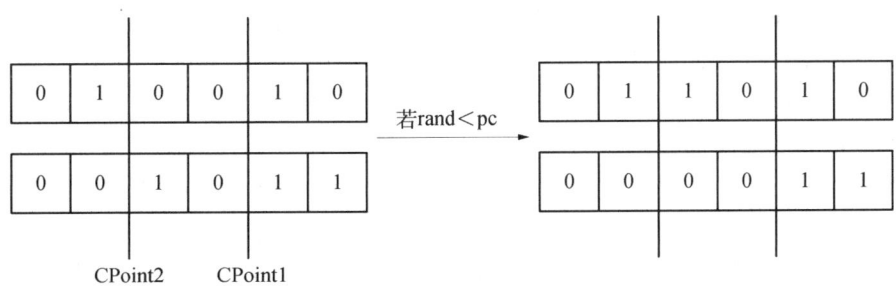

图 3-4 单点交叉示意图

两点交叉与单点交叉类似,只不过需要选择两个交叉点,如图 3-5 所示。在相互配对的两个个体编码串中随机设置两个交叉点,当生成的随机数 rand 小于交叉概率 pc 时,交换两个个体在所设定的两个交叉点之间的部分染色体。

图 3-5 两点交叉示意图

4) 变异算子

遗传算法的变异算子旨在模仿生物界的基因突变过程。变异算子对执行完交叉操作后的群体中的每个个体以一定概率执行变异操作。其作用是对群体中某些染色体上的基因值进行变动,以增加种群的多样性。变异算子一般包括以下类型。

(1) 位点变异:在个体码串随机挑选一个或多个基因座,并对这些基因座的基因值以变异概率作变动。对于二进制编码的个体来说,若某位原为 0,则通过变异操作变成了 1,反之亦然,如图 3-6 所示。对于整数编码,被选择的基因变为以概率选择的其他基因。为了消除非法性,再将其他基因所在基因座上的基因变为被选择的基因。

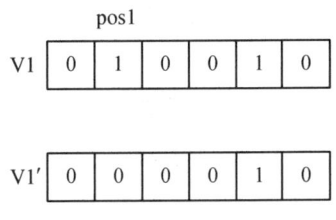

图 3-6 位点变异示意图

(2) 逆转变异:在个体码串中随机选择两点(称为逆转点),然后将两个逆转点的基因值以逆向排序插入到原位置中,如图 3-7 所示。

(3) 插入变异:根据插入顺序的不同分为前插入变异和后插入变异。对于前插入变异算子,其具体操作思路是随机选择两个不同的基因位置点 pos1 和 pos2,将 pos2 位置上的基因插入到 pos1 前面,pos1 以及 pos1 和 pos2 之间的基因往后顺移一位。插入变异操作如图 3-8 所示。

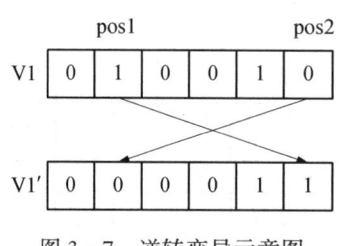
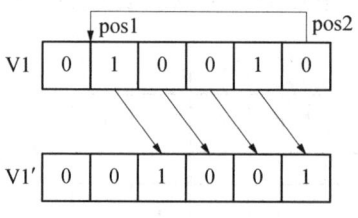

图 3-7 逆转变异示意图　　图 3-8 插入变异示意图

在遗传算法中,变异属于辅助性的搜索操作。变异概率一般不能大,以防止群体中重要的、单一的基因被丢失。事实上,变异概率太大将使遗传算法趋于纯粹的随机搜索。

2. 遗传算法的框架及流程

遗传算法是一种模拟自然选择和遗传机制的优化搜索算法,具有以下特点。

(1) 群体搜索：遗传算法从一组初始解(称为种群)开始搜索,而不是单个解,这种搜索方式覆盖面广,有利于全局寻优。

(2) 适应度驱动：算法仅使用适应度函数来评估解的质量,而不是搜索空间的知识或其他辅助信息,这使得适应度函数定义灵活,不受连续可微约束。

(3) 概率性搜索：遗传算法采用概率规则来指导搜索方向,而非确定性规则,增加了算法的灵活性和避免局部最优解的能力。

(4) 并行性：遗传算法天然具有隐含的并行性,可以通过并行评估种群中的多个个体来提高搜索效率。

(5) 自组织、自适应性：算法能够根据进化过程自动调整搜索策略,如交叉率和变异率,以适应不同的搜索环境。

此外,遗传算法的缺点包括可能陷入局部最优、搜索空间易受限、收敛速度慢、控制变量多且终止条件不易确定,对算法的精度、可行性及复杂度方面还没有有效的定量分析方法。

由于遗传算法的整体搜索策略和优化搜索方法在计算时不依赖于梯度信息或其他辅助知识,而只需要影响搜索方向的目标函数和相应的适应度函数,所以遗传算法提供了一种求解复杂系统问题的通用框架,它不依赖于问题的具体领域,对问题的种类有很强的鲁棒性,所以广泛应用于许多学科,尤其是在函数优化、组合优化、车间调度问题、机器学习以及信号处理等领域。

3.2.3 粒子群优化算法

自然界中很多生物以社会群居的形式生活在一起,如鸟群、鱼群、蚁群、人群等。受群体运动行为模拟的启发,研究人员提出了大量的群智能系统,其中以粒子群优化算法(particle swarm optimization,PSO)和蚁群算法(ant colony optimization,ACO)最具代表性。粒子群概念的最初含义是通过图形来模拟鸟群优美和不可预测的舞蹈动作,发现鸟群具有支配同步飞行和以最佳队形突然改变飞行方向并重新编队的能力。1995 年美国普渡大学的 Kennedy 和 Eberhart 受到鸟类群体行为的启发,提出一种仿生全局优化算法,即粒子群算法。该算法的核心思想是利用群体中个体对信息的共享,使整个群体的运动在问题求解空间中产生从无序到有序的演化过程,从而获得待求问题的最优解。

1. 粒子群算法和遗传算法的异同

粒子群算法与遗传算法本质上都是一种群智能算法,都是受自然现象的启发,并基于抽取出的简单自然规则而发展出的计算模型。但遗传算法强调以种群的达尔文主义进化模型为基础,而粒子群算法、蚁群算法等群智能优化方法则注重对群体中个体之间相互作用与分布式协同的模拟。

粒子群优化算法与遗传算法都力图在自然特性的基础上模拟个体种群的适应性,均采用概率变换规则通过搜索空间求解。然而,与遗传算法不同的是,粒子群优化拥有存储器,从而使粒子始终保留它们自身及其邻域的最优解,对调整粒子位置起到重要作用。

此外,虽然这两种算法都是建立在适应性的基础上,但是粒子群的优化是通过向同等的粒子学习,由同等粒子间的社会交互作用来带动搜索过程,而遗传算法的进化过程主要通过遗传重组和变异实现。

2. 粒子群优化算法的基本原理

粒群优化算法将群体中的每个个体看作 n 维搜索空间中一个没有体积、没有质量的粒子,粒子在搜索空间中以一定的速度飞行,优化问题中的待求解就是鸟群所要寻找的食物源。在寻找最优解的过程中,每个粒子都存在个体行为和群体行为。每个粒子都会学习同伴的飞行经验和借鉴自己的飞行经验去寻找最优解。每个粒子都会向两个值学习,一个值是个体的历史最优值 Pbest;另一个值是群体的历史最优值(全局最优值)Gbest。粒子会根据这两个值来调整自身的速度和位置,而每个位置的优劣都是根据适应度值来确定的,适应度函数是优化的目标函数。通过群体中粒子间的合作与竞争产生的群体智能指导优化搜索。

3. 粒子群算法的框架及流程

粒子群优化算法的包括以下流程。

(1)初始化阶段:设置算法中涉及的各参数的取值。例如:粒子群的初始速度与位置、位置边界范围与速度边界范围以及算法最大迭代次数等。

(2)存储最优位置:根据适应度函数计算适应度值,存储当前粒子群历史最优位置 Pbest 和全局最优位置 Gbest。

(3)循环阶段:利用速度更新公式对粒子群的速度进行更新,并对越界的速度进行约束;利用位置更新公式对粒子群的位置进行更新,并对越界的位置进行约束。

(4)粒子群更新阶段:对于每个粒子,计算其适应度值,将其适应度值与它的历史最优适应度值相比较,若更好,则将其作为历史最优值 Pbest;同时,比较其适应度值和群体所经历的最优位置的适应度值,若更好,将其作为全局最优值 Gbest。

(5)收敛阶段:判断是否达到结束条件(达到最大迭代次数),若达到,则输出最优位置,否则继续进入循环阶段。

粒子群算法步骤如图 3-9 所示,具体如下。

1)粒子位置和速度初始化

在一个 D 维的目标搜索空间中,由 N 个粒子组成一个粒子群,其中每个粒子都是一

个 D 维向量,其空间位置可以表示为

$$x_i = (x_{i1}, x_{i2}, \cdots, x_{iD}), i = 1, 2, \cdots, N \quad (3-3)$$

粒子的空间位置是目标优化问题中的一个解,将其代入适应度函数可以计算出适应度值,根据适应度值的大小衡量粒子的优劣。第 i 个粒子的飞行速度也是一个 D 维向量,记为

$$v_i = (v_{i1}, v_{i2}, \cdots, v_{iD}), i = 1, 2, \cdots, N \quad (3-4)$$

2) 个体历史最优值和全局最优值的计算

第 i 个粒子经历过的具有最优适应度值的位置称为个体历史最优位置,记为

$$\text{Pbest}_i = (\text{Pbest}_{i1}, \text{Pbest}_{i2}, \cdots, \text{Pbest}_{iD}), i = 1, 2, \cdots, N \quad (3-5)$$

整个粒子群经历过的最优位置称为全局历史最优位置,记为

$$\text{Gbest}_i = (\text{Gbest}_{i1}, \text{Gbest}_{i2}, \cdots, \text{Gbest}_{iD}), i = 1, 2, \cdots, N \quad (3-6)$$

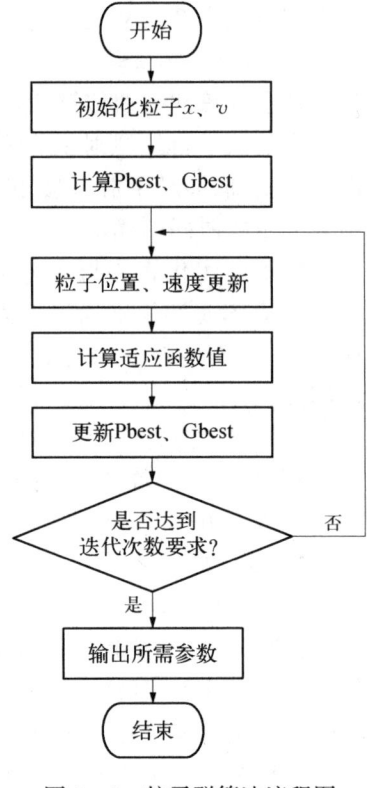

图 3-9 粒子群算法流程图

3) 粒子群的速度和位置更新公式

粒子群的位置更新操作可用速度更新和位置更新表示。

速度更新为

$$v_{ij}(t+1) = v_{ij}(t) + c_1 r_1 [\text{Pbest}_{ij}(t) - x_{ij}(t)] + c_2 r_2 [\text{Gbest}_{ij}(t) - x_{ij}(t)] \quad (3-7)$$

位置更新为

$$x_{ij}(t+1) = x_{ij}(t) + v_{ij}(t+1) \quad (3-8)$$

式中,下标 i 表示第 i 个粒子;下标 j 表示粒子的第 j 维;t 表示当前迭代次数;c_1 与 c_2 均为加速常量,通常在区间 (0,2) 内取值;r_1 与 r_2 为两个相互独立的取值范围在 [0,1] 的随机数。

在粒子群算法中,c_1 与 c_2 是两个重要的参数,它们分别表示粒子群算法的加速常数和惯性权重。这两个参数在算法过程中对粒子的移动起到调节的作用,从而影响算法的搜索性能。其中,c_1 决定粒子在搜索过程中速度的更新程度,而 c_2 决定了粒子在搜索过程中的全局搜索能力。c_1 与 c_2 将粒子向个体学习和向群体学习联合起来,使得粒子能够借鉴自身的搜索经验和群体的搜索经验,促使算法在搜索空间快速收敛到最优解。

3.2.4 蚁群优化算法

蚁群算法(又称为人工蚁群算法)是受到对真实蚁群行为研究的启发而提出的。1992年,意大利学者多里戈(M.Dorigo)等人进行了真实蚁群寻找食物的实验,总结了蚁群搜索与相互协作的机制,在他的博士论文中提出了蚁群算法。1999年,里戈和迪卡罗(G. DiCaro)给出了蚁群算法的一个通用框架,对蚁群算法的发展具有重要意义。同年,马尼佐(V. Maniezzo)和科洛龙(A.Colorni)从生物进化和仿生学角度出发研究蚂蚁寻找路径的自然行为,并用该方法求解旅行商问题(travelling salesman problem,TSP)问题、二次分配问题和作业调度题等,取得了较好的结果。蚁群算法已显示出它在求解复杂优化问题,特别是离散优化问题方面的优势,是一种很有发展前景的计算智能方法。

1. 蚁群算法原理

蚁群算法思想借鉴于生物学,人们发现蚂蚁在寻觅食物并搬运的过程中,总能找到相应的优选路径,并且很少出现搬运拥塞的现象。经过进一步研究发现,当搜索食物源时,蚂蚁最初是在蚁穴附近随机探索,一旦找到食物源就在返回的途中释放一种称为信息素(pheromone)的化学物质,释放的信息素量与食物质量信息相关。众多寻找食物的蚂蚁在许多条路径上都留下了信息素,这样当一只在寻找食物源的蚂蚁遇到信息素时,它就会以相对较大的概率选择信息素浓度较高的路径,从而形成了一个正反馈机制,如图3-10所示。由于蚂蚁在较短路径往返时间较短,所以信息素积累得快且挥发少。因此留下的信息素浓度就相对较高,而其他的路径上的信息素浓度却随着时间的流逝而逐渐消减。这样一段时间后,最终整个蚁群便能寻找到食物源与巢穴之间的一条最短路径。

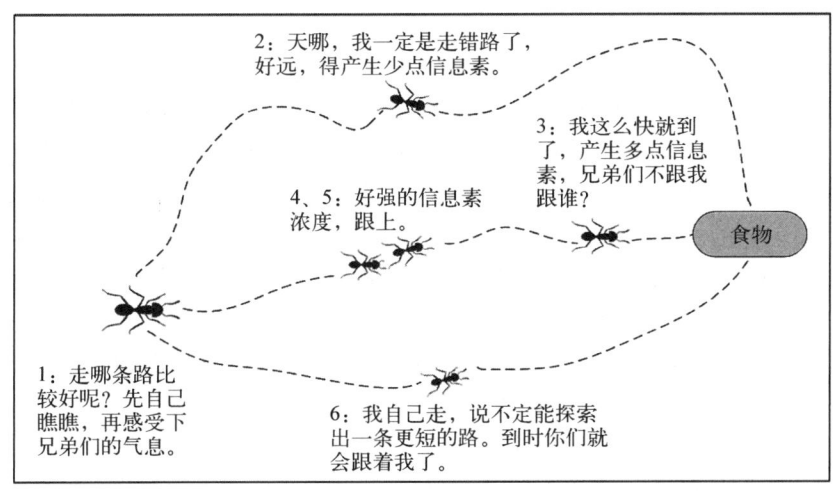

图3-10 蚁群算法示意图

2. 蚁群优化算法流程与步骤

设 m 为蚂蚁的数目,n 表示待求问题的规模,即节点数目。$\tau_{i,j}(t)$ 表示 t 时刻在路段 (i,j) 上的信息素量。禁忌表 $tabu_k(k=1,2,\cdots,m)$ 用来记录蚂蚁 k 当前已经走过的节点的集合。则在 t 时刻蚂蚁 k 从节点 i 向节点 j 移动的概率为

$$P_{i,j}^k(t) = \begin{cases} \dfrac{[\tau_{i,j}(t)]^\alpha \cdot [\eta_{i,j}(t)]^\beta}{\sum s \in A_k [\tau_{i,j}(t)]^\alpha \cdot [\eta_{i,j}(t)]^\beta}, & j \in A_k \\ 0, & \text{其他} \end{cases} \quad (3-9)$$

式中，A_k 表示第 k 只蚂蚁允许访问的节点集合；α 和 β 分别表示信息素浓度和启发值两者之间的重要程度；$\eta_{i,j}$ 表示由节点 i 移动到节点 j 的期望程度；当所有蚂蚁完成一次循环后，信息素有增加也有挥发，因此信息素强度需要调整。设信息素挥发系数 $\rho \in (0,1]$，每次循环后路段 (i,j) 上信息素强度更新为

$$\tau_{i,j}(t+1) = (1-\rho)\tau_{i,j}(t) + \sum_{k=1}^{m} \Delta\tau_{i,j}^{(k)}(t) \quad (3-10)$$

式中，$\Delta\tau_{i,j}^{(k)}(t)$ 表示第 k 只蚂蚁在本次循环中留在路段 (i,j) 上的信息素。

基本的蚁群算法实现步骤如下。

(1) 初始化：令当前循环次数 $N_c=0$，时间 $t=0$，初始化信息素浓度 α、启发值 β 以及最大循环次数 $N_{c,\max}$ 等参数；令各路径上的初始化信息素量 $T_{i,j}(0)$ 为一常量，信息素增量 $\Delta T_{i,j}(t)=0$；将 m 只蚂蚁置于 n 个节点上。

(2) 迭代循环阶段：如果 $N_c < N_{c,\max}$，则循环继续，每只蚂蚁 k 按移动概率公式 (3-9) 移动至下一个顶点 j；否则结束循环，进入步骤(6)。

(3) 更新禁忌表：将每只蚂蚁上一步走过的节点添加到该蚂蚁的禁忌表中。

(4) 根据式(3-8)更新每条路径上的信息素量。

(5) $N_c = N_{c+1}$，返回到步骤(2)。

(6) 算法终止并输出最短路径。

3. 蚁群算法参数选择

蚁群算法中相关参数的不同选择对蚁群算法的性能有至关重要的影响，但目前其选取的方法和原则尚没有理论依据，通常都是根据经验而定。例如，信息素启发因子 α 的大小反映了蚁群在路径搜索中随机性因素作用的强度，其值越大，蚂蚁选择以前走过的路径的可能性越大，搜索的随机性减弱；当 α 过大时，会使蚁群的搜索过早陷于局部最优。期望值启发式因子 β 的大小则反映了蚁群在路径搜索中先验性、确定性因素作用的强度，其值越大，蚂蚁在某个局部点上选择局部最短路径的可能性就越大，虽然搜索的收敛速度得以加快，但蚁群在最优路径的搜索过程中随机性减弱，容易陷入局部最优。

蚁群算法的全局寻优性能，首先要求蚁群的搜索过程必须有很强的随机性；而蚁群算法的快速收敛性，又要求蚁群的搜索过程必须要有较高的确定性。因此，α 和 β 对蚁群算法性能的影响和作用是相互配合、密切相关的。根据经验，α 取值范围为 $[1,4]$，β 取值范围为 $[3,5]$ 时，蚁群算法的综合求解性能较好。

3.3 机器学习

3.3.1 机器学习的起源发展

机器学习的发展和人工智能的发展是密不可分的，机器学习是人工智能研究发展到

一定阶段的必然产物[7]，机器学习的发展历程如图 3-11 所示。

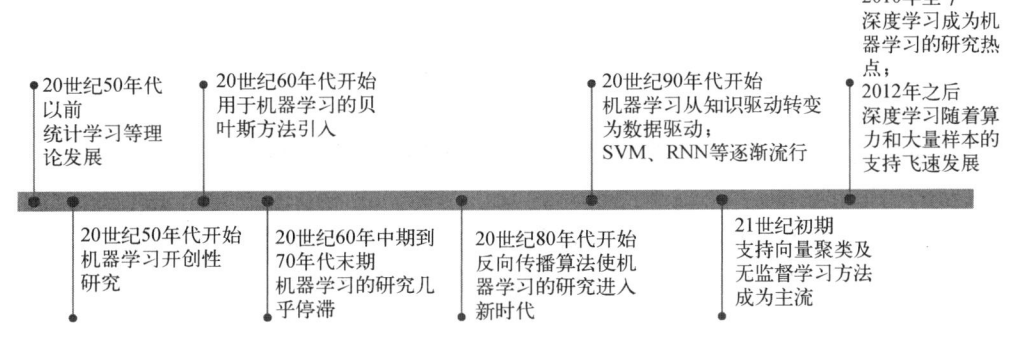

图 3-11 机器学习发展历程

早在 20 世纪 50 年代之前，一些统计学家就在研究判别模型，为统计学习理论的后续发展奠定了基础。而机器学习发展的早期阶段是在 20 世纪 50~60 年代，研究人员开始使用简单的算法进行开创性的机器学习研究，如 1958 年罗森布拉特（F.Roseblatt）提出的感知机（perceptron）模型，就是模拟人脑神经网络进行学习的早期尝试之一。这一时期的机器学习还停留在早期探索阶段，虽然机器学习的理论框架初步建立，但受限于理论和计算能力，并没有太多的实际应用。

20 世纪 60 年代中期到 20 世纪 70 年代末，这一时期机器学习的发展几乎停滞。一直到 20 世纪 80 年代，反向传播的引入才使得机器学习的研究进入了新时代，这一时期提出了一些重要的模型与算法，使其应用范围不断扩大，更加完善的线性回归和非线性回归模型被提出，使得回归分析在机器学习中具有重要地位。决策树模型也是这一时期的重要成果，基于先前的感知机研究，采用链式法则和反向传播算法训练多层神经网络成为可能，神经网络开始应用于实际。K-means 等聚类算法也在这一时期得到进一步发展，能对无标签数据进行无监督学习，解决聚类问题。

20 世纪 90 年代开始，机器学习从知识驱动转变为数据驱动，支持向量机等新的机器学习算法的提出使其性能大幅提升，该时期计算能力的增强也促进了机器学习的应用。但该时期的计算能力依旧无法满足机器学习发展的需求，因此机器学习的研究再次陷入了低谷。

直到 21 世纪初期，支持向量聚类及无监督学习方法逐渐流行，辛顿（Hinton）提出了"深度学习"这一概念，使得机器学习的研究从低迷进入了蓬勃发展阶段。从 2010 年至今，深度学习成了机器学习的研究热点。2012 年之后，由大数据提供海量的训练样本，图形处理器（graphics processing unit，GPU）提升计算能力，随着算力和海量训练样本的支持，深层神经网络模型显著提高了机器学习的性能，被广泛应用于计算机视觉、自然语言处理等领域，深度学习快速发展。

3.3.2 机器学习概述

1. 机器学习的定义

机器学习是一门从数据中研究算法的多领域交叉学科，它提供了从数据中提取知识的方法，所以数据和经验对于机器学习来说尤为重要。赫伯特·西蒙（Herbert A. Simon）

认为机器学习就是通过运用数据及某种特定的方法来提升机器系统的性能。支持向量机的主要提出者万普尼克(V.Vapnik)认为机器学习就是一个基于经验数据的函数估计问题。而黑斯蒂(T. Hastie)等在《统计学习基础》(*The Elements of Statistical Learning*)[8]一书中提出机器学习就是抽取重要的模式和趋势,理解数据的内涵表达。三者都强调了经验和数据的重要性。

根据图 3-12 可以看出,机器学习就是研究计算机如何模拟或实现人类的学习行为,以获取新的知识和技能,并重新组织已有的知识结构使之不断改进自身的性能。通俗来说,就是根据已有的数据或以往的经验进行算法选择,并基于算法和数据构建模型,最终对未来进行预测。所以,机器学习的关键就是找到一个函数,用来实现特定的功能。

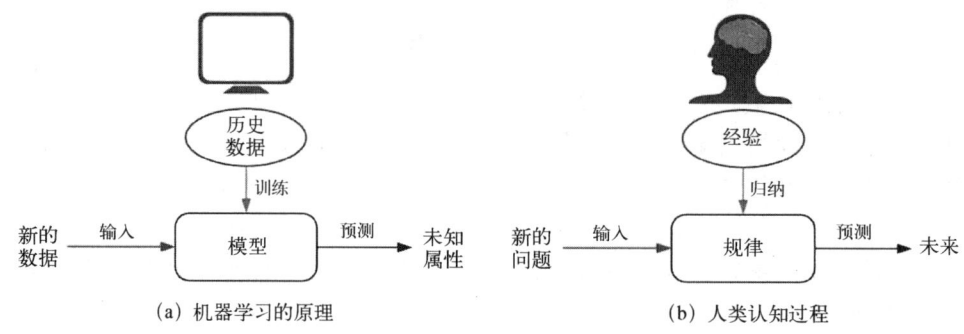

图 3-12　机器学习与人类认知过程对比

机器学习方法与传统编程方法的差别如图 3-13 所示。传统的编程是通过事先编写程序,输入数据通过计算,得到预期的结果。而机器学习是在输入的数据和预期结果基础上,通过拟合数据,得到一个模型参数,再用该模型参数反过来构成程序中的重要组成部分。

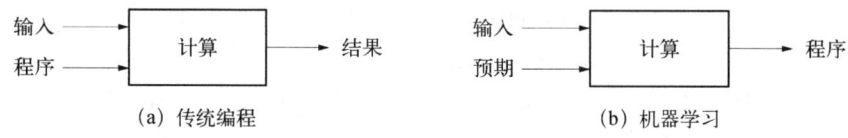

图 3-13　机器学习与传统编程的差别

机器学习的核心就是从数据中学习,获得性能的提升,并不需要显示编程,即不需要显式地给出实现逻辑,而是让算法从数据中得出一个规律,这一规律可以根据新数据的变化相应地改变程序的功能,做到以不变应万变。

2. 机器学习的对象及目的

机器学习研究的对象是数据(data)。它从数据出发,提取数据的特征,抽象出数据的模型,发现数据中的知识,又将其应用到对数据的分析与预测中去。作为机器学习的对象,数据是多样的,包括存在于计算机及网络上的各种数字、文字、图像、视频、音频数据以及它们的组合。

机器学习关于数据的基本假设使同类数据具有一定的统计规律性,这是机器学习的前提。这里的同类数据是指具有某种共同性质的数据,如英文文章、互联网网页、数据库中的数据等。由于它们具有统计规律性,所以可以用概率统计方法进行处理。例如,可以用随机变量描述数据中的特征,用概率分布描述数据的统计规律。在机器学习中,以变量或变量组表示数据,数据分为由连续变量和离散变量表示的类型。

机器学习通过构建概率统计模型实现对数据的预测与分析,特别是对未知新数据的预测与分析。对数据的预测可以使计算机更加智能化,或者说使计算机的某些性能得到提高;对数据的分析可以让人们获取新的知识,给人们带来新的发现。机器学习总的目标就是考虑学习什么样的模型和如何学习模型,以使模型能对数据进行准确的预测与分析,同时也要考虑尽可能地提高学习效率。

3.3.3 机器学习的分类与方法

机器学习根据学习方式的不同大致可以分为监督学习、无监督学习、半监督学习和强化学习这四类。

1. 监督学习

监督学习(supervised learning)是指从标签数据中学习预测模型的机器学习问题。如图3-14所示。

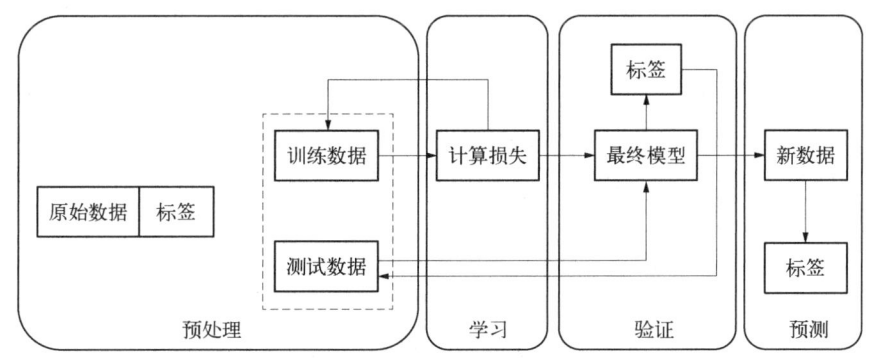

图3-14 监督学习示意图

标签数据表示输入输出的对应关系,预测模型对给定的输入产生相应的输出。监督学习的本质是学习输入到输出的映射的统计规律。

监督学习根据目标预测变量的类型不同,大体可分为分类学习和回归分析。二者主要的区别在于输出变量是否连续,如果输出变量是离散的,则是分类学习。反之,就是回归分析。在分类任务中,目标是将输入数据分为不同的类别,而在回归任务中,目标是预测连续数值型的输出。

1) 分类学习

分类是监督学习中的一种任务,其目标是将输入数据分配到预定义的类别或标签中。在分类问题中,每个样本都有一个标签,模型的任务是学习从输入特征到输出标签的映射关系。分类问题通常可以分为两类。

a. 二分类

在二分类问题中,每个样本只能被分配到两个互斥的类别中的一个。

b. 多分类

在多分类问题中,每个样本可以被分配到多个类别中的一个。一般在多分类问题中

所使用的算法包括 k-近邻算法、决策树、朴素贝叶斯、逻辑回归等方法。

a) k-近邻算法

k-近邻算法使用距离测量的方法进行分类。给定一个样本数据集合,也称为训练样本集,并且样本集中每个数据都存在标签,输入新数据后,将数据的每个特征与样本集中数据对应的特征进行距离计算,然后提取样本集中特征最相似数据(最近邻)的分类标签。提取分类标签时,一般选择 k(不大于 20)个最相似的数据,从 k 个数据中选择出现次数最多的分类,作为新数据的分类。

b) 决策树

通过选取最优特征划分数据集,构建一棵树,表示整个决策过程。利用已知样本数据提取出一系列规则,构造一棵决策树,利用这些规则对新数据进行分类。构造决策树时,需要找到当前数据集上哪个特征划类时能划分出最好的结果。较为著名的决策树算法有 ID3(interative dichotomister 3)算法、C4.5 算法、分类回归树(classification and regression tree,CART)算法三种。

c) 朴素贝叶斯(naive Bayes)

朴素贝叶斯分类是一种基于概率论中条件概率的分类方法。贝叶斯分类是一类分类算法的总称,这类算法均以贝叶斯定理为基础,故统称为贝叶斯分类。而朴素贝叶斯分类是贝叶斯分类中最简单,也是常见的一种分类方法。朴素贝叶斯分类算法的核心思想是通过考虑特征概率来预测分类,即对于给出的待分类样本,求解在此样本出现的条件下各个类别出现的概率,哪个最大,就认为此待分类样本属于哪个类别。

d) 逻辑回归

对已有的数据点进行拟合,得到一条最佳拟合线,这个拟合过程称为回归。回归完成时得到的最佳回归系数 w 是一个向量,向量的维度为样本特征数+1,得到的回归公式为:$z = w_0 z_0 + w_1 z_1 + \cdots + w_n z_n$,这个公式就是模型的分界线,也称判定边界,将待测样本的特征代入回归公式得到 z 值以后,代入 Sigmoid 函数,得到 0 或 1,从而得到分类类别。当样本只有两个特征时,判定边界是一条二维平面上的直线;当样本有三个特征时,判定边界是三维空间的一个平面;样本特征多于三个时,判定边界将会是多维的,统一把判定边界称为超平面。

2) 回归分析

回归问题是机器学习中的常见问题,其目标是预测连续数值型的输出变量。在回归问题中,通过建立一个模型来描述输入变量和输出变量之间的关系,并用建立的模型对新的输入进行预测。回归问题中常用的算法包括线性回归和树回归。

a. 线性回归

对于给定的样本 x 与回归系数 w,通过 $x * w$ 计算,可得到预测值 y',真实值 y 与预测值 y' 之间的差值称为误差。平方误差越小,说明预测结果越准确,也就是说使得误差平方和最小的 w 就是最好的系数,通过矩阵与导数知识的推导,可得到求 w 最优解的公式,由此求得 w,完成回归,这个方法称为最小二乘法。

b. 树回归

CART 算法称为分类回归树,可用于分类也可用于回归,与 ID3(决策树算法中著名的一种)不同,CART 可以处理连续型变量,采用二元切分法,构造的树是二叉树。

2. 无监督学习

无监督学习(cunsupervised learning)是指从无标签数据中学习预测模型的机器学习问题,如图 3-15 所示。无标签数据是自然得到的数据,预测模型表示数据的类别、转换或概率。无监督学习的本质是学习数据中的统计规律或潜在结构。

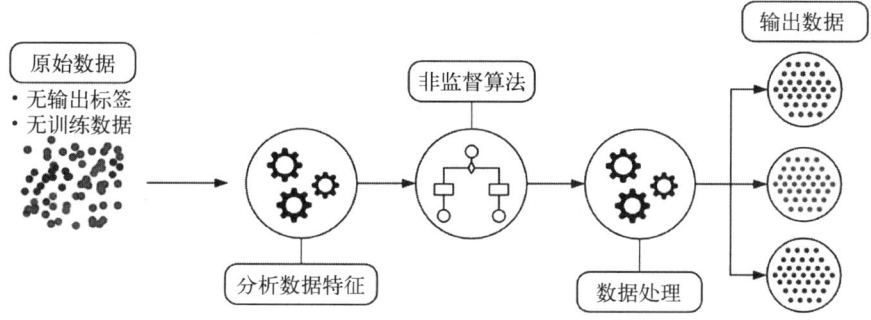

图 3-15 无监督学习示意图

模型的输入与输出的所有可能取值的集合分别称为输入空间与输出空间。输入空间与输出空间可以是有限元素集合,也可以是欧氏空间。每一个输入都是一个实例,由特征向量表示。每一个输出是对输入的分析结果,由输入的类别、转换或概率表示。

典型的无监督学习任务包括聚类、降维和异常检测。在聚类任务中,目的是将数据集中的样本分组到不同的簇中,使得同一簇内的样本相似度较高。在降维任务中,目标是减少数据集的维度,同时保留数据集中的重要信息。而在异常检测任务中,目标是识别数据集中的异常样本或异常模式。比较有名的无监督学习算法有 K 均值聚类(K-means clustering)、关联规则分析、主成分分析、自编码器等。

1) 聚类

"无监督学习,就是聚类的近义词"。聚类分析在机器学习中有着重要的作用,聚类的关键是如何度量对象间的相似性,然后将相似的对象归为一类,如图 3-16 所示。

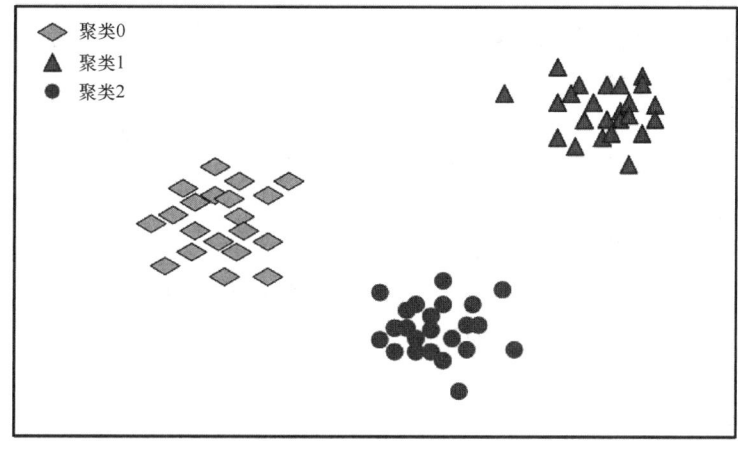

图 3-16 聚类示意图

聚类任务常用的算法有 K 均值聚类、层次聚类等。其中 K 均值聚类是最为常见的算法。

a. K 均值聚类

K 均值聚类是一种基于距离的聚类算法,其思想是将数据集划分成 K 个簇,使得簇内的数据点与簇中心的距离最小化。算法的步骤包括初始化 K 个簇中心,计算每个数据点与簇中心的距离,将数据点分配到距离最近的簇中心,更新簇中心的位置,迭代执行直到收敛。K 均值聚类简单、高效,适用于大规模数据集,但对初始簇中心的选择较为敏感。

b. 层次聚类

层次聚类是一种自下而上或自上而下的聚类算法,其思想是通过计算数据点之间的相似度或距离,逐步合并或分割簇,形成聚类层次结构。层次聚类的优点是不需要事先指定聚类的个数,能够自动发现数据中的层次结构和模式。常见的层次聚类算法包括凝聚层次聚类和分裂层次聚类。

2) 降维

降维任务的目标是将高维数据映射到低维空间,以减少数据的维度并保留数据的主要结构和信息,如图 3-17 所示。降维算法能够解决高维数据分析和可视化的问题,提高数据分析和模式识别的效果。降维任务中常用的算法有:主成分分析(principal component analysis,PCA)、独立成分分析(independent component correlation,ICA)等。

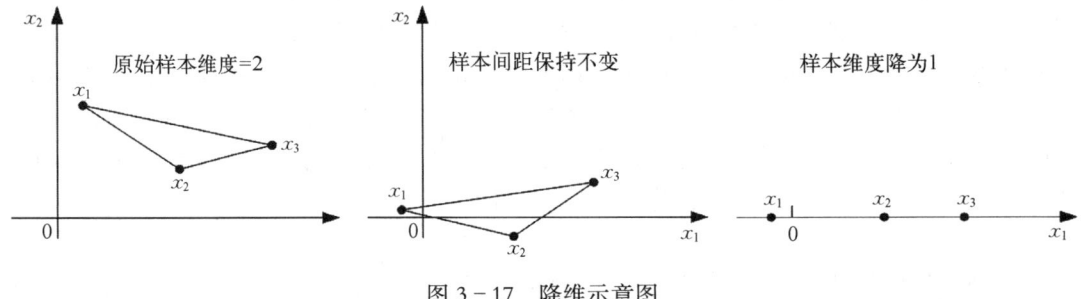

图 3-17　降维示意图

a. 主成分分析

PCA 是一种基于线性变换的降维算法,其思想是通过线性变换将原始数据映射到一个新的坐标系中,使得新坐标系的第一主成分方差最大,第二主成分方差次之,依次类推。PCA 能够将高维数据转化为低维的主成分,以尽可能保留原始数据的重要信息。PCA 广泛应用于数据预处理、特征提取和数据可视化等领域。

b. 独立成分分析

ICA 是一种基于统计学的降维算法,其思想是通过寻找数据中的独立成分,将原始数据分解为相互独立的子信号。ICA 假设原始数据是由多个独立的信号源线性组合而成的,通过最大化信号的非高斯性来估计独立成分。ICA 能够解决混合信号分离和盲源分离等问题,在信号处理和图像处理中具有广泛的应用。

3) 异常检测

检测异常值对于定量学科(例如:物理、经济、金融、机器学习、网络安全)等非常重要。

在机器学习和任何定量学科中，数据的质量与预测或分类模型的质量一样重要。通常数据集汇总的异常数据被认为是异常点、离群点或孤立点，特点是这些数据的特征与大多数数据不一致，呈现出"异常"的特点，而检测这些数据的方法称为异常检测，如图3-18所示。

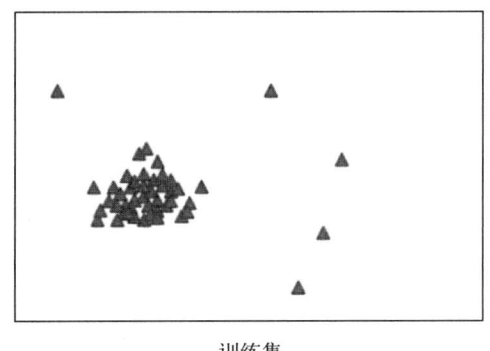 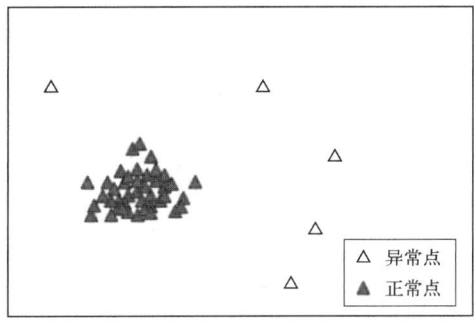

图3-18　异常检测示意图

基于统计的方法是一种常见的异常检测方法，它假设正常数据和异常数据在某些统计特征上存在差异。基于统计的方法通常使用一些统计指标（如均值分位数等）来度量数据的异常程度。常见的基于统计的方法包括箱线图、Z-score方法和概率分布模型等。这些方法适用于数据分布较为明显的情况，但对于复杂的数据分布可能效果较差。

基于聚类的方法是一种将数据划分为不同簇的技术，异常数据通常被认为是不属于任何簇的数据。基于聚类的异常检测方法通过将数据聚类，并检测与其他簇距离较远的数据点来识别异常。常见的基于聚类的方法包括K-means算法、基于密度的带噪声应用空间聚类（density-based spatial clustering of applications with noise，DBSCAN）算法和局部异常因子（local outlier factor，LOF）算法等。这些方法适用于数据集中存在明显的簇结构的情况，但对于高维数据和噪声较多的数据集可能效果较差。

3. 半监督学习

半监督学习是监督学习和无监督学习的折中，既用了标签数据，也用了非标签数据。半监督学习就是根据标签化的分类信息，通过聚类思想将未知的事物归类为已知的事物，通俗点来说，就是用已知的认知，扩大未知的领域。核心的要义就是相似的样本拥有相似的输出，如图3-19所示。

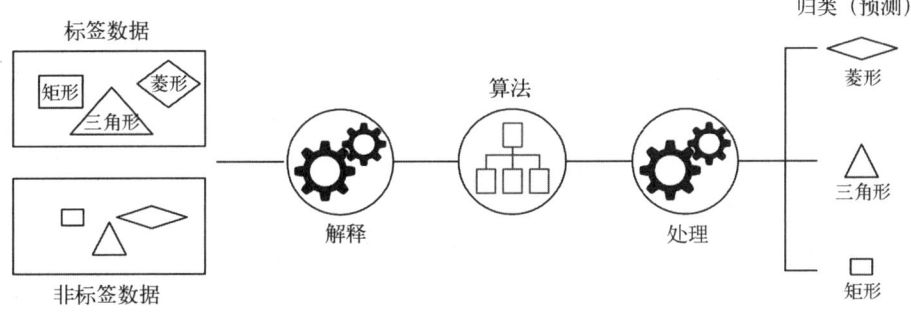

图3-19　半监督学习示意图

半监督学习包括半监督分类、半监督回归、半监督聚类以及半监督降维。半监督分类即在无标签样例的帮助下训练有标签的样本，获得比只用有类标签的样本训练得到的分类器性能更优的分类器，弥补有类标签样本不足的缺陷；半监督回归则是在无输出的输入帮助下训练有输出的输入，获得回归性能更好的回归器；半监督聚类是在有标签样本的信息帮助下，获得比只用无类标签样例得到结果更好的簇，提高聚类方法的精度。半监督降维是在有类标签样本的信息帮助下，找到高维输入数据的低维结构，同时保持高维数据和成对约束的结构不变。

事实上，半监督学习既用到了监督学习的先验知识，也吸纳了无监督学习的聚类思想。常见的半监督学习算法有生成式方法、半监督支持向量机（semi-supervised support vector machines，S3VM）。

1）生成式方法

生成式方法是半监督学习的一种常用方法。生成式方法直接假设所有的样本数据，不论是否进行了标记，都由同一个未知的模型生成。因此可以通过该模型将未标记的数据跟学习目标建立联系，最终使用最大期望算法（expection-maximization algorithm，EM）算法（目标和参数相互迭代）求解得到模型，进而可以实现未标记样本的分类。

2）半监督支持向量机

半监督支持向量机是支持向量机在半监督学习方向的拓展。标准的支持向量机的目标是找到最大间隔的划分超平面（即找到一个超平面，使得两个不同类别的样本点之间的最小距离最大化），而半监督支持向量机的目标是穿过低数据密度区域（即数据集中包含大量无标签数据和少数标签数据）的划分超平面。与传统的支持向量机相比，半监督支持向量机能够更好地处理数据分布不均匀的情况，提高模型的泛化能力。

总的来说，半监督学习是一种介于监督学习和无监督学习之间的机器学习方式，它利用未标记的数据进行自主学习，提高了模型的泛化能力。生成式方法和半监督支持向量机是半监督学习的两种常用方法。生成式方法通过假设所有的样本数据由同一个未知的模型生成，进而实现未标记样本的分类；而半监督支持向量机则是支持向量机在半监督学习方向的拓展，能够更好地处理数据分布不均匀的情况。

4. 强化学习

强化学习（reinforcement learning）是指智能系统在与环境的连续互动中学习最优行为策略的机器学习问题。强化学习的目的是学习最优的序贯决策，选择最佳的决策。通过多步恰当的决策，逼近一个最优的目标。

与监督和无监督学习不同，强化学习并不需要出现正确的输入输出映射对，也不需要精确校正优化的行为，而是更加专注于在线规划，在现有知识和未知领域之间找到平衡。

在机器学习问题中，环境通常被规范为一个马尔可夫决策过程，如图3-20所示。它提供了一个数学架构模型，用于在部分随机、部分可由决策者控制的状态下，根据当前状态选择可以进行的最佳决策。

强化学习按照环境是否已知可以划分为有模型学习和免模型学习。有模型学习即不需要学习和理解环境，而是根据环境给出的信息，选择最优的决策；免模型学习则需要学习和理解环境，学会一个模型来模拟环境，通过模拟的环境来得到反馈，通过模拟环境预

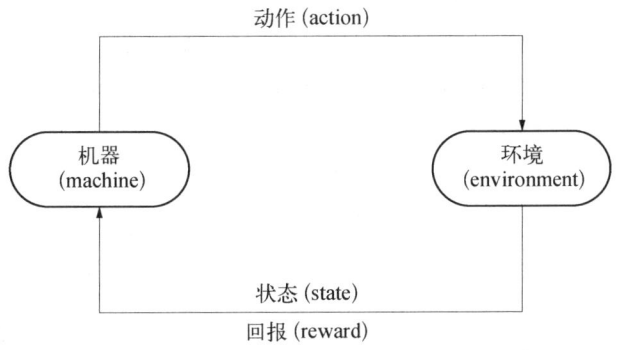

图 3-20　马尔可夫决策过程

判接下来会发生的所有情况,然后选择最佳的情况。

强化学习中较为经典的算法介绍如下。

1) 基于表格、没有神经网络参与的 Q 学习(Q-Learning)算法

$Q(s,a)$ 是在某一个时刻的 s 状态下,采取动作 a 能够获得收益的期望,环境会根据动因的动作反馈相应的回报 r,所以算法的主要思想就是将状态 s 和动作 a 构建成一张 Q-table 表来存储 Q 值,然后根据 Q 值来选取能够获得最大收益的动作,如图 3-21 所示。

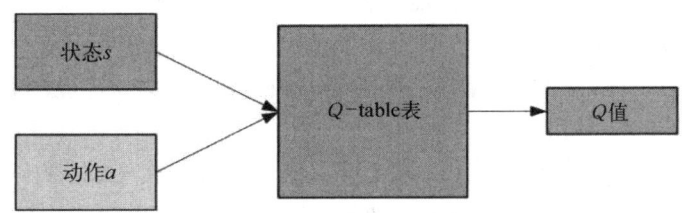

图 3-21　Q 学习算法示意图

2) 基于价值(value-based)的深度 Q 网络(deep Q-network, DQN)算法

DQN 与 Q 学习类似,都是基于值迭代的算法,但当状态和动作是高维连续时,使用 Q-table 难度太大。所以,在 DQN 算法中,将 Q-table 更新转化为一个函数拟合问题,通过拟合一个函数来代替 Q-table 产生 Q 值,使得相近的状态得到相近的输出动作。所以 DQN 算法旨在学习从状态到动作的映射,以最大化累积奖励。DQN 的训练过程包括多轮迭代,通过不断地从环境中获取经验,更新 Q 网络权重,逐渐改善对 Q 值函数的估计,如图 3-22 所示。

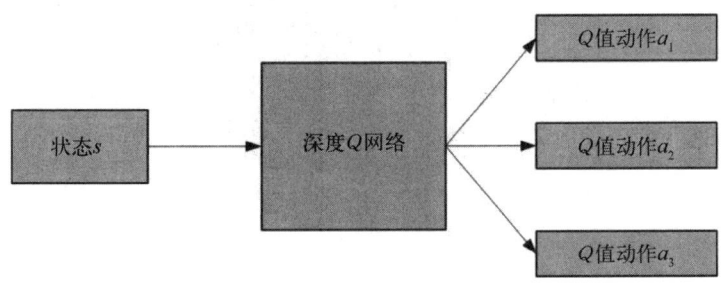

图 3-22　DQN 算法示意图

3）基于策略(policy-based)的策略梯度(policy gradient，PG)算法：

策略梯度算法的思想是先将策略表示成一个连续函数，然后用连续函数的优化方法去寻找最优的策略。PG 算法不通过误差反向传播，而是通过观测信息选出一个行为直接进行反向传播，利用回报(reward)直接对选择行为的可能性进行增强和减弱，好的行为会被增加下一次被选中的概率，不好的行为则会被减弱下一次被选中的概率，如图 3-23 所示。

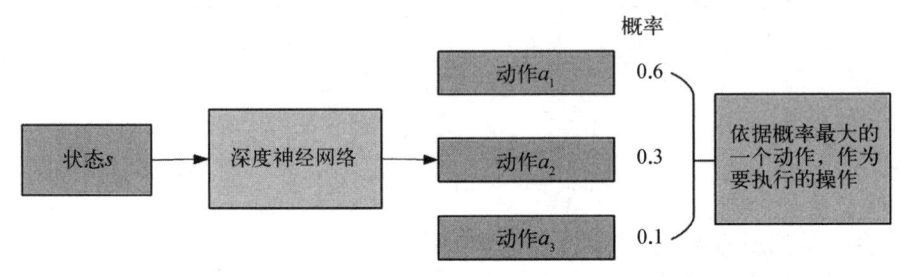

图 3-23 PG 算法示意图

3.4 神经网络与深度学习

深度学习的出现和发展与人工智能和神经网络的研究密不可分。人工智能旨在研究如何让计算机模拟人类的智能行为，而神经网络则是模拟人脑神经元网络的一种计算模型。深度学习作为一种特殊的神经网络模型，通过构建多层次的神经网络结构，实现对输入数据的复杂特征的学习和表示。

神经网络模型应用领域较为广泛，深度学习仅仅是神经网络的应用领域之一。因此，深度学习不等同于神经网络，它是一种自动学习特征的方法，可以采用神经网络模型进行训练，也可以采用其他模型。但神经网络模型能够较好地解决贡献度分配问题，因此神经网络模型成为深度学习中主要采用的模型。人工智能、机器学习、深度学习和神经网络之间的关系如图 3-24 所示。其中，神经网络又分生物神经网络与人工神经网络，生物神经网络是指生物的大脑、神经元等组成的网络，帮助生物进行思考，因此本节仅针对属于人工智能范畴的人工神经网络进行讨论。

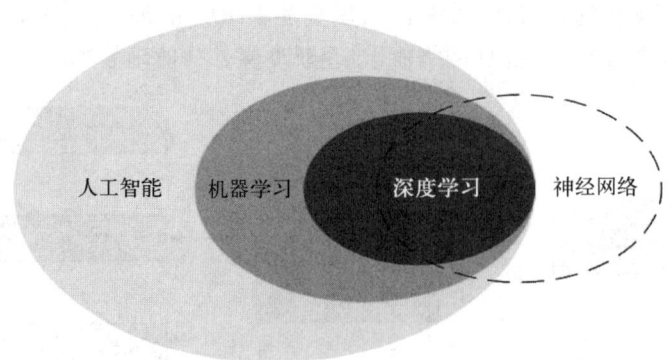

图 3-24 关系图

3.4.1 神经网络与深度学习发展及应用领域

神经网络与深度学习的发展历史可以追溯到20世纪,如图3-25所示。早在20世纪40年代,神经网络模型的研究就初见端倪。1943年,心理学家麦卡洛克(McCulloch)和数学家皮茨(Pitts)提出了第一个神经网络模型,即麦卡洛克-皮茨(McCulloch-Pitts, M-P)神经元模型,开启了神经网络研究的先河。1958年,罗森布拉特(Rosenblatt)提出了一种名为感知机(perceptron)的神经网络模型。但直到1969年,感知机一直无法解决异或问题,由此神经网络与深度学习的发展进入了长达十多年的低谷期。

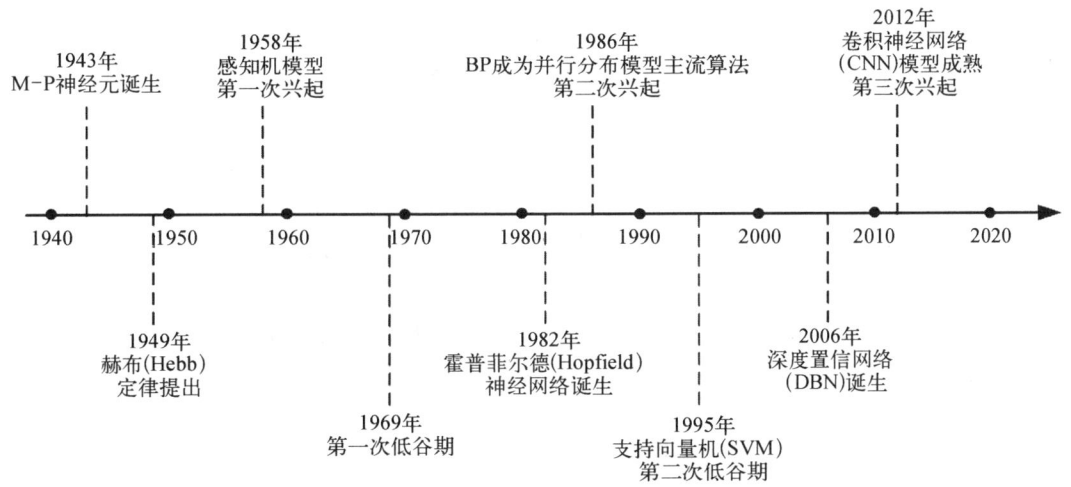

图3-25 神经网络与深度学习的发展

此后,神经网络研究经历了多个阶段。在20世纪80年代,Rumelhart和Hinton等人提出了反向传播算法,使得神经网络可以通过训练学习到复杂的模式。到了20世纪90年代,由于支持向量机(support vector machine, SVM)等方法在模式识别领域的成功应用,神经网络再度被冷落。然而,随着大数据时代的到来,传统的机器学习方法面临着许多挑战,而深度学习则在大规模数据处理和特征学习中展现出了巨大的优势。

自2006年以来,深度学习开始得到广泛关注和研究。Hinton等人在2006年提出了深度信念网络(deep belief network, DBN)和预训练-精细调优(parametric rectified linear unit, PReLU)等技术,使得深度神经网络成为现实。在此之后,卷积神经网络(convolutional neural networks, CNN)、循环神经网络(recurrent neural network, RNN)以及长短期记忆网络(long short-term memory network, LSTM)等深度学习模型不断涌现,并在计算机视觉、自然语言处理等领域取得了重大突破。

如今,深度学习已经在多个领域得到广泛应用。在计算机视觉领域,深度学习可以实现图像分类、目标检测、人脸识别等任务。在自然语言处理领域,深度学习可以用于文本分类、机器翻译、情感分析等任务。在医疗诊断领域,深度学习可以辅助医生进行疾病诊断和治疗方案的确定。

3.4.2 神经网络

人工神经网络是 20 世纪 80 年代以来人工智能领域兴起的研究热点,是深度学习的基础,目前被广泛地应用于模式识别、信号处理和专家系统等领域。随着神经网络理论本身及相关理论和相关技术的不断发展,神经网络的应用会更加广泛与深入。

1. 神经网络的定义及特征

人脑具有生物神经网络,人们借助它可以完成思考、信息处理等行为。而人工神经网络(也称作神经网络)受到生物神经网络启发,利用计算机技术对生物神经网络进行仿真模拟,从信息处理的角度对生物神经网络进行抽象,建立某种简单的模型,并按不同的连接方式组成不同的网络模型,让计算机等没有生命的机器拥有类似于人类的生物智能。神经网络的本质就是利用计算机语言模拟人类大脑做决定的过程。

在机器学习领域,神经网络是指由很多人工神经元构成的网络结构模型,这些人工神经元之间的连接强度是可以学习的参数。人工神经网络有两个主要特征,一是通过神经元之间的并行协作和协同作用实现信息处理过程,具有并行性、动态性和全局性;二是通过神经元分布式的物理联系存储知识和信息,从而可以实现联想记忆功能。

2. 从 M-P 神经元到多层前馈神经网络

神经网络的研究几经曲折,从 M-P 神经元、感知机到多层前馈神经网络,再到现如今的深度学习,形式一直在不断地创新,但神经网络的"连接主义"本质并未改变。

1) M-P 神经元

M-P 神经元是一切神经网络学习的基础,于 1943 年由 McCulloch 和 Pitts 所提出,如图 3-26 所示,其计算公式如式(3-11)所示:

$$y = f\Big(\sum_{i=1}^{n} w_i x_i - \theta\Big) \quad (3-11)$$

式中,$x_1, x_2, \cdots, x_n$ 是输入值;$w_1, w_2, \cdots, w_n$ 是神经元的连接权重;θ 是神经元激活阈值;y 是输出值。

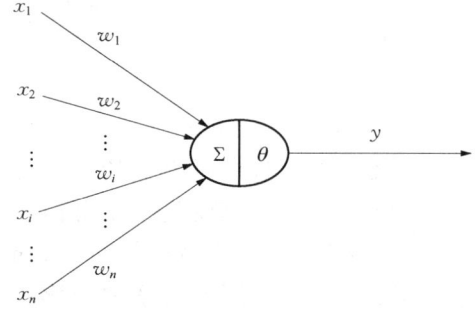

图 3-26 M-P 神经元模型

总的来说,神经元模型由三部分组成,网络连接权重模拟真实神经元之间的连接强度;神经元细胞对所有输入信号作加权求和,并汇总外界激励;激励函数相当于真实神经元的响应阈值,控制输出信号的幅度,具有归一化功能。

2) 感知机

随着神经网络的研究深入,Frank Rosenblatt 在 M-P 神经元模型的基础上,发明了感知机模型,该模型是由神经元构成的两层网络结构,如图 3-27 所示。感知机接收多个输入信号,激活函数将信号汇聚集合并处理,最终把处理后的信号输出至由 M-P 神经元构成的输出层,输出一个信号。

将感知机以向量的模式写出来就是 $x \cdot w$,而 $x \cdot w$ 表示输入

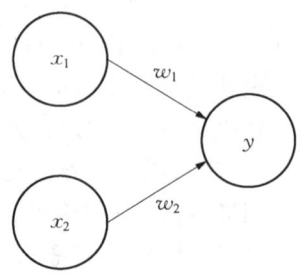

图 3-27 感知机模型

向量和权值向量的内积,它们共同表达了一个 n 维空间下的超平面。对于实际的例子来说,当 $x·w > 0$,表示它落在超平面的正半空间,此时激活函数 $f(x·w)=1$,即感知机输出为 1(判定为正类);若 $x·w < 0$,则表示它落在超平面的负半空间,此时激活函数 $f(x·w)=-1$,即感知机输出为-1(判定为负类)。

感知机模型和神经元模型本质是相同的,只是激活函数的选择不同。经过多年的发展,感知机主流的激活函数为阶跃函数和挤压函数。感知机模型只有输出神经元具有激活函数,只有一层功能神经元,所以只能解决线性可分的与、或、非等问题。

3) 多层前馈神经网络

感知机模型的应用局限于线性问题,而为了解决非线性分类问题,需要构建一种具有多层功能神经元的网络,多层感知机应运而生。与神经元和感知机相同,多层感知机和多层前馈网络本质上相同,区别仅仅是不同激活函数的使用。在输入层和输出层之间加入一个或者多个隐藏层,其中输出层和隐藏层都是具有激活函数的功能神经元,由此可以解决非线性分类等问题。

如图 3-28 所示为具有两层功能神经元的感知机,它是最基本的多层前馈神经网络,可以解决非线性的异或问题。多层前馈神经网络如图 3-29 所示,它以层为功能单位模块,同层神经元之间无连接,上层与下层实现全连接,但没有跨层连接。输入层只负责接收信号,隐藏层和输出层由具有信号处理功能的神经元构成。

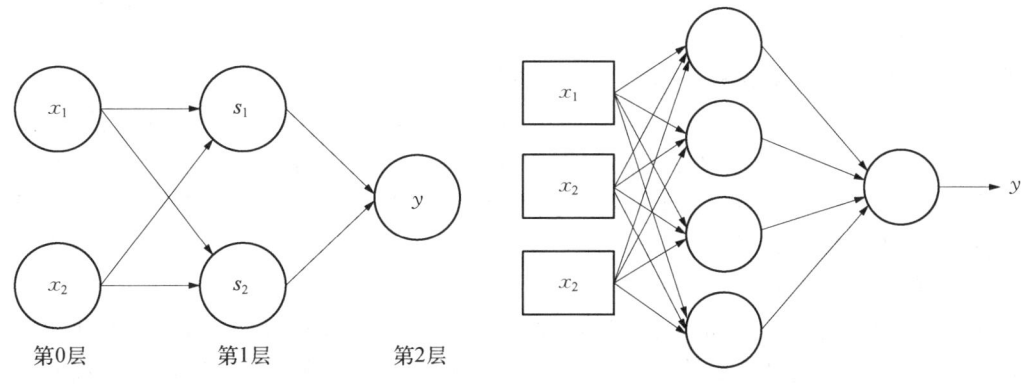

图 3-28 两层感知机　　　　图 3-29 多层前馈神经网络

3.4.3 深度学习

随着人工智能技术的飞速发展,深度学习技术已经被广泛应用在各种实际场景中。深度学习是机器学习的一个子问题,是机器学习领域一个新的研究方向,而机器学习是实现人工智能的必经路径。

1. 深度学习的定义、目的及应用领域

1) 定义

深度学习的概念源于人工神经网络的研究,含多个隐藏层的多层感知器就是一种深度学习结构。深度学习是一类模式分析方法的统称,其基本思想是通过多层的神经元网络结构,对数据进行逐层抽象,从低层次的原始数据特征中学习到高层次的抽象特征表示。深度学习的模型通常包括多个隐藏层,每个隐藏层都是由多个神经元组成,通过前向传播和反向传播来不断调整神经元的权重和偏置,以最小化预测误差为目标进行训练。

2) 目的

深度学习是学习样本数据的内在规律和表示层次,这些学习过程中获得的信息对诸如文字、图像和声音等数据的解释有很大的帮助。它的最终目标是让机器能够像人一样具有分析学习能力,能够识别文字、图像和声音等数据。深度学习是一个复杂的机器学习算法,在语音和图像识别方面取得的效果,远远超过先前相关技术。

3) 应用领域

深度学习的应用非常广泛,例如,在图像识别、语音识别、自然语言处理、推荐系统等领域都取得了显著的成果。其中,图像识别领域的目标检测和识别任务已经取得了很高的准确率;语音识别领域的语音转文字和语音合成任务也取得了很好的进展;自然语言处理领域的机器翻译和情感分析任务也取得了突破性的成果。

2. 深度学习与浅层学习的区别

浅层学习是一种基于传统统计学的方法,通过构建简单的模型来模拟人类的学习过程。常用的浅层学习模型包括决策树、支持向量机、逻辑回归等,这些模型都具有较为直观的数学意义,并且易于解释。

深度学习和浅层学习的主要区别在于模型的结构和训练方式上。深度学习的模型结构通常比较复杂,由多个隐藏层组成,每个隐藏层有多个神经元,通过不断地调整神经元的权重和偏置来拟合训练数据;而浅层学习的模型结构通常比较简单,由一组参数和规则组成,通过不断地调整参数和规则来拟合训练数据。

深度学习和浅层学习的另一个区别是处理数据的能力。深度学习能够处理高维度的、海量的数据,并能够自动地学习到数据的深层特征;而浅层学习则只能处理低维度的、简单的数据,需要手动地指定数据的特征。此外,深度学习的训练通常需要大量的计算资源和时间,而浅层学习的训练则相对简单、快速。

3. 深度学习典型模型

深度学习的算法主要包括神经网络、卷积神经网络、循环神经网络等,其中神经网络是最基本的算法,通过将多个神经元组合在一起,形成层次结构,能够学习到数据的复杂特征。卷积神经网络则主要用于处理图像数据,通过卷积层、池化层等结构,能够有效地提取图像的特征。而循环神经网络则用于处理序列数据,通过记忆单元将当前时刻的输入和前一时刻的输出联系起来,能够有效地处理时序数据。

1) 卷积神经网络

卷积(convolution)也称褶积,是一个函数和另一个函数在某个维度上的"叠加累计",这里的"叠加"即"点积",符号记作 $*$ 。而"累计"对于连续函数表示"积分",对于离散信号表示"求和"。在信号处理或图像处理中,经常使用一维或二维卷积,如式(3-12):

$$s(t) = \int_{-\infty}^{\infty} f(a) * g(t-a) \mathrm{d}a \qquad (3-12)$$

式中,函数 f 是输入函数,函数 g 是卷积核,a 为积分变量,该操作被称为连续域上的卷积操作,一般被简化为式(3-13):

$$s(t) = f(t) * g(t) \tag{3-13}$$

卷积神经网络(convolutional neural networks, CNN)是一种具有局部连接、权值共享等特点的深层前馈神经网络(feedforward networks),擅长处理图像特别是图像识别等相关机器学习问题,是目前应用最为广泛的模型之一。

卷积神经网络具有表征学习能力,能够按其阶层结构对输入信息进行平移不变分类,可以进行监督学习和非监督学习,其隐含层内的卷积核参数共享和层间连接的稀疏性使得卷积神经网络能够以较小的计算量处理格点化特征。

一个典型的卷积神经网络通常由若干个卷积层(convolutional layer)、激活层(activation layer)、池化层(pooling layer)以及全连接层(fully connected layer)组成,如图3-30所示。

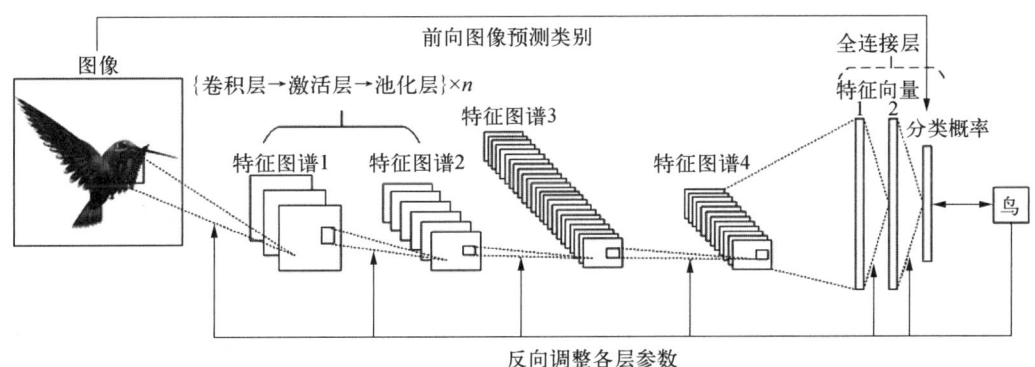

图3-30 卷积神经网络结构

a. 卷积层

它是卷积神经网络的核心所在,用局部连接代替全连接。卷积层由一组滤波器组成,一个滤波器可以看作由多个卷积核堆叠形成。这些滤波器在输入数据上滑动做卷积运算,从输入数据中提取特征。

b. 激活层

激活层的作用是将前一层的线性输出,通过非线性的激活函数进行处理,以此来模拟任意函数,从而增强网络的表征能力。

c. 池化层

池化本质上是一个下采样过程,用来缩小长、高方向的尺寸,减小模型规模,提高运算速度和鲁棒性,防止模型过拟合。池化层出现在卷积层之后,二者相互交替出现且一一对应。常见的池化函数有平均池化(mean pooling)、最大池化(max pooling)、最小池化(min pooling)以及随机池化(stochastic pooling)等。

d. 全连接层

全连接层本质上就是传统的多层感知机,其目的在于将前面各层预学习到的分布式特征表示,映射到样本标记空间,然后利用损失函数调控学习过程,最后给出对象的分类预测。可以说前面的卷积、激活、池化等网络层的数据操作都是为全连接层服务的数据"预处理"。

2) 生成式对抗网络

生成式对抗网络（generative adversarial networks，GAN）是一种深度学习模型，是近年来复杂分布上无监督学习最具前景的方法之一，如图 3-31 所示。

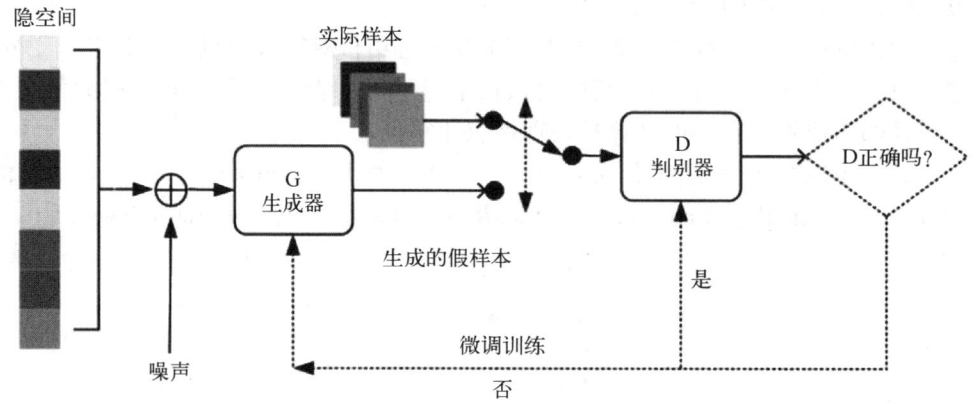

图 3-31 生成式对抗网络

GAN 主要由生成器 G(generator) 和判别器 D(discriminator) 两部分构成，生成器 G 以从训练数据中生成具有相同分布的样本数据(samples)为目标，判别器 D 以判断输入是实际样本还是生成样本为任务。其中，判别器 D 就是传统监督学习方法的一种实现，通过不断博弈训练，生成器 G 和判别器 D 不断调整自己的参数，最终达到生成器 G 能够生成足够逼真的样本、判别器 D 无法区分生成样本与实际样本这一平衡点。

生成器 G 主要采用的模型包括：

（1）在未知事件概率分布情况下，通过假设随机分布和观测数据来估计真正数据的概率密度；

（2）利用样本数据训练生成模型来生成类似样本数据。

生成模型的基本思想就是利用输入训练样本集合来形成这些样本的概率分布的表征，常用的生成模型方法是直接推断其概率密度函数。其中，在 GAN 的应用场景中通常拥有大量观测数据，但其数据的原始概率分布未知，因此生成器 G 需要实现最大似然估计求得原始数据的分布模型。

由 GAN 的数学描述，其优化过程可以归结为一个极小极大博弈问题，如图 3-32 所示。判别器 D 的任务是尽可能正确地判别输入的数据是来源于真实数据 x 的分布，还是来源于生成器的伪数据 $G(z)$。

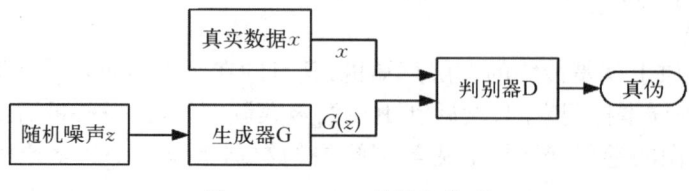

图 3-32 GNN 的抽象模型

3) 循环神经网络

循环神经网络(recurrent neural network,RNN)是一类具有短期记忆能力的神经网络。在循环神经网络中,神经元不但可以接受其他神经元的信息,也可以接受自身的信息,形成具有环路的网络结构。和前馈神经网络相比,循环神经网络更加符合生物神经网络的结构。循环神经网络已经被广泛应用在语音识别、语言模型以及自然语言生成等任务上。最常见的循环神经网络是双向循环神经网络(bidirectional RNN,Bi-RNN)和长短期记忆网络(long short-term memory network,LSTMN)。

在循环神经网络中,一个序列当前的输出与前面的输出也有关。网络会对前面的信息进行记忆并应用于当前输出的计算中,即隐藏层之间不再是无连接的,并且隐藏层的输入不仅包括输入层的输出,还包括上一次隐藏层的输出。循环神经网络的基本结构如图 3-33 所示,包含一个输入层、一个隐藏层和一个输出层。

图 3-33 中,x 是输入层的值;s 是隐藏层的值;o 是输出层的值;U 是输入层到输出层的权重;V 是隐藏层到输出层的权重;W 是隐藏层上一次的值作为这一次的输入的权重。

介绍完循环神经网络的基础结构,下面是 RNN 另外五种结构,如图 3-34 所示。

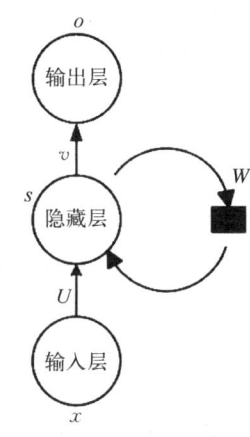

图 3-33 循环神经网络基础结构

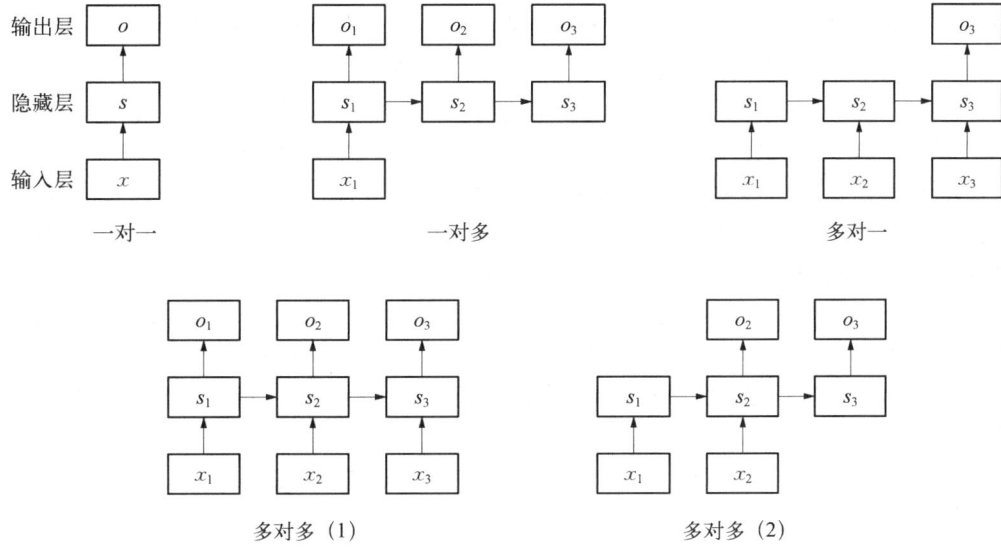

图 3-34 RNN 的五种结构

理论上 RNN 能够对任何长度的序列数据进行处理,但当输入序列比较长时,随时间反向传播算法(即按照时间的逆序)将错误信息一步步地往前传递,会存在梯度爆炸和消失问题,也称为长程依赖问题,所以在实践时往往假设当前状态只与前面部分状态有关。为了解决这个问题,人们对循环神经网络进行了很多的改进,其中最有效的改进方式是引入门控机制(gating mechanism)。

3.5 小　　结

本章内容围绕人工智能、机器学习、神经网络和深度学习的定义、发展及应用等展开论述。首先讨论了人工智能学科的起源,大体上可以将人工智能的发展分为五个时期,自1956年诞生以来不断发展,现如今已成为一门具有日臻完善的理论基础、日益广泛的应用领域和广泛交叉的前沿科学。受限于"智能"一词没有严格的定义,人工智能目前也没有一个标准的定义,一般的解释就是用人工的方法在机器(计算机)上实现的智能或称机器智能。随后,讨论了目前人工智能的研究目标及内容,而随着人工智能的发展,越来越多的算法被提出和应用到实际中。随着人们对自然界和社会认知的不断发展,智能优化算法不断改进,衍生出众多方法,目前共有将近100个生物群智能优化算法,本节主要介绍工程上最常用的遗传进化算法、粒子群优化算法及蚁群算法。

接着,本章简单讲述了机器学习的发展历程,简明地给出了机器学习的定义:"机器学习就是研究计算机如何模拟或实现人类的学习行为,以获取新的知识和技能,并重新组织已有的知识结构使之不断改进自身的性能"。而机器学习根据学习方式的不同大致可以分为监督学习、无监督学习、半监督学习和强化学习这四类。四种不同的学习方式其本质也各不相同。监督学习的本质是学习输入到输出的映射的统计规律,经常被用于解决分类和回归分析这两种任务;无监督学习的本质是学习数据中的统计规律或潜在结构,典型的无监督学习任务包括聚类、降维和异常检测等;半监督学习作为监督学习和无监督学习的折中学习方式,它的本质就是将未知的事物归类为已知的事物,所处理的问题大致分为半监督分类、半监督回归、半监督聚类以及半监督降维等四种;而强化学习则是学习最优的序贯决策,选择最佳的决策,专注于在线规划,在现有知识和未知领域之间找到平衡。目前机器学习被广泛地应用于计算机视觉、自然语言处理等领域。

深度学习是机器学习延伸出的新兴领域,神经网络又是深度学习的主要训练模型,本章的最后围绕神经网络与深度学习的定义、发展以及二者的典型模型展开讨论。神经网络从 M-P 神经元到多层前馈神经网络,再到现如今的深度学习,其本质依旧是"连接主义"。深度学习就是在神经网络的基础上进行的,有多种计算模型,较为典型的计算模型是卷积神经网络、生成式对抗网络和循环神经网络三种。卷积神经网络擅长处理图像问题,特别是图像识别等机器学习相关的问题,是目前应用最为广泛的模型之一。生成式对抗网络是近年来复杂分布上无监督学习最具前景的方法之一。

从人工智能到机器学习再到深度学习,总的来说,机器学习是人工智能研究发展到一定阶段的必然产物,而深度学习是一种实现机器学习的技术,实施的对象主要就是神经网络模型。它们目前被广泛地应用于各个领域,且在未来的发展中会继续发挥着重要作用,我们需要不断地进行技术创新和应用探索,解决技术和应用中的问题和挑战,从而实现更加深入和全面的人工智能应用,创造更加美好的未来。

思 考 题

3.1　什么是人工智能?人工智能的主要研究和应用领域是什么?

3.2 分别简述人工智能发展进入低谷与繁荣复苏的原因。
3.3 什么是遗传算法？主要应用在哪些领域？
3.4 粒子群算法的核心思想及基本原理是什么？
3.5 蚁群算法中，信息素启发因子 α 和期望值启发式因子 β 的作用是什么？
3.6 什么是机器学习？机器学习与传统编程的区别是什么？
3.7 监督学习、无监督学习和半监督学习的区别在哪里？
3.8 为什么感知机无法解决非线性问题？后续如何改进？
3.9 深度学习与浅层学习的区别是什么？
3.10 简述生成式对抗网络的工作流程。

参 考 文 献

[1] 王万良. 人工智能及其应用[M]. 4版. 北京：高等教育出版社，2020.

[2] 王万良. 人工智能导论[M]. 5版. 北京：高等教育出版社，2020.

[3] 程显毅，任越美，孙丽丽. 人工智能技术及应用[M]. 北京：机械工业出版社，2020.

[4] 朱福喜，汤怡群，傅建明. 人工智能原理[M]. 武汉：武汉大学出版社，2002.

[5] 葛显龙，王伟鑫，李顺勇. 智能算法及应用[M]. 成都：西南交通大学出版社，2017.

[6] Holland J H. Adaptation in natural and artificial systems: An introductory analysis with applications to biology, control, and artificial intelligence[M]. Ann Arbor: University of Michigan Press, 1975.

[7] 汪荣贵，杨娟，薛丽霞. 机器学习及其应用[M]. 北京：机械工业出版社，2019.

[8] Hastie T, Tibshirani R, Friedman J. The elements of statistical learning: Data mining, inference, and prediction[M]. 2nd edition. New York: Springer New York, 2009.

第 4 章

智能传感技术

【学习要点】

● 掌握：① 传统传感系统的构成；② 智能传感的特征及其与传统传感的区别；③ 非线性校正、自校准、自补偿、自诊断等传感技术智能化的实现方法。

● 熟悉：① 神经网络技术在智能传感中的应用；② 机器学习在智能传感中的应用。

● 了解：① 智能传感的未来发展方向；② 智能传感技术在空天推进系统中的应用前景。

4.1 传统传感与智能传感

4.1.1 传统传感系统的构成

传感器是由敏感元件直接感知被测量的物理量，并将其转换为电信号的测试装置。作为当代信息技术的基础，使用传感器是获取物理信息的基本手段。在测控系统中，传感器位于系统的前端，负责将测控对象的原始信息转换为电信号，这被称为"一次变换"。即使系统后续的再变换再完美，也无法超越传感器所能获得的原始信息，因此传感器的作用至关重要。传感器及其技术的发展水平在很大程度上反映了一个行业科技水平和实力的高低。传感器技术的先进程度可能导致技术的彻底变革，使得技术焕然一新；反之，如果传感器技术不发达，可能会成为技术发展的瓶颈。图 4-1 展示了传统传感器的工作原理框图，图中的传统传感器由三部分组成：

(1) 敏感元件（如弹性元件、电阻、电容、电感、压电晶体等）；
(2) 信号调理模块（如放大、滤波、线性化处理等，一般为模拟信号的变换处理）；

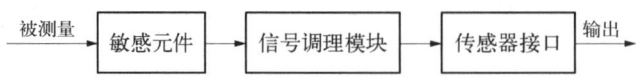

图 4-1 传统传感器原理框图

(3) 传感器接口(通常为接插件、电缆线等)。

4.1.2 智能传感的功能和特点

智能传感器最初的概念是在传感器内部集成信号调理电路,利用数字数据处理提升传感器性能[1,2]。为体现传感器技术智能水平的发展历程,不妨认为这是"Ⅰ型智能传感器"。智能传感器在今天的发展水平上,已经有了更为明确的定义和技术要求。近年来,智能传感器接口标准 IEEE 1451 已被发布,这一系列标准描述了用于智能传感器的开放、通用和独立的网络通信接口。"智能"在这些标准中的定义为:板一级的数据具有存储、处理能力,能和数字传感器接口集成;传感器能提供必要的功能,以产生对所敏感的或者被控制量的准确表示,其中典型的功能可简洁地表示为应用于网络环境的传感器集成。因此智能传感器的主要变革是提供了网络协同能力。当然,这种智能与人类的智能是无法相提并论的,差距很大,因此国外称之为 smart sensor 或 cogent sensor。国外还有一种称为 intelligent sensor 的智能传感器,它是对 smart sensor 的加强,广泛采用了人工智能,有人称之为"智慧传感器"。本书不对两者加以严格的区分,可以通用,都认为是智能传感器,但更多的时候,我们直接将其称为 smart 传感器。

smart 传感器整机内的硬件结构可以概括为:传感器+微处理器+无线(网络)接口。智能传感器内部硬件结构的基本构成及原理如图 4-2 所示。

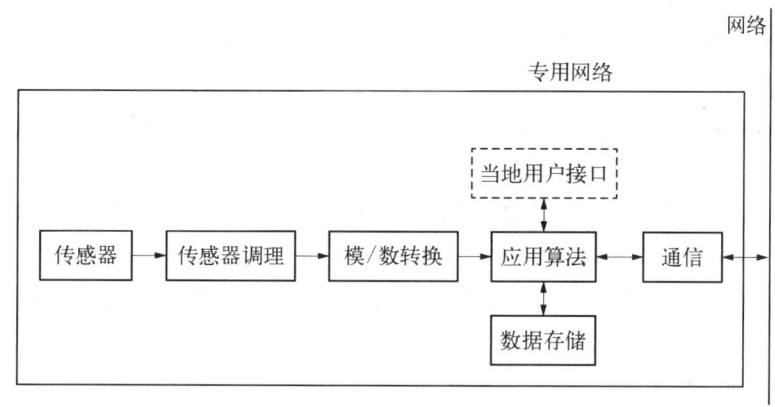

图 4-2 智能传感器硬件结构原理图

智能传感器集成了微处理器,能够输出数字信号,不仅显著提升了基本测试和测量的性能,还具备执行逻辑推理、神经网络等算法的能力。它具备局域控制、自诊断、自适应、自校准、自动补偿等功能。当与网络接口结合并使用电子数据表时,智能传感器能实现即插即用的实时辨识。根据传感器系统网络的需求,可以实现不同程度的通信能力,从而大幅提升传感器信息的利用价值。因其功能,它被称为"Ⅱ型智能传感器",也被称为"灵巧传感器"或"信息传感器"。

较长时间以来甚至直至现在,人们对智能传感器的定义并不完全统一。有些人认为,只要传感器与微机结合,或者通过接口连接单片机并增加了数据处理或控制功能,就可以称之为智能传感器。然而,我们认为这种系统中的传感器本身,在结构上仍保持相对独立,没有发生实质性的改变。它们仍然属于传统的传感器范畴,只是利用了微机或单片机的计算和控制能力,对传感器的输出进行了二次变换处理,从而提升了整体性能。相对于这种结构上相对独立的传感器与微机集成在一起的系统,我们更倾向于使用术语微机仪器或传感器-单片机仪表系统。而真正的智能传感器则经历了从内部硬件结构、数据性质、处理算法到接口等多个方面的基本改变,使得传感器本身具备了实现智能功能的软硬件环境。因此,智能传感器与传统传感器-微机集成系统在定义上存在显著差异,后者仅仅是在传统传感器的基础上增强了外部计算和控制能力,而前者则在传感器本身的技术和功能层面进行了根本性的更新和改进。图4-3是智能传感器的原理框图。

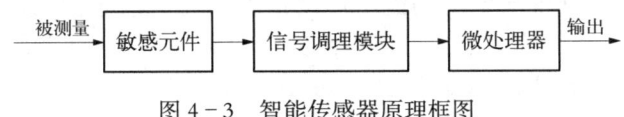

图4-3 智能传感器原理框图

比较图4-2和图4-3可以看出它们主要的区别在于智能处理能力的不同。智能传感器内置微处理器,在经过传感器内部的A/D转换(如果输出为频率量或模拟输出则进行频率转换,无需A/D转换),处理数字信号后,能够直接进行计算和补偿处理。它们具备自诊断、自辨识、自适应决策的能力,还能自主管理数据的存储和清除,以及优化系统的唤醒时间,以实现最低功耗。随着技术的进步,智能传感器的智能化水平不断提高,已经应用于实现统计信号处理、神经网络分析、模糊控制和遗传算法等复杂先进的传感系统中。面对能源、成本和技术优化的压力,传感器尺寸不断微型化,功耗大幅降低。由于微处理器等核心技术可以实现大规模集成,因此传感器成本显著降低,功能也更加丰富和强大。此外,智能传感器支持网络化接口,尤其是无线技术如蓝牙连接,简化了系统间的无线通信,促进了现代传感技术向传感器网络的发展[3,4]。这种紧密结合传感器与其他新技术,为智能测试提供了坚实的技术基础。

智能传感器确实拥有着无可限量的潜力,其深厚的发展根基源于以下几方面的优势。

1. 传感器拥有得天独厚的数据优势

(1)在确保数据有效性方面,传感器内嵌的校准、失效检测及校正机制赋予了其自我健康监测的卓越能力,从而保障了数据的精准可靠;

(2)数据可用性较强,这得益于其网络化的系统设计,提供了灵活多变的测试路径、强大的数据存储能力以及自我修复的能力;

(3)在可靠性方面,传感器通过缩短校准周期和拥有自我修复能力,进一步提升了其稳定性和可靠性;

(4)传感器在数据处理方面同样表现出色,其信息量丰富,能够满足各种复杂场景下的数据处理需求。

2. 智能传感器在特性上同样出类拔萃

(1)智能传感器具备自我辨识(组态控制)的能力,可以根据实际需求进行灵活配;

(2)传感器内嵌的智能功能丰富多样,包括数据转换与数字化、时间标识与数据同

步、复杂信号处理以及数据存储等,为各种应用场景提供了强大的支持;

(3) 传感器具有健康的自我评估能力,即能够自动校准和自重建,从而确保其数据的有效性和可用性;

(4) 在健康管理方面,传感器采用健康电子数据表的方法,对健康参数进行计算、监测并存储在内部,为确定传感器的健康状态提供了有力依据。

3. 传感器在网络化能力方面同样表现出色

(1) 智能传感器被深度整合于网络中,使得其上述优势得以进一步发挥、扩展和增强;

(2) 通信能力被拓展至传感器-系统之间,传感器不仅能够发送/接收来自系统的信息,还能与网络中的其他传感器建立通信,实现信息的互联互通;

(3) 传感器数据、体系结构配置、健康状态以及处理状态等信息,可以在传感器之间以及传感器和系统之间轻松交换,实现了信息的共享与协同;

(4) 网络结构支持改变路径的功能,使得系统对通信失效的容限得以放宽,即使在初始路径出现故障时,也能确保通信的连续性和稳定性。

总的来说,智能传感器技术为构建智能测试系统提供了技术保障,可以提高测试系统的可靠性,降低维护和运行支出,支持确定正常或是非正常的工作状态,因而为测试系统适时采取适当的反应提供了条件和信息。

4.2 传感技术智能化的实现方法

实现传感器各项功能的智能化和建立智能传感器系统,是传感器克服自身不足,并且获得高稳定性、高可靠性、高精度、高分辨率和高自适应能力的必由之路,也是奠定智能化传感器的重要内容。

4.2.1 非线性校正

测量系统的线性度(非线性误差)是影响系统精度的重要指标之一,因此如何有效消除非线性特性对测量结果的影响,长期以来都是传感器领域研究的热点问题。智能传感器系统具有非线性自动校正功能,可以消除整个传感器系统的非线性系统误差、提高测量精度。与经典传感器技术不同的是,智能化非线性自动校正技术是通过软件来实现的。因此,传感器环节中无论其非线性有多么严重,均有可能得到很好地解决,前提是传感器的输入-输出特性具有重复性。图4-4给出了一个智能传感器实现非线性校正后的效果示意图。

由图4-4(b)可见,传感器的输入-输出特性有明显的非线性,因此需在微型计算机或处理器中以某种形式嵌入非线性校正曲线[图4-4(c)],即可得到如图4-4(d)所示的理想线性直线。下面介绍两种常用的非线性自校正方法,均可嵌入到微计算机或微控制器中应用。

1. 查表法

查表法就是对非线性校正曲线(传感器输入-输出特性的逆函数)进行分段线性

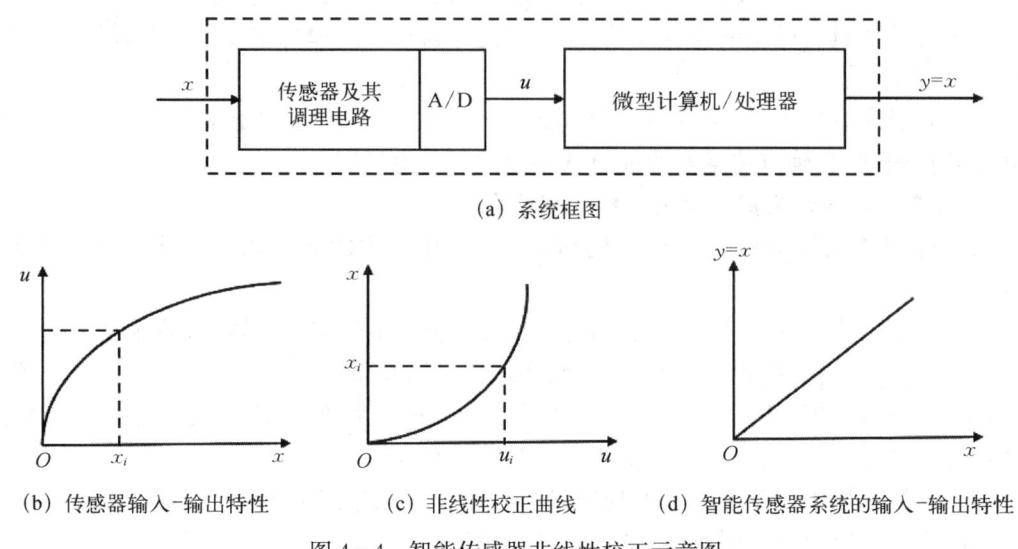

(a) 系统框图

(b) 传感器输入-输出特性　　(c) 非线性校正曲线　　(d) 智能传感器系统的输入-输出特性

图 4-4　智能传感器非线性校正示意图

插值的方法。实际应用时,根据精度要求对非线性校正曲线进行分段,然后将分段点坐标存入数据表中。测量时,将实际输出对应到某一段内,并根据对应段内的线性插值直线进行输入量的求取,即可得到非线性校正后的测量结果。图 4-5 展示了查表法进行非线性校正的过程。

如图 4-5 所示,以四段为例,分段点坐标为 (u_1,x_1)、(u_2,x_2)、(u_3,x_3)、(u_4,x_4)、(u_5,x_5),各线性段的表达通式为

$$y = x = x_k + \frac{x_{k+1} - x_k}{u_{k+1} - u_k}(u_i - u_k) \quad (4-1)$$

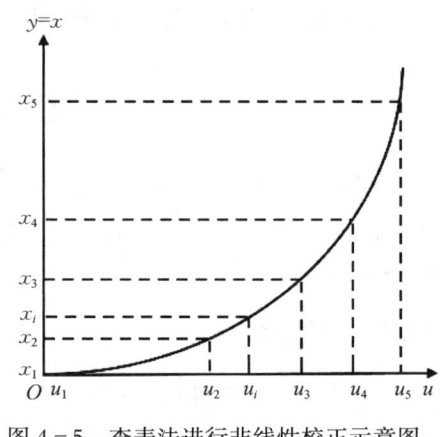

图 4-5　查表法进行非线性校正示意图

式中,k 为折点的序数($k=1,2,3,4$)。

由电压值 u_i 求取被测量量 x_i 的程序流程图如图 4-6 所示。

查表法进行非线性校正,实现的关键是折点和折线的确定。目前通用的有两种方法:Δ 近似法和截线近似法。无论采用哪种方法,都必须保证各点误差 Δ_i 均不超过允许的最大误差限 Δ_{max},即 $\Delta_i \leq \Delta_{max}$。

1) Δ 近似法

折点在 $\pm \Delta_{max}$ 误差限上,折线与逼近曲线间的误差最大值为 Δ_{max},且有正有负。

2) 截线近似法

折点在曲线上,折线与逼近曲线间的最大误差在折线段中部,不大于 Δ_{max},各折线段的误差符号相同,或全部为正,或全部为负。

上述两种方法的流程特点如图 4-7 所示。

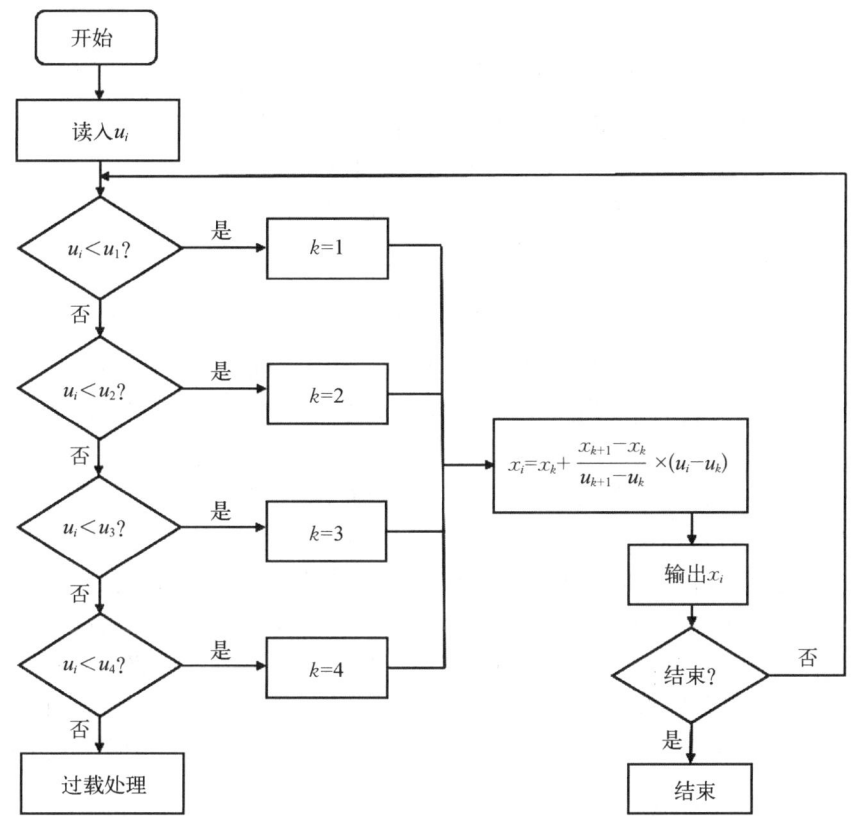

图 4-6 查表法非线性自校正程序流程图

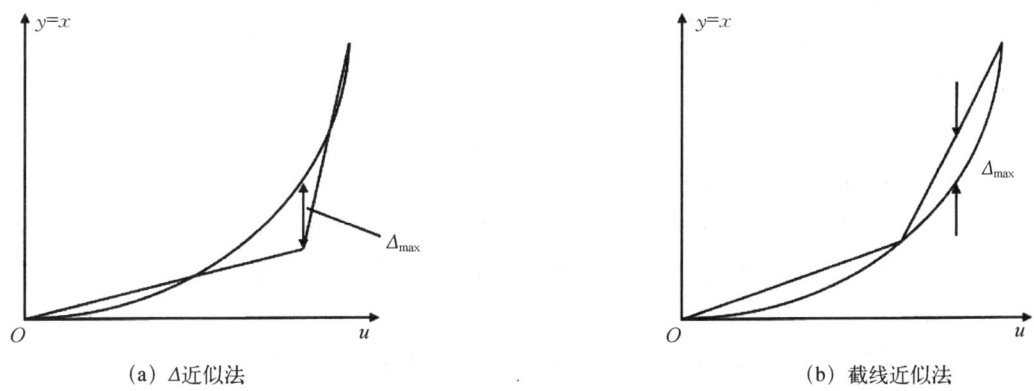

(a) Δ近似法　　　　　　　　　　　　(b) 截线近似法

图 4-7 折点及折线确认方法示意图

2. 曲线拟合法

曲线拟合法的核心思想是利用 n 次多项式来实现非线性校正曲线，其中多项式的系数由最小二乘法确定。具体的求解过程如下。

1）确认多项式方程的阶数和系数

（1）对传感器进行 N 个点的静态标定，测试数据为 $(u_1, x_1), (u_2, x_2), \cdots, (u_n, x_n)$。

（2）假定多项式方程为

$$x_i = a_0 + a_1 u_i + a_2 u_i^2 + \cdots + a_n u_i^n \qquad (4-2)$$

多项式拟合关键在于阶数和系数的确定。阶数通常根据误差限的最小值原则确定,也可考虑综合评价结果。系数则通过最小二乘法确定,即最小化拟合值与标定值的均方误差。

2) 将确认的多项式方程嵌入微型计算机或控制器

通常的方法是存入多项式的系数和阶数,假定是 3 阶多项式,系数为 $a_0 \sim a_3$,则多项式方程可以写成:

$$x = a_3 u^3 + a_2 u^2 + a_1 u + a_0 = [(a_3 u + a_2)u + a_1]u + a_0 \qquad (4-3)$$

计算时,只需将采样值 u 代入式(4-3)中进行两次形同表达式$(b+a_i)u$的循环运算,再加上 a_0 即可,b 所代表的东西可以结合式(4-3)进行理解。可见存入的阶数决定循环次数,而存入的系数则是确定计算的系数。

曲线拟合法的核心在于多项式拟合的构思,然而,这一方法的效果必然受到多项式拟合固有缺点的影响。当标定过程遭遇噪声干扰时,多项式系数的求解可能陷入无解之困;更为重要的是,多项式拟合所能确保的仅为拟合区间内的精度,一旦超出此区间,其他点的误差可能会远远超出预期,这无疑是对应用多项式拟合的一个严峻挑战。除了多项式拟合,当前还存在诸多其他曲线拟合的技术途径,比如先进的神经网络方法等。在应用这些方法之前,必须对所选方法进行详尽的评估,这是确保拟合效果的关键所在。通过细致的评估,可以更为准确地选择适合当前场景和需求的拟合技术,进而确保数据的准确性和可靠性。

4.2.2 自校准

自校准应理解为校准由系统自身实现,无需其他校准系统的参与。假定传感器系统标定后的输入-输出特性为

$$y = a_0 + a_1 x \qquad (4-4)$$

式中,a_0 为零位输出;a_1 为灵敏度。

对于理想传感器,a_0 和 a_1 均为常数。但传感器在实际应用时会受到各种内在和外来因素的影响,因此 a_0 和 a_1 将发生某种程度的变化,进而影响传感器的性能。传统的传感器技术一直追求精心设计、精心制作,严格挑选高质量的材料及元器件,以期将零位和灵敏度的漂移控制在一定范围内,但这种方法是以提高成本为代价的。

智能传感器通过与微处理器的结合,实现了零位漂移和灵敏度漂移的自动校正。通常采用的自动校准方法有以下几种。

1. 实现自校准功能的方法一

该方法实现的原理框图如图 4-8 所示。

校准过程不含传感器。工作过程是:标准发生器首先产生标准电压 U_R 和零点标准值,然后微处理器控制多路转换器分时段选通,以分别选通标准电压 U_R 和零点标准值,并记录下这两种情况下的调理电路输出,从而最终消除零点漂移和灵敏度漂移对传感器性能的影响。

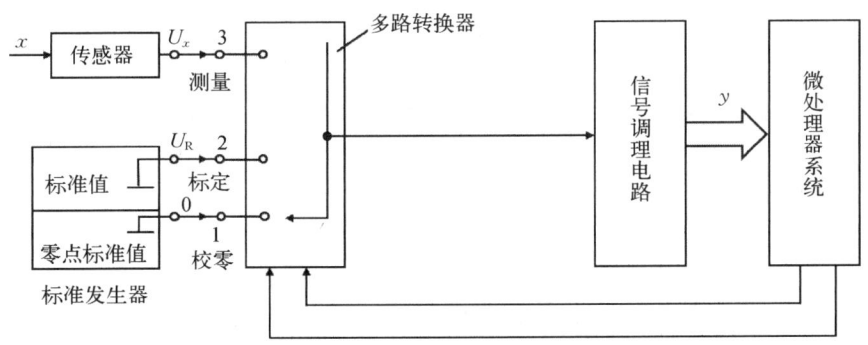

图 4-8 实现自校准功能方法一的原理框图

具体说来,校准过程实质上是三步测量法。

第一步:输入信号是零点标准值,输出值为 $y_0 = a_0$;

第二步:输入信号是标准电压 U_R,输出值为 y_R;

第三步:输入信号为传感器输出信号 U_x,输出值为 y_x。

通过第一步和第二步可以分别校准调理电路部分的零位和灵敏度,在此基础上可以得到调理电路输出结果为 y_x 时,传感器的真实输出信号 U_x,之后再反推至传感器的真实输入信号 x,这样就消除了零点和灵敏度漂移对测量结果的影响。

对于宽量程多档多增益系统,应当对每档增益值都进行自校,但这样需要产生多个标准值,会增加校准成本,因此可以设计"斜率比动态校准法"进行自校,可以用一个标准值对多个增益进行实时标定。原理框图如图 4-9 所示。

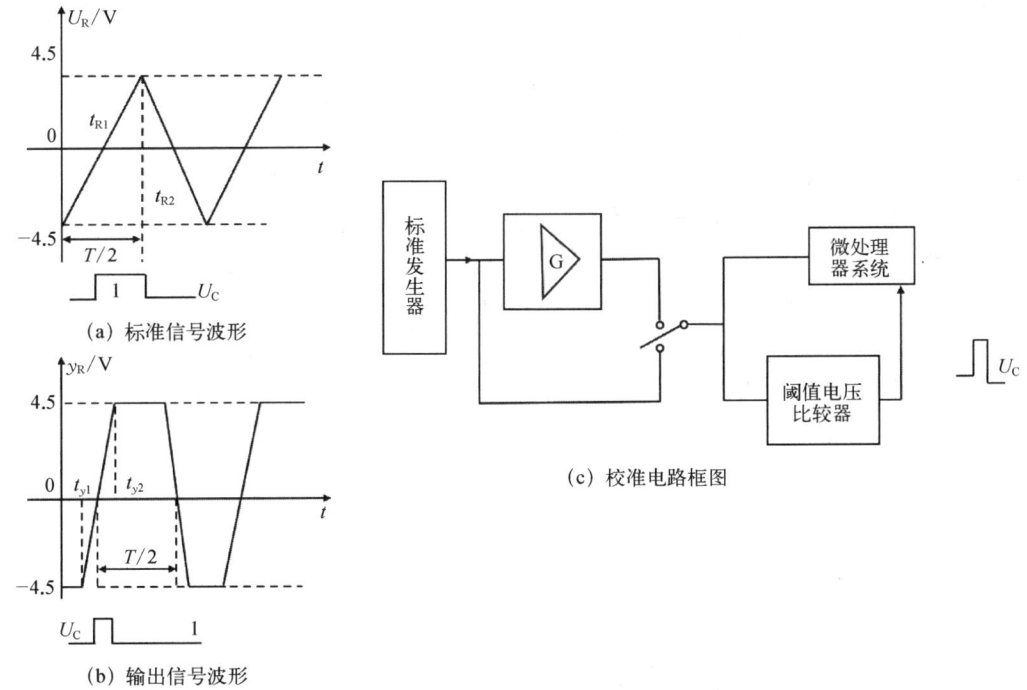

图 4-9 斜率比动态校准法原理及框图

当标准发生器产生三角波信号 U_R 时,调理电路的输出 y_R 为梯形波,增益值不同则梯形波的斜率不同,因此根据输入与输出信号的斜率比即可确定出调理电路的增益。将阈值电压比较器的上、下限比较电压分别设为 4.5 V 和 -4.5 V,输入信号在 -4.5 V 上升至 4.5 V 时,输出信号为高电平,否则为低电平。微处理器分别记录下 U_R 和 y_R 的上升时间,则被校调理电路的增益 a_1 为

$$a_1 = (t_{R2} - t_{R1})/(t_{y2} - t_{y1}) \tag{4-5}$$

t_{R2}、t_{R1}、t_{y2} 和 t_{y1} 的变化关系可参见图 4-9。

2. 实现自校准功能的方法二

方法二与方法一的区别,在于方法二能够实时自校准包含传感器在内的整个传感器系统。原理如图 4-10 所示。

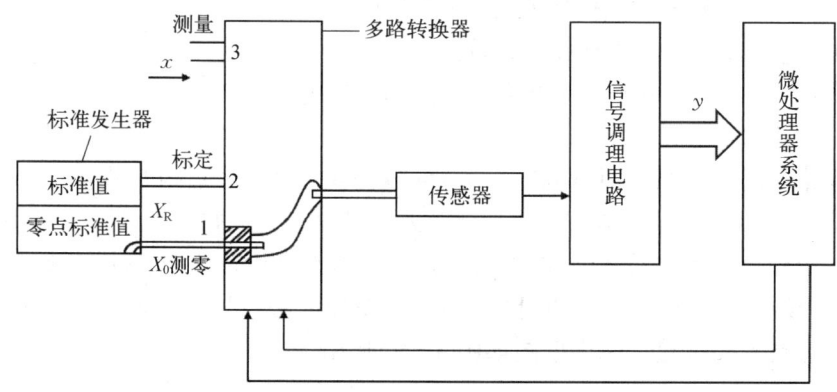

图 4-10 实现自校准功能方法二的原理框图

在图 4-10 的展示中,标准值 X_R、零点标准值 X_0 与传感器所接收的被测目标参数 X 在属性上保持着一致性。假设我们正在校正的是一个压力传感器,那么,无论是标准值还是零点标准值 X_0,都应当是准确的压力信号。而这套系统依赖的是由气动多路开关作为多路转换器,它具备传输流体介质的能力。这里采用的是经典的三步测量法。整个传感器系统的精度,其核心在于标准发生器所产生的标准值的精确度。在校准过程中,要求整个系统包括传感器、放大器等在内的每一个环节,在执行三步测量所需的时段内必须保持稳定性。这样的设定使得在测量所需时间间隔的前后产生的零点、灵敏度漂移不会对最终的测量结果造成任何误差。正因如此,这种实时在线自校准功能具有其独特的优势。即便使用的是低精度的传感器、放大器等元器件,通过此系统仍然可以获得高精度的测量结果,这为实际应用中的高精度检测提供了一种新的解决方案。

3. 实现自校准功能的方法三

前面两种方法均要求被校系统的特性为线性,从而只需要两个标准值即可完善地标定出系统的零点和增益。那么对于非线性的系统特性如何处理呢?原理上讲可通过增加标定点数的方法来实现,但为了增加标定的实时性,点数又不宜增加过多。因此,通常采用施加三个标准值的标定方法(三点标定法),具体标定过程如下。

(1) 依次输入三个标准值得到对应输出,表示为(x_{R1}, y_{R1})、(x_{R2}, y_{R2})和(x_{R3}, y_{R3})。

(2) 列出非线性自校准曲线:

$$x = C_0 + C_1 x + C_2 x^2 \quad (4-6)$$

并依据第(1)步中得到的测量结果,应用最小二乘法求取式(4-6)中的系数。

(3) 求出系数后,智能传感器系统即转入测量状态,根据传感器的输出结果反推至传感器输入端,即可得到校准后的真实传感器输入信号。

此方法的核心在于确保传感器系统在标定与测量流程中,其输入-输出特性保持恒定。经过严谨的实验验证,对于在100℃温度变化范围内,零漂、温漂效应导致总误差达到±1%的压力传感器系统,若采用满量程精度高达±0.02%的标准压力值实施实时三点校准技术,该系统的短时精度将显著提升,甚至能够优于±0.1%的精准度。然而,此方法对实验条件有着较为严格的要求,需要至少三个精准的标准值和一套完整的外围设备作为支持,这种配置对于所有的待测目标参量而言,并非都能轻易满足。相较之下,目前市场上已经相当成熟的智能压力传感器系统,因其高度的自动化和精准度,更受行业青睐。

4.2.3 自补偿

传感器在实际运行过程中,会因多种误差因素的影响而导致性能下降,因此误差补偿技术的应用十分重要。特别是时域中的温度误差补偿,以及频域中工作频带的扩展,应用非常广泛。以下对这两种误差补偿技术进行简要介绍,其基本思想也可作为其他干扰因素误差补偿的借鉴。

1. 温度补偿

在探讨非温度传感器的工作机制时,温度往往被视为传感器系统中一个尤为显著的干扰因素。在传统方法中,为了有效抵消这种干扰,主要依赖结构对称的设计策略。然而,随着微处理器技术的日新月异,智能化成为传感器技术发展的重要趋势。在经典传感器与现代微处理器技术相融合的智能传感器系统中,普遍采取了更为先进的监测补偿法。这种方法的核心在于,先对干扰量——温度进行实时监测,随后,通过精确的软件算法进行数据处理,以此实现误差的精准补偿。这不仅提升了传感器的抗干扰能力,同时也确保了传感器数据的准确性和稳定性。

以压阻式压力传感器为例,其敏感元件等基本部分由半导体材料制成,故工作特性易受温度影响,因此对其进行温度误差补偿具有典型性和重要的工程应用价值。

1) 温度信号的获取

一般来说,温度的测量需要放置测温元件,但对于压阻式压力传感器而言,可以通过"一桥二测"技术,即通过同一个电桥,实现温度和传感器输出信号的同时测量。图4-11给出了采用恒流源供电的压阻式压力传感器的典型结构图。

当被测压力和干扰温度同时作用时,各桥臂的阻值表达式为

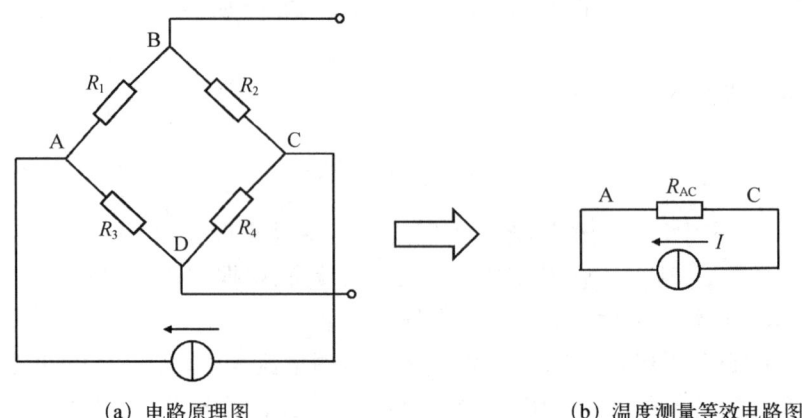

(a) 电路原理图　　　　　　　　(b) 温度测量等效电路图

图 4-11　压阻式压力传感器

$$R_1 = R_3 = R + \Delta R + \Delta R_T \tag{4-7}$$

$$R_2 = R_4 = R - \Delta R + \Delta R_T \tag{4-8}$$

进一步得等效电阻 R_{AC} 为

$$R_{AC} = R + \Delta R_T \tag{4-9}$$

因此，

$$U_{AC} = IR + I\Delta R_T \tag{4-10}$$

式中，I 为恒流源电流值；R 为压阻式传感器初始值；ΔR_T 为温度改变所引起的桥臂电阻变化。通过上述推导可以清楚地看到，A、C 两点的电压是随 ΔR_T 而变化的，是温度的函数，因此监测其数值就得到了与温度变化有固定函数关系的电压信号，之后按照函数关系解算即可得到温度信号。

而监测 B、D 两点的电压后，得到的信号当中既包含真实压力变化引起的输出信号变化，也包含温度干扰引起的输出信号变化。下面的关键问题就是把温度引起的干扰信号分离出来，而干扰信号包含零点漂移和灵敏度漂移两个部分。

2) 零点和灵敏度温度漂移的补偿

零点漂移补偿的前提是传感器具有重复性特性，即在不同测量中，零点位置保持稳定。这是确保补偿效果和测量准确性的关键。补偿的基本思想与一般仪器消除零点的思想完全相同。也就是说，假定传感器的工作温度为 T，则应在传感器输出值 U 中减去该工作温度下对应的零点电压 $U_0(T_1)$。可见，补偿的关键是先测出传感器的零点漂移特性，并保存至内存中。大多数传感器的零点漂移特性呈现出严重的非线性，如图 4-12 所示。

因此，由温度 T 求取该温度下的零点电压 $U_0(T_i)$，实际上相当于非线性校正中的线性化处理问题。对于压阻式压力传感器，在输入压力保持不变的情况下，其输出信号将随温度升高而下降，如图 4-13 所示，图中 $T > T_1$。

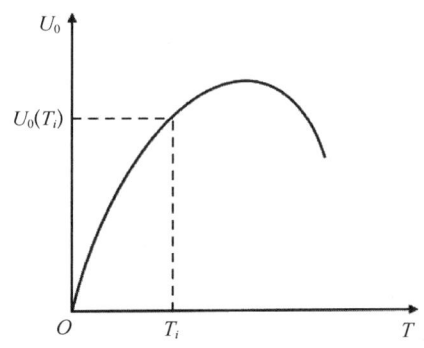
图 4-12 传感器的零点漂移特性

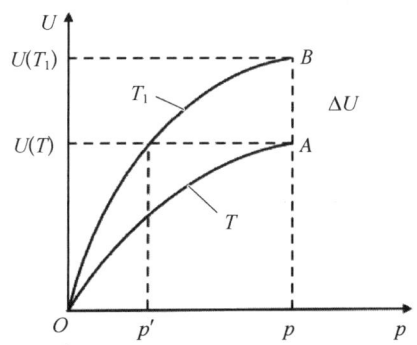
图 4-13 压阻式压力传感器的灵敏度温度漂移特性

因此,若不考虑温度变化对灵敏度的影响,将会产生明显的测量误差。常用的补偿方法有两种:一种是在压阻式压力传感器的温度变化范围内,分成多组测量不同温度下的特性,然后,根据实际工作温度插值获取应施加的补偿电压;另一种是非线性拟合的方法,拟合传感器输出与温度间的非线性关系,嵌入微处理器中进行补偿。

2. 频率补偿

频率补偿的实质是拓展智能传感器系统的带宽,以改善系统的动态性能。目前主要采用两种方法:数字滤波法和频域校正法。

1) 数字滤波法

数字滤波法的补偿思想是:给当前传感器系统[传递函数为 $W(s)$]附加一个传递函数为 $H(s)$ 的环节,于是新系统的总传递函数[$I(s) = H(s) \cdot W(s)$],可以满足动态性能要求。补偿过程的示意图如图 4-14 所示。

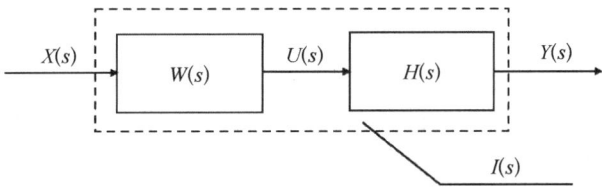
图 4-14 数字滤波法补偿示意图

以一阶系统为例,其传递函数和频率特性分别为

$$W(s) = \frac{1}{1 + \tau s} \qquad (4-11)$$

$$W(j\omega) = \frac{1}{1 + j\omega\tau} \qquad (4-12)$$

若想将其频带扩展 K 倍,即转折角频率为

$$\omega'_r = K\omega_r \qquad (4-13)$$

这等价于将其时间常数减小 $1/K$。且由于数字滤波是编程实现的,故调整灵活方便。

2) 频域校正法

图4-15给出了系统动态特性频域校正的过程。与数字滤波一样,频域校正的前提是已知系统的传递函数。

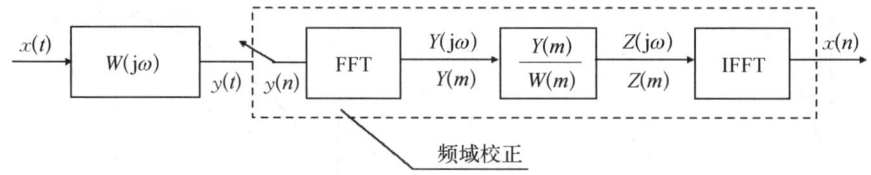

图4-15 系统动态特性频域校正过程示意图

频域校正分为采样$[y(t)\rightarrow y(n)]$、快速傅里叶变换(fast Fourier transform, FFT)、复数除法运算$[Y(m)/W(m)]$及快速傅里叶反变换(inverse FFT, IFFT)四步。其核心思想是:通过频域校正对畸变的$y(t)$进行处理,得到能够真实反映输入信号$x(t)$的频谱$Z(m)$,然后进行傅里叶反变换以求取输入信号的真值,从而达到消除误差的目的。

4.2.4 自诊断

科学技术的进步使得许多先进装备应运而生,诸如火箭、导弹等飞行器在控制系统中都应用了大量传感器,以监测系统运行过程中的参数。如果这些传感器在使用过程中发生故障,包括硬故障(传感器损坏)和软故障(传感器性能变差),都可能导致整个系统运行瘫痪。因此,当某个传感器发生故障后,希望能够及时进行检测并且进行故障隔离。这项工作得到了越来越广泛的重视。

目前为止,广泛应用的传感器故障诊断方法主要有三大类:硬件冗余方法、解析冗余方法和人工神经网络方法。每种方法都有其优势与不足,下面简介硬件冗余方法和解析冗余方法。

1. 硬件冗余方法

硬件冗余策略,作为诊断技术的先驱,其精髓在于为潜在失效的传感器精心部署备份机制,并通过表决器机制实现有效管理。具体而言,这一策略涉及采用两个、三个甚至四个完全相同、针对同一测量目标设计的设备。这些冗余设备间的输出数据通过相互比对,能够确保整个系统输出的稳定性和准确性。

在双重冗余配置下,系统虽能迅速识别传感器是否存在故障,但在故障源的定位上稍显力不从心。然而,当升级到三重冗余系统时,不仅能够判断故障的存在,还能精确分离故障源,大大提高了系统的可靠性和安全性。

硬件冗余方法的显著优势在于其无须依赖被控对象的数学模型,这使得它在多种应用场景下都能保持强大的鲁棒性。然而,这一方法的不足之处亦不容忽视:设备结构复杂,体积与质量庞大,使得其制造成本相对较高。尽管如此,在涉及高度关键性的系统,如火箭发射、航天飞行等,硬件冗余备份技术依然是不可或缺的解决方案。然而,在多数普通场景,特别是在需要大量测量数据的情况下,硬件冗余方法的局限性便越发凸显。

2. 解析冗余方法

解析冗余方法的实质就是建立被测对象(含传感器)的动态模型,通过比较模型输出和实际输出之间的差异来判断传感器是否发生故障。其原理如图 4-16 所示。

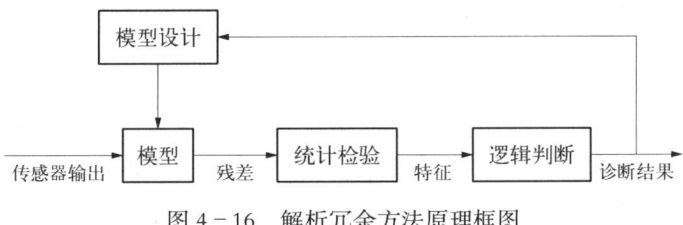

图 4-16 解析冗余方法原理框图

从图 4-16 中可以看出,解析冗余方法的大致步骤如下。

(1) 模型设计。根据被控对象的特性、传感器的类型、故障类型和系统要求等,建立相应的被控对象的数学模型。

(2) 设计与传感器故障相关的残差。在相同控制量的作用下,传感器输出信号和由模型所得值之差,即为残差。在没有传感器故障时,残差应为零。当有传感器故障时,残差不再为零,其中包含了传感器故障信号。

(3) 进行统计检验和逻辑分析,以诊断某些类型的传感器故障。

根据数学模型产生方法的不同,有不同类型的解析冗余方法。目前主要有:观测器组方法、故障检测滤波器方法、一致性空间方法、状态和参数辨识方法及基于知识的方法等。一般来讲,用解析冗余方法进行传感器故障诊断,能够定位故障来源,也就是说能够确定哪个传感器发生了故障,并可估计故障大小和严重程度。同时,解析冗余方法还不需要增加硬件设备,因此成本较低。

但是,这种方法也存在不足。当系统参数存在不确定性,以及系统参数随时间变化而变化时,或系统中有未知的输入干扰,都会给诊断结果带来不利影响,因此必须要求方法具有鲁棒性。即对应的传感器故障诊断和检验算法必须对系统参数时变、未知输入干扰等干扰因素具有抑制能力。另外,这种方法也必须知道被控对象的精确数学模型,因此当系统存在高度非线性,而且难以得到系统的数学模型时,这种方法就无能为力了。

最后要说明的就是,这种方法能够进行传感器的故障诊断,但不能恢复故障传感器的信号。

4.3 人工智能技术在传感中的应用

本节利用第 3 章的基础理论,以示例的形式,介绍人工智能技术在智能传感中的应用方法。均基于 4.3.3 节多传感器技术改善传感器性能的模型法,均以消除工作环境温度 T 或供电电压 U、电流 I 等干扰量对压力传感器交叉敏感的影响为例,说明基于神经网络的智能化软件模块的设计方法与步骤。

4.3.1 神经网络技术在智能传感中的应用

利用神经网络算法进行基于神经网络模型法温度自补偿智能化模块的设计,以消除

工作环境温度 T 这一干扰量对压力传感器交叉敏感的影响[5,6]。

如果设计一个具有如下功能的反向传播（back propagation，BP）神经网络（neural network，NN），可参考如下步骤。

首先，具有温度补偿功能，可对易受环境温度影响的传感器，如压阻式压力传感器进行温度补偿；其次，该补偿器中的神经网络模块可更换学习样本进行再训练，以适应不同压力量程的传感器在不同工作环境温度影响下进行温度补偿，提高温度稳定性；网络训练完毕后，输入压力传感器量程范围内的任何输出电压值 U_p 与其工作环境温度传感器的输出电压值 U_T，补偿模块可给出对应的压力值，该压力值 p' 在消除温度影响的同时也进行了零点及非线性补偿；最后，写出 BPNN 温度自补偿模块向其他计算机系统移植复现的编程算式，综合评价压力传感器配备了 BPNN 温度自补偿模块后的性能。

1. 传感器系统补偿器结构

实现上述功能时，需构建一个具有温度自补偿功能的二传感器数据融合智能传感器系统[7,8]，其中一个是辅助传感器，用来监测干扰量温度 T；另一个是被补偿的主传感器-压力传感器。系统如图 4-17 所示。

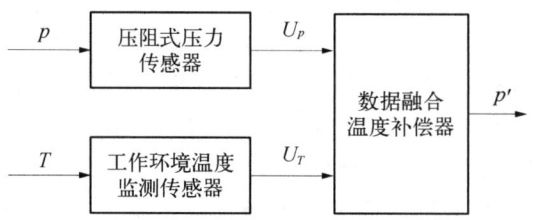

图 4-17　二传感器数据融合智能传感器系统

这个传感器系统的核心是采用神经网络原理进行工作的数据融合温度补偿器[9,10]，对于补偿器的设计，采用多层感知的 BP 神经网络结构，需要确定 BP 神经网络输入层、隐层和输出层神经元数量和相应的传递函数，确定训练函数、学习函数及功能函数。本例采用 1 个输入层，1 个隐层和 1 个输出层的结构，则 BP 神经网络的结构如图 4-18 所示。图中 i、j、k 分别是输入层、隐层和输出层神经元序号。相邻层之间的神经元通过连接权值 W 相联系。针对这个结构，输入层节点数为 2，即 $i=1,2$，分别对应 U_p 和 U_T 的输入；隐层结果点数为 3，即 $j=1,2,3$；输出层节点数为 1，即 $k=1$，输出结果为被测压力的融合值，也就是修正压力的输出。对于每一层的传递函数，理论上可以是任意的可导函数。本例中，输入层直接接入隐层的输入端，输入层采用渐变的对数型曲线，输出层选用线型函数。采用反向传播算法，目标是使神经网络输出 p' 与压力传感器系统目标参量标定之间的均方差最小。

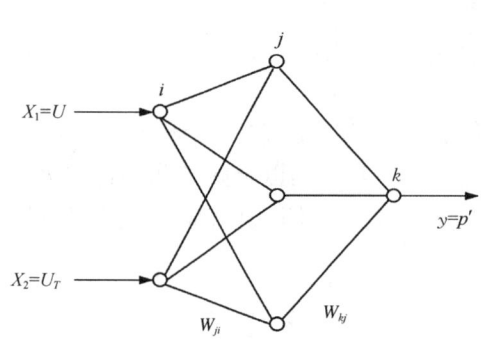

图 4-18　BP 神经网络结构

数据融合温度补偿器的 BP 神经网络结构

确定后,需要准备样本数据对其进行训练,确定网络权值,并对训练结果进行检验,当检验结果满足要求,即可将确定好的网络结构和权值进行固定和移植,进行实际的测试工作。

2. 训练样本和检验数据准备

训练样本和检验数据采用校准数据,在工作温度范围内选定多个不同的温度状态对被补偿的压力传感器进行标定试验,获得不同压力 p 和温度 T 下的 U_p 和 U_T。可将这些校准数据分为两组,其中的 1/2~2/3 用作神经网络的训练,确定神经网络结构和权值,称为样本数据。剩下的数据用于训练结果的检验,称为检验数据。样本数据和检验数据以数据对的形式进行组织,数据对由输入量与对应输出量两部分组成,每个样本对或检验对含有两个输入量:U_p 和 U_T,对应期望输出量为 p。

为了使数据具有较好的迁移特性,一般需要对样本数据进行归一化处理,经过归一化处理后的数据在 -1~1 或者 0~1。数据归一化的公式有多种,如:

$$\overline{X} = \frac{X - X_{\min}}{X_{\max} - X_{\min}} \quad (4-14)$$

或

$$\overline{X} = \frac{0.9(X - X_{\min})}{X_{\max} - X_{\min}} + 0.05 \quad (4-15)$$

式中,X、$\overline{X}$ 分别为归一化前后的样本数据;$X_{\min}$、$X_{\max}$ 为 X 所在行的最小、最大值。

当采用归一化样本数据用于神经网络的训练与检验,并且将训练好的网络进行移植,比如在将计算机模拟器中的训练结果移植到单片机中进行测量时,测量用的样本必须进行相同的归一化处理。如果训练检验的样本没有进行归一化,则测量样本也不用进行归一化处理。

3. BP 神经网络的训练和检验

训练流程如图 4-19 所示。存放训练输入样本文件每行的最大与最小值,采用 2×2 矩阵存放 2 个训练输入样本文件的最大与最小值。有隐层和输出层两层神经元,每层神经元个数分别为 3 和 1。权值初始值为小于 1 的随机数,学习因子及势态因子的默认值分别为 0.1 和 0.9,功能函数为训练样本训练,采用方差函数。

在训练网络过程中进行网络测试,采用确认向量用来及时终止训练,以免过训练损害网络的泛化能力。

用已训练好的 BPNN 计算检验样本的输出结果。计算检验结果的绝对偏差或者引用误差,判断结果能否满足使用要求。

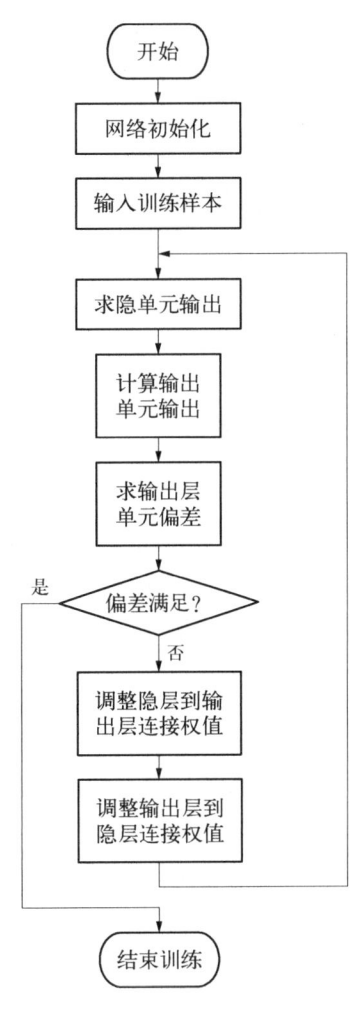

图 4-19 BP 神经网络训练流程图

4. 采用 BP 神经网络的效果评价

在本例中,温度对压力传感器特性的影响可用线性度和温度稳定性来评价。对于采用线性度标准的评价,可将融合前后的数据拟合成传感器输出与输入的线性关系,分别计算融合前后最小二乘偏差进行比较。对于温度稳定性的改善,可以比较融合前后单位温度、单位压力下传感器输出的最大偏差来进行确定。

4.3.2 机器学习在智能传感中的应用

考虑到压阻式压力传感器在环境温度及工作电流波动的影响下,稳定性明显受损,一种常见的处理方法是借助多传感器数据融合技术构建逆模型,旨在降低对干扰量的交叉敏感性,进而提升传感器的稳定性。在之前章节中,我们提及神经网络法可用于此类处理,然而神经网络法在应用时,往往会面临参数优化的挑战。由于其收敛和预测精度深受初始权值选择的影响,神经网络的输出往往具有不可预测性和不稳定性,甚至可能陷入局部最优解的困境。为了找到最佳模型,必须对权值进行精心选取和优化。支持向量机法能在一定程度上避免上述缺点

以采用 SVM 进行三传感器数据融合的智能传感器系统为例[11,12],介绍该技术在智能传感中的应用。该三传感器由传感器模块和支持向量机模块两部分组成。

1. 传感器模块

如图 4-20 所示,传感器模块输出三个电压信号,其中 U_p 为被测压力 p(目标参量)的电压输出信号,U_I、U_T 为两个非目标参量的检测电压信号。

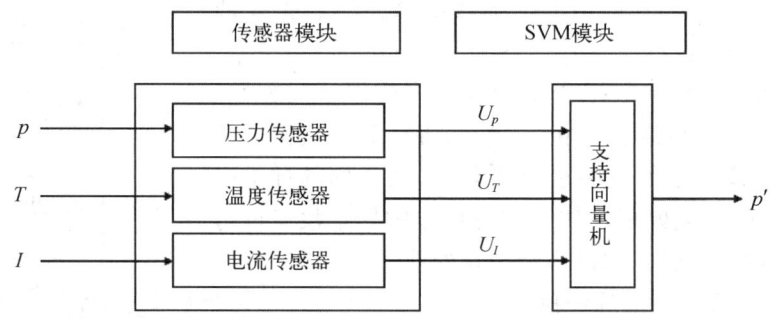

图 4-20 采用 SVM 进行三传感器数据融合的智能压力传感器系统框图

一个理想的压力传感器将压力信号 p 转化成与压力相关的电信号 U_p,这一关系不应受到其他因素的影响,其输出电压 U_p 应为输入压力 p 的一元单值函数,即 $U_p = f(p)$。实际上,由于电特性的变化等原因,传感器的输出还受工作温度 T 和电源供电电流 I 的影响,实际上是一个三元函数,即 $U_p = f(p, I, T)$。

2. 支持向量机模块

支持向量机模块是由软件编程实现的一种算法。其作用是消除温度和供电电压对传感器输出的影响。在本例中,网络的三个输入量 x_1、x_2、x_3,分别对应着 U_p、U_I、U_T,输出量为 p'。p' 亦是智能压力传感器系统的总输出量。通过压力传感器的多维标定实验获得 n 组样本 $\{(U_{pi}, U_{Ii}, \cdots, U_{Ti}), p'\}$ ($i = 1, 2, \cdots, n$),记为 n 个样本点:$\{x_i, y_i\}$,($x_i \in \mathbb{R}^m$, $y_i \in$

$\mathbb{R}$,$m=3$),x_i代表输入向量(U_{pi},U_{Ii},…,U_{Ti});m代表输入向量的维数,对于本实验的问题而言,$m=3$;y_i代表期望输出标量 p'_i。基于 SVM 进行数据融合的目的是来拟合输入 x 与输出 y 之间的关系:

$$y(x) = w^T x + b = \sum_{i=1}^{s} a_i K(x, x'_i) + b \quad (4-16)$$

式中,$x'_i(i=1,2,\cdots,s)$ 是支持向量;s 为支持向量的数量;x 是被测输入向量;b 是 SVM 阈值或偏移量;ω 是 SVM 的权值系数,其数量与支持向量数量相同,即 $\omega = [\omega_1, \omega_2, \cdots, \omega_i, \cdots, \omega_n]$;$a_i$ 是与 SVM 的权值系数相对应的拉格朗日乘子;$K(x, x'_i)$ 为 SVM 的核函数。

3. 降低两个干扰量影响的 SVM 智能化软件模块的设计

采用高斯(Gaussian)型 RBF 核函数的 SVM 作为多传感器交叉敏感的逆模型,改善压阻式压力传感器的温度稳定性与恒流源供电电流的稳定性,并对改善前后的稳定性作出评价。

监测干扰量温度 T 的温度传感器的输出电压为 U_T;监测干扰量恒流源供电电流 I 的电流传感器输出电压为 U_I;构建 Gaussian 型 RBF 核函数的 SVM 的三传感器数据融合智能传感器系统。其核心是根据选定的核函数和相关参数确定权值系数 ω 和 b。

1) 样本的制作和训练

传感器的实际标定数据是不同温度、电流和压力下传感器的输出值,是样本数据的基础。支持向量机的学习样本与测试样本与 RBF 网络的样本完全相同,包含训练样本和期望输出样本、检验样本的输入和期望输出样本,均由标定数据制作。这里的输入样本是三维的,有三个输入变量 U_p、U_I、U_T,将全部训练样本的输入向量作为支持向量,为式(4-16)中的 x'_i,期望输出样本是一维的,是一列与输入变量相对应的压力值 p,为式(4-16)中的 $y(x)$,全部检验样本的输入向量作为特征空间向量,即式(4-16)中的 x。

2) 训练

对于 SVM 的设计,核函数中的参数 σ 对结果有显著影响,有时需要反复实验,根据训练结果确定。训练的目的是找到合适的支持向量机结构参数 ω 和 b,使输出结果最佳,一般为输出值与训练样本中的期望输出向量(标定值)的偏差最小。也可以采用输出值与标定值的均方误差来进行判断。

3) 融合后效果评价

可以采用零位温度系数、灵敏度温度系数和电流影响系数对融合结果进行评价,这三个系数的定义分别如下。

零位温度系数:

$$\alpha_0 = \frac{|\Delta p_{0m}|}{p_{FS}} \cdot \frac{1}{\Delta T}$$

灵敏度温度系数:

$$\alpha_s = \frac{|\Delta p_m|}{p_{FS} \cdot \Delta T}$$

电流影响系数:

$$\alpha_I = \frac{|\Delta p_m|}{p_{FS} \cdot \Delta I}$$

式中,Δp_{0m}是压力为0时的最大输出与标定值的偏差;p_{FS}是压力量程;ΔT是温度变化范围;Δp_m是所有压力输出中,输出与标定值偏差的最大值;ΔI是电流的变化范围。一般而言,核函数中的参数σ不同,评价结果会有比较大的差别,需要针对其数值进行反复试验,找到合适的支持向量机结构参数ω和b。

4) 移植

在压力传感器现场应用的实践中,其实际测量输出数据通常依赖于现场处理机[如单片机或数字信号处理器(digital signal processor,DSP)]来进行处理。采用大型数值计算软件的部署是不切实际的。鉴于此,须在实际应用中采用一种高效的数据处理策略:首先,在功能强大的PC计算机上,预先训练SVM,确保其准确性和可靠性。接着,将训练好的SVM的结构参数、权系数w、偏置b以及RBF核函数的σ等关键参数直接固化到单片机或DSP中。这样一来,在单片机或DSP端,仅需要进行简单的数学运算,如乘法、加法、指数运算以及矩阵乘法等,即可实现传感器数据的快速融合与输出。这一方法的运用,不仅大大提高了数据处理的效率,而且确保了在资源有限的单片机或DSP环境下,依然能够保持数据的准确性和实时性,为现场应用提供了强有力的技术支持。

4.4 小　　结

本章内容聚焦智能传感技术以及人工智能技术在传感中应用的介绍和探讨。首先介绍了传统传感器的构成、智能传感器的功能和特点。传感器是由敏感元件直接感知被测量的物理量,并将其转换为电信号的测试装置。作为当代信息技术的基础,使用传感器是获取物理信息的基本手段,智能传感器最初的概念是在传感器内部集成信号调理电路,利用数字数据处理提升传感器性能。实现传感器各项功能的智能化和建立智能传感器系统,是传感器克服自身不足,并且获得高稳定性、高可靠性、高精度、高分辨率和高自适应能力的必由之路,也是奠定智能化传感器的重要内容。

其次,介绍了传感技术智能化的实现方法,包括非线性校正、自校准、自补偿、自诊断等方法。测量系统的线性度(非线性误差)是影响系统精度的重要指标之一,因此如何有效消除非线性特性对测量结果的影响,长期以来都是传感器领域研究的热点问题。智能传感器系统具有非线性自动校正功能,可以消除整个传感器系统的非线性系统误差、提高测量精度;自校准应理解为校准由系统自身实现,无需其他校准系统的参与;自补偿是传感器在实际运行过程中,会因多种误差因素的影响而导致性能下降,因此采用误差补偿技术改善测试性能;自诊断为传感器的故障诊断,目前为止,广泛应用的传感器故障诊断方法主要有三大类:硬件冗余方法、解析冗余方法和人工神经网络方法。

最后,介绍了人工智能技术(包括神经网络技术和机器学习)在智能传感器中的应用。包括基于BP神经网络的温度自补偿智能化模块的设计,采用支持向量机(SVM)技术进行三传感器数据融合的智能传感器的应用等。

思 考 题

4.1 简述传感系统的构成以及传统传感器的特点。
4.2 简述智能传感器的功能和特点。
4.3 简述非线性校正、自校准、自补偿、自诊断等传感技术智能化方法的特点及区别。
4.4 简述 BP 神经网络的基本原理,并列举 BP 神经网络的应用案例。
4.5 列举机器学习的应用案例,谈谈自己对机器学习实现测试系统智能化的理解。

参 考 文 献

[1] 徐进,王倢婷.传感器智能应用与检测技术[M].北京:电子工业出版社,2022.
[2] 何金田,刘晓旻.智能传感器原理、设计与应用[M].北京:电子工业出版社,2012.
[3] 侯俊芳,裴丽,李卓轩,等. 光纤传感技术的研究进展及应用[J]. 光电技术应用,2012, 27(1):49-53.
[4] 周浩敏,钱政.智能传感技术与系统[M].北京:北京航空航天大学出版社,2008.
[5] Ballard Z, Brown C, Madni A M, et al. Machine learning and computation-enabled intelligent sensor design[J]. Nature Machine Intelligence, 2021, 3: 556-565.
[6] Xu F J, Xu Y L, Zhang H J, et al. Application of sensing technology in intelligent robotic arc welding: A review[J]. Journal of Manufacturing Processes, 2022(79): 854-880.
[7] 林义忠,易雨晴,秦琦航,等. 具有惯性补偿的机器人变刚度碰撞传感器研究[J]. 机床与液压,2023,51(17): 1-5.
[8] 蒋栋年,高玉鑫. 无参考值情况下自诊断传感器设计方法研究[J]. 控制理论与应用,2023,40(9):1576-1584.
[9] 王茜,董学仁,尉吉勇,等. 神经网络技术在智能传感器系统中的应用与发展[J]. 自动化仪表,2004(7):3-5.
[10] 谭伟杰. 基于神经网络的光纤传感技术在智能材料中的应用[J]. 传感器世界,2008(1):25-27,32.
[11] 杨挺,耿毅男,郭经红,等. 人工智能在新型电力系统智能传感、通信与数据处理领域应用[J]. 高电压技术,2024, 50(1):19-29.
[12] 王晓峰,张菲菲. 支持向量机技术在智能传感器系统中的应用[J]. 计算机与数字工程,2010,38(8):204-207.

第 5 章

测试系统智能化技术

【学习要点】

- 掌握：① 自动测试系统的构成；② 掌握 A/D、D/A、多路开关等数字测试技术基础；③ 虚拟仪器构成和多传感器信息融合结构。
- 熟悉：① 测试总线技术和 ISA、PCI、PXI、VXI 等数据总线；② 虚拟仪器构成。
- 了解：① 无线数据传输；② 软件标准和开发环境。

5.1 自动测试系统

5.1.1 自动测试系统的构成

自动测试系统（automatic test system，ATS）是指以计算机为核心，在程控指令的指挥下，能完成某种测试任务而组合起来的测量仪器和其他设备的有机整体[1,2]。它将测试从信号检出、信号处理、数据分析与判断、结果显示、数据存储等各个环节有机集成，从而自动完成测试全过程，以构成自动测试系统。

自动测试系统一般由三大部分组成：自动测试设备（automatic test equipment，ATE）、测试程序集（test program set，TPS）和 TPS 开发工具。ATE 是指与测试任务相关的硬件设备以及相应的操作系统；TPS 是指与测试需求相关的接口适配器、测试程序软件和文档；TPS 开发工具是指 TPS 开发的软件环境，包括 ATE 和被测件（unit under test，UUT）仿真器、ATE 和 UUT 描述语言、编程工具（如各种编译器）等。

对于自动测试系统，从用途方面来看，大体可以分为通用自动测试系统和专用自动测试系统。自动网络分析仪、大规模集成电路测试仪等都可归结为通用自动测试系统，专用自动测试系统则是为了专门测试某种设备或者被测对象而设计的测试系统。按照自动测试系统的构成和原理，可以分为数据采集型、系统集成型、网络型及闭环反馈型等。

1. 数据采集型

数据采集型是测试系统应用最广泛的形式，其基本组成包括传感器、信号处理、数据采集卡和计算机，数据采集型测试系统示意图如图 5-1 所示。

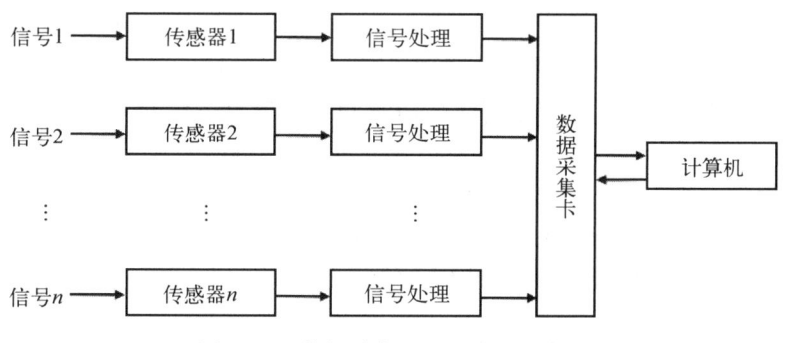

图 5-1　数据采集型测试系统示意图

2. 系统集成型

系统集成型测试系统如图 5-2 所示。大多数通用测试平台采用系统集成型这种形式,其特点是测试功能相对稳定,但对测试系统的性能要求较高,只有专用的仪器才能完成。

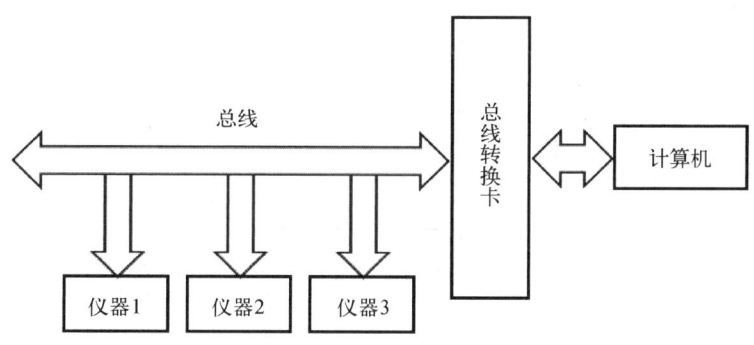

图 5-2　系统集成型测试系统示意图

3. 网络型

网络型测试系统利用局域网、互联网或两者的结合,将分布在不同地域的测试装置及测试子系统连接起来,通过某种通信协议(如 TCP/IP)传输数据及测试控制指令,实现各测试子系统为共同测试任务而协同工作的目的,其组成结构如图 5-3 所示。

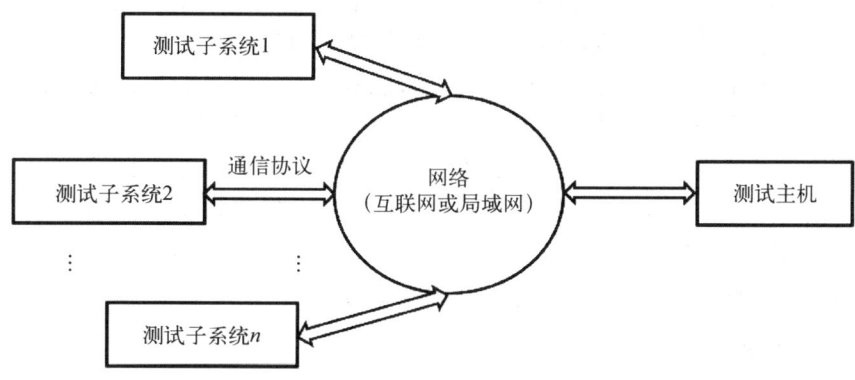

图 5-3　网络型测试系统示意图

网络型测试系统主要由两大部分组成：一部分是组成系统的基本功能单元,它本身可以构成测试子系统,包括了网络化传感器、网络化测试仪器、网络化测试模块等；另一部分是连接各个基本功能单元的通信模块。通常网络型测试系统承担着测试、控制和信息交换的任务。如果以信息共享为主要目的,则一般采用互联网。

2005 年由众多测试和测量仪器供应商和用户组成的联盟发布了测试系统的 LXI（LAN eXtension for Instrument）标准,它为局域网型测试系统的组建提供了强有力的技术支持。LXI 同时具备 GPIB 的易用性和 VXI 的技术性能。

4. 闭环反馈型

闭环反馈型是在数据采集的基础上增加了反馈控制环节,一方面使测试系统能够根据数据分析结果实时调整,控制其自身的测试装置,使其以最佳的测量状态测试当前的信号,以便应对信号的较大变化；另一方面使测试系统能够将测试数据分析结果及时反馈被测信号,通过某种控制装置改变被测对象的信息,以符合用户需求。闭环反馈型测试系统如图 5-4 所示。

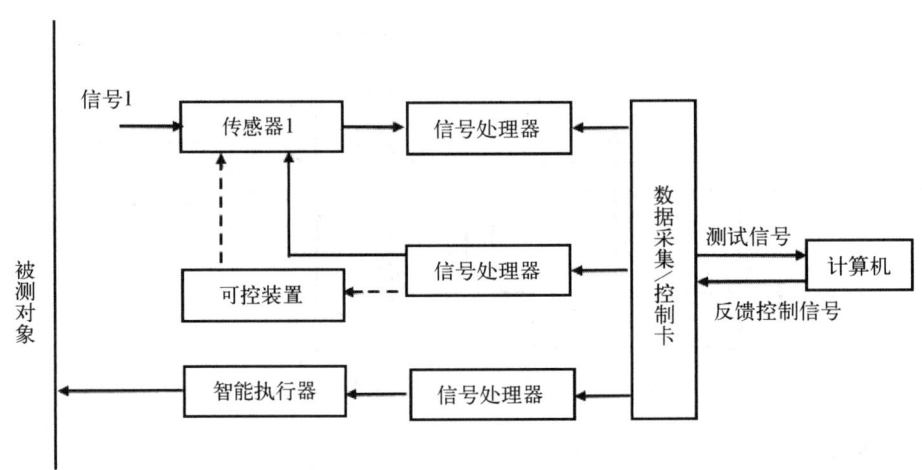

图 5-4 闭环反馈型测试系统示意图

只有测试系统中某些环节能够接收可控信号,系统才能形成闭环反馈。当然,对于那些没有控制信号接口但又需要控制的器件（如传感器）,仍然可以用其他可控装置对其位置、距离、方向等进行调节和控制,使之符合测试需要,如图 5-4 中虚线部分所示。

闭环反馈型测试系统是按偏差进行控制的,能够调整测试系统自身的状态,能够自动适应信号的较大变化,其特点是不论什么原因,当输出量与期望值之间出现偏差时,都会产生一个相应的控制动作来减小或消除这个偏差,使测试值与真值趋于一致,抑制任何内、外扰动对输出量产生的影响,它有较高的测试精度。但这种系统使用的元件较多,线路复杂,系统性能分析和设计比较麻烦。尽管如此,它仍是一种重要且使用最广泛的测试系统,越来越多的可控传感器和可控信号处理模块都已在采用。

5.1.2 计算机测试系统

计算机测试系统采用计算机作为主体和核心,代替传统测试系统的常规电子线路,解决了传统测试系统难以解决的问题,还能简化电路、增强功能、降低成本、易于升级。现代测试系统主要采用计算机或微处理器为核心进行系统设计。

计算机测试系统的基本组成框图如图5-5所示。与传统的测试系统相比,计算机测试系统通过将传感器输出的模拟信号转换为数字信号,利用计算机系统丰富的软、硬件资源达到测试自动化和智能化的目的。

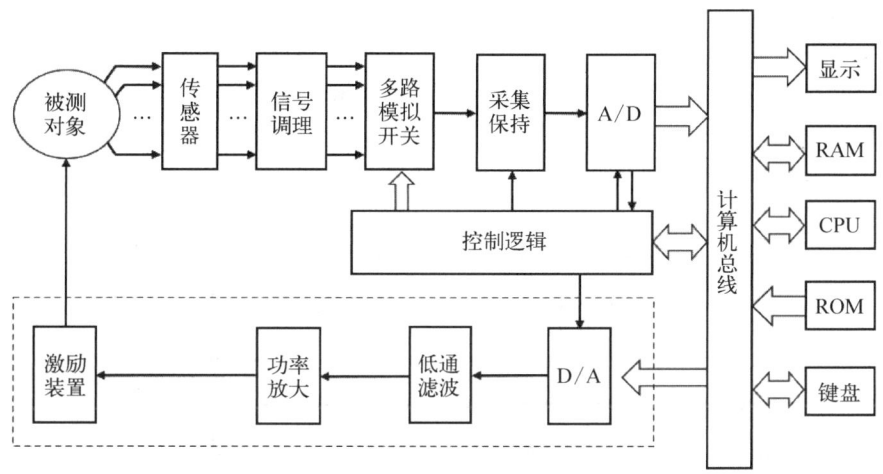

图5-5 计算机测试系统

在计算机测试系统中,被测和被控制的量主要是各种模拟信号,也有输入数字信号的传感器和输出数字信号的执行机构。本章着重介绍模拟信号的采集和处理。为了实现计算机对被测信号的分析和数据处理,首先需要解决模拟测量信号的数据采集问题。数据采集就是把传感器输出的模拟量,经过预处理并依靠A/D转换器转换为计算机处理的数字量,以便用计算机进行存储、显示、分析、处理和传输。数据采集技术解决了工程测试中模拟信号输入数字计算机的问题。因此,数据采集系统又称为计算机的模拟信号输入通道或模拟信号输入子系统。

计算机的模拟信号输入子系统主要由多路模拟开关(multiplexer,MUX)、采样保持电路(S/H)、A/D转换器及其与微处理机的接口电路组成。由于传感器的工作环境往往较为恶劣,传感器输出的被测信号经常受到较大的干扰。因此,在很多数据采集系统中还包含滤波器和抑制干扰能力很强的信号放大器。信号放大器的增益是可程控的,即通过计算机软件编程可实现信号增益的控制。

计算机数据处理的结果除在显示、存储外,往往还需要进行模拟过程控制。因此,又必须采用D/A转换器,把数字量转换为模拟输出量。计算机的模拟数据输出通道或称为模拟信号输出子系统是由D/A转换器及其与微处理机的接口电路组成的。

在计算机测试系统中,模拟信号的输入和输出子系统是计算机与工程测试设备连接的桥梁。下面主要讨论这些子系统中的几个重要的环节。

1. 多路模拟开关

实际的测试系统通常需要进行多参量的测量,即采集来自多个传感器的输出信号。如果每一路信号都采用独立的输入回路(信号调理、采样/保持、A/D),则系统成本将比单路成倍增加,而且系统体积庞大。同时,由于模拟器件、阻容元件参数、特性不一致,对系统的校准带来很大困难。为此,通常采用多路模拟开关来实现信号测量通道的切换,将多路输入信号分时输入公用的采样保持(S/H)电路和模数转换电路,然后输入到计算机。这种结构共同使用一个采样保持和模数转换电路,简化了电路结构,降低了成本。

目前,计算机测试系统常采用互补金属氧化物半导体(complementary metal-oxide-semiconductor, CMOS)场效应模拟电子开关,尽管模拟电子开关的导通电阻受电源、模拟信号电平和环境温度变化的影响会发生改变,但是与传统的机械触点式开关相比,其功耗低、体积小、易于集成、速度快且没有机械式开关的抖动现象。CMOS 场效应模拟电子开关的导通电阻一般在 200 Ω 以下,关断时漏电流一般可达纳安级甚至皮安级,开关时间通常为数百纳秒。

图 5-6 给出了八选一 CMOS 多路模拟开关原理框图。

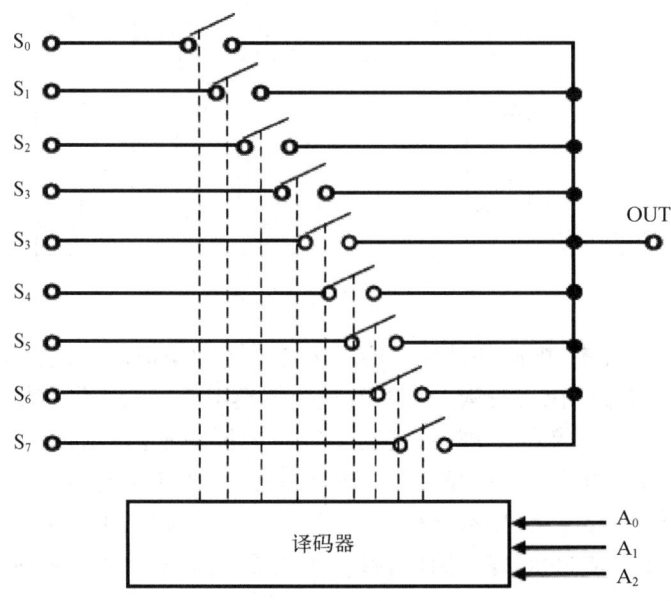

图 5-6 多路模拟开关

根据控制信号 A_0、A_1 及 A_2 的状态,译码器在同一时刻只选中 $S_0 \sim S_7$ 中相应的一个开关闭合。实际的 CMOS 集成多路模拟开关,通常还具有一个使能(enable)控制端,当使能输入有效时才允许选中的开关闭合,否则所有开关均处于断开状态。使能端的存在主要是便于通道扩展,可以将八选一扩展为十六选一。

2. A/D 转换与 D/A 转换

将模拟量转换成与其对应的数字量的过程称为模/数(A/D)转换,反之,则称为数/模(D/A)转换。实现上述转换过程的装置分别称为 A/D 转换器和 D/A 转换器。A/D 和 D/A 转换是数字信号处理的必要程序。通常所用的 A/D 和 D/A 转换器,其输出的数字量大多采用二进制编码表示,以与计算机技术相适应。

随着大规模集成电路技术的发展,各种类型的 A/D 和 D/A 转换芯片已大量供应市场。其中大多数是采用电压数字转换方式,输入、输出的模拟电压也都标准化,如单极性 0~5 V、0~10 V 或双极性 ±5 V、±10 V 等,给使用带来极大方便。

1) A/D 转换

a. 工作原理

A/D 转换过程包括采样、量化和编码三个步骤，其转换原理如图 5-7 所示。

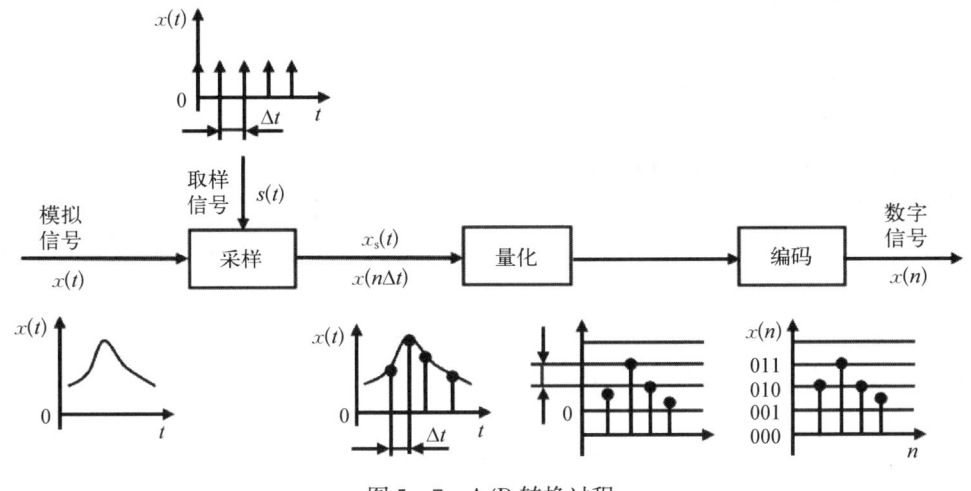

图 5-7 A/D 转换过程

采样即是将连续时间信号离散化。采样后，信号在幅值上仍然是连续取值的，必须进一步通过幅值量化转换为幅值离散的信号。若信号 $x(t)$ 可能出现的最大值为 A，令其分为 d 个间隔，则每个间隔大小为 $q = A/d$，q 称为量化当量或量化步长。量化的结果即是将连续信号幅值通过舍入或截尾的方法表示为量化当量的整数倍。量化后的离散幅值需通过编码表示为二进制数字以适应数字计算机处理的需要，即 $A = qD$，其中 D 为编码后的二进制数。

采样信号落在某个小间隔内，经过舍入或截尾量化变为有限值后其幅值会产生误差，这种误差称为量化误差。当采用舍入量化时，最大量化误差为 $\pm q/2$；而采用截尾量化时，最大量化误差为 $-q$。

量化误差的大小一般取决于二进制编码的位数，因为它决定了幅值被分割的间隔数量 d。如采用 8 位二进制编码时，$d = 2^8 = 256$，即量化当量为最大可测信号幅值的 $1/256$。

实际的 A/D 转换器通常利用测量信号与标准参考信号进行比较获得转换后的数字信号，根据其比较的方式可将其分为直接比较型和间接比较型两大类。

直接比较型 A/D 转换器将输入模拟电压信号直接与作为标准的参考电压信号相比较，得到相应的数字编码。如逐次逼近式 A/D 转换器通过将待转换的模拟输入量 V_i 与一个推测信号 V_R 相比较，根据比较结果调节 V_R 以向 V_i 逼近。直接比较型 A/D 转换器属于瞬时比较，转换速度快，常作为数字信号处理系统的前端，但缺点是抗干扰能力差。

间接比较型 A/D 转换器首先将输入的模拟信号与参考信号转换为某种中间变量（如时间、频率、脉冲宽度等），然后再对其比较得到相应的数字量输出。如双积分式 A/D 转换器通过时间作为中间变量实现转换。其原理是：先对输入模拟电压 V_i 进行固定时间的积分，然后通过控制逻辑转为对标准电压 V_{REF} 进行反向积分，直至积分输出返回起始值，这样对标准电压积分的时间 T 将正比于 V_i，V_i 越大，反向积分时间越长。若用高频标准时钟测量时间 T，即可得到与 V_i 相应的数字量。

间接比较型 A/D 转换器抗干扰能力强，但转换速度慢，常用于数字显示系统中。

b. 采样定理及频率混淆

在对模拟信号离散化时，采样频率的设置还必须遵循采样定理，否则会导致频率混淆，不能复现原来连续变化的模拟量。

（1）采样定理。采样的基本问题是如何确定合理的采样间隔 Δt 和采样长度 T，以保证采样所得的数字信号能真实地代表原来的连续信号 $x(t)$。一般来说，采样频率 f_s 越高，采样点越密，所获得的数字信号越逼近原信号。当采样长度 T 一定时，f_s 越高，数据量 $N = T/\Delta t$ 越大，所需的计算机存储量和计算量就越大；反之，当采样频率降低到一定程度，就会丢失或歪曲原来信号的信息。

采样定理给出了带限信号不丢失信息（或能够无失真恢复原来信号）的最低采样频率，即 $f_s \gg f_m$，式中 f_m 为原信号中最高频率，若不满足此采样定理，将会产生频率混淆现象。

（2）频率混淆。频率混淆是由于采样频率取值不当而出现高、低频成分发生混淆的一种现象，如图 5-8 所示。

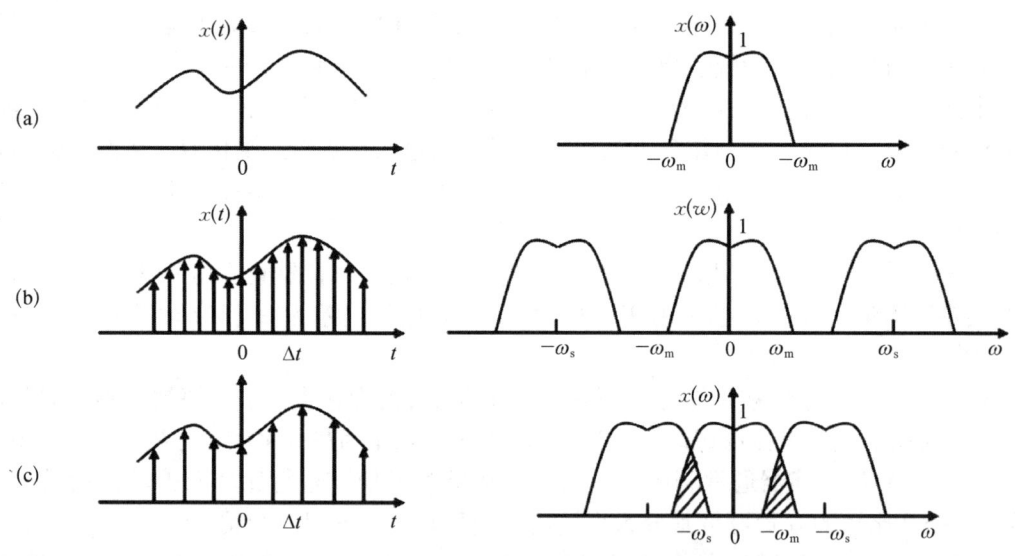

图 5-8 采样信号的混淆现象

图 5-8(a)给出的是被测真实信号 $x(t)$ 及其傅里叶变换 $X(\omega)$，其频带范围为 $-\omega_m \sim \omega_m$；图 5-8(b)给出的是采样信号 $X_s(t)$ 及其傅里叶变换，它的频谱是一个周期性谱图，周期为 ω_s，且 $\omega_s = 2\pi/\Delta t$。图中表明：当满足采样定理，即 $\omega_s > 2\omega_m$ 时，周期谱图是相互分离的；而图 5-8(c)给出的是当不满足采样定理，即 $\omega_s < 2\omega_m$ 时，周期谱图相互重叠，即谱图之间高频与低频部分发生重叠的情况，这使信号复原时产生混淆，即频率混淆现象。

解决频率混淆的办法是：

(1) 提高采样频率以满足采样定理,一般工程中取 $f_s = (2.56 \sim 4)f_m$;

(2) 用低通滤波器滤掉不必要的高频成分,以防频率混淆的产生,此时的低通滤波器也称为抗混滤波器,如滤波器的截止频率为 f_c,则 $f_c = f_s/(2.56 \sim 4)$。

c. A/D 转换器的主要技术指标

a) 分辨力

A/D 转换器的分辨力用其输出二进制数码的位数来表示。位数越多,则量化当量越小,量化误差越小,分辨力也就越高。常用的分辨力有 8 位、10 位、12 位、16 位、24 位、32 位二进制数码等。

例如,某 A/D 转换器输入模拟电压的变化范围为 -10 V ~ 10 V,转换器为 8 位,若第一位用来表示正、负符号,其余 7 位表示信号幅值,则最末一位数字可代表 80 mV 的模拟电压(10 V $\times 1/2^7 \approx 80$ mV),即转换器可以分辨的最小模拟电压为 80 mV。而同样情况,用一个 10 位转换器能分辨的最小模拟电压为 20 mV(10 V $\times 1/2^9 \approx 20$ mV)。

b) 转换精度

具有某种分辨力的转换器在量化过程中由于采用了四舍五入的方法,因此最大量化误差应为分辨力数值的一半。如上例 8 位转换器最大量化误差应为 40 mV,满量程的相对误差则为 0.4%(40 mV/10 V $\times$ 100%)。可见,A/D 转换器数字转换的精度由最大量化误差决定。实际上,许多转换器末位数字并不可靠,实际精度还要低一些。

由于含有 A/D 转换器的模数转换模块通常包括有模拟处理和数字转换两部分,因此整个转换器的精度还应考虑模拟处理部分(如积分器、比较器等)的误差。一般转换器的模拟处理误差与数字转换误差应尽量处在同一数量级,总误差则是这些误差的累加。

例如,一个 10 位 A/D 转换器用其中 9 位计数时的最大相对量化误差为 $1/2^9 \times 0.5 \times 100\% \approx 0.1\%$,若模拟部分精度也能达到 0.1%,则转换器总精度可接近 0.2%。

c) 转换速度

转换速度是指完成一次转换所用的时间,即从发出转换控制信号开始,直到输出端得到稳定的数字输出为止所用的时间。转换时间越长,转换速度就越低。转换速度与转换原理有关,如逐次逼近式 A/D 转换器的转换速度要比双积分式 A/D 转换器高许多。除此以外,转换速度还与转换器的位数有关,一般位数少的(转换精度差)转换器转换速度高。目前常用的 A/D 转换器转换位数有 8 位、10 位、12 位、14 位、16 位等,其转换速度依转换原理和转换位数不同,一般在几微秒至几百毫秒之间。

由于转换器必须在采样间隔 T s 内完成一次转换工作,因此转换器能处理的最高信号频率就受到转换速度的限制。如 50 μs 内完成 10 位 A/D 转换的高速转换器,这样,其采样频率可高达 20 kHz。

2) D/A 转换

a. 工作原理

D/A 转换器将输入的数字量转换为模拟电压或电流信号输出,其基本要求是输出信号 A 与输入数字量 D 成正比,即

$$A = q \times D \tag{5-1}$$

式中，q 为量化当量，即数字量的二进制码最低有效位所对应的模拟信号幅值。

根据二进制计数方法，一个数字是由各位数码组合而成的，而每一位数码均有确定的权值，即

$$D = (2n-1)a_{n-1} + (2n-2)a_{n-2} + \cdots + 2^1 a_1 + 2^0 a_0 \qquad (5-2)$$

式中，a_i（$i = 0, 1, \cdots, n-1$）等于 0 或 1，表示二进制数的第 i 位。即二进制数可表示 a_{n-1}、a_{n-2}、a_1、a_0。

D/A 转换器的转换过程是把输入的二进制数中为 1 的每一位代码，按其位权的大小，转换成相应的模拟量，然后将各位转换以后的模拟量，经求和运算相加，其和便是与被转换数字量成正比的模拟量，从而实现数模转换。

D/A 转换器一般先通过 T 型电阻网络将数字信号转换为模拟电脉冲信号，从 D/A 转换器得到的输出电压值 V_o 是转换指令来到时刻的一次瞬时值，不断转换可得到各个不同时刻的瞬时值，这些瞬时值的集合对一个信号而言在时域仍是离散的，要将其恢复为原来的时域模拟信号，还必须通过保持电路进行波形复原。

保持电路在 D/A 转换器中相当于一个模拟存储器，其作用是在转换间隔的起始时刻接收 D/A 转换输出的模拟电压脉冲，并保持到下一转换间隔的开始（零阶保持器）。由图 5-9 可见，D/A 经保持器输出的信号实际由许多矩形脉冲组成，为了得到光滑的输出信号，还必须通过低通滤波器去除其中的高频噪声，从而恢复成模拟信号。

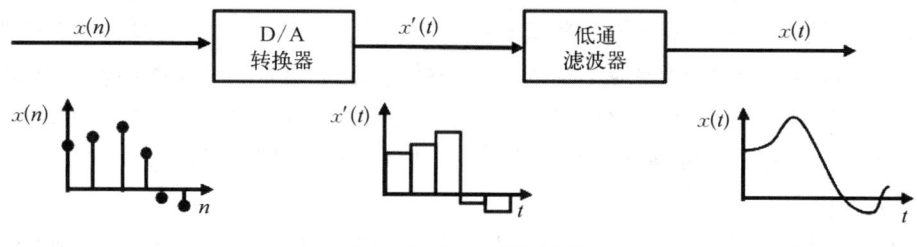

图 5-9 D/A 转换过程

对 D/A 转换器而言，当转换频率足够高，量化当量足够小时，可以相当精确地恢复原波形。

b. D/A 转换器的主要技术指标

a）分辨力

D/A 转换器的分辨力可用输入的二进制数码的位数来表示。位数越多，则分辨力也就越高。常用的有 8 位、10 位、12 位、16 位等。

b）转换精度

转换精度定义为实际输出与期望输出之比。以满量程的百分比或最大输出电压的百分比表示。理论上 D/A 转换器的最大误差为最低位的 1/2，10 位 D/A 转换器的分辨力为 1/1 024，约为 0.1%，它的精度为 0.05%。如果 10 位 D/A 转换器的满量程输出为 10 V，则它的最大输出误差为 10 V×0.000 5 = 5 mV。

c）转换速度

转换速度是指完成一次 D/A 转换所用的时间。转换时间越长，转换速度就越低。

3. 采样保持(S/H)

在对模拟信号进行 A/D 转换时,从启动转换到转换结束需要一定的时间,即 A/D 转换器的孔径时间。当输入信号频率较高时,由于孔径时间的存在,会造成较大的孔径误差。要防止这种误差的产生,必须在 A/D 转换开始时将信号电平保持不变,而在 A/D 转换结束后又能跟踪输入信号的变化,即对输入信号处于采样状态。能完成上述功能的器件称为采样保持器。图 5-10 给出了采样保持的波形。可见,采样保持器在保持阶段相当于一个"模拟信号存储器"。在 A/D 转换过程中,采样保持对保证 A/D 转换的精确度具有重要作用。

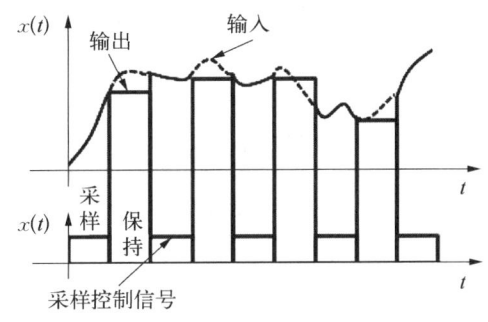

图 5-10 采样保持波形

采样保持电路的基本原理如图 5-11(a)所示,主要由保持电容 C、输入、输出缓冲放大器以及控制开关 S 组成。图中,两放大器均接成跟随器形式,采样期间开关闭合,输入跟随器的输出给电容器 C 快速充电;保持期间开关断开,由于输出缓冲放大器的输入阻抗极高,电容器上存储的电荷将基本维持不变,保持充电时的最终值供 A/D 转换。

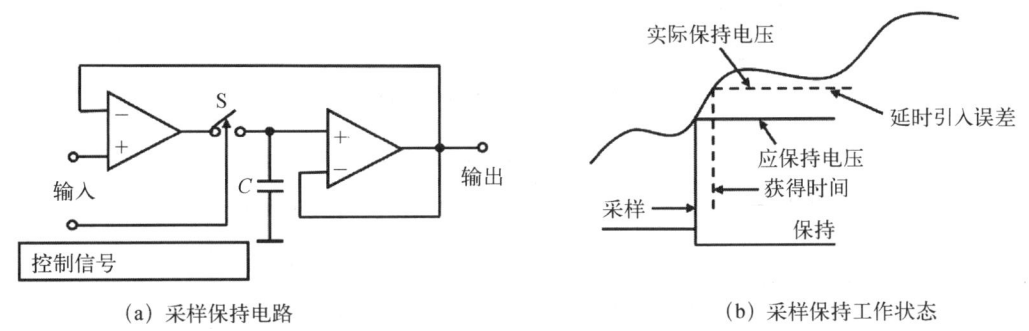

(a) 采样保持电路　　　　　　　　(b) 采样保持工作状态

图 5-11 采样保持原理

采样保持器工作状态由外部控制信号控制,由于开关状态的切换需要一定的时间,因此实际保持的信号电压会存在一定的误差,如图 5-11(b)所示。这种时间滞后称为采样保持器的孔径时间,显然,它必须远小于 A/D 的转换时间,同时也必须远小于信号的变化时间。

实际系统中,是否需要采样保持电路,取决于模拟信号的变化频率和 A/D 转换时间,通常对直流或缓变低频信号进行采样时可不用采样保持电路。

4. 多通道数据采集系统的组成方式

计算机的多通道模拟信号输入子系统,常称为多通道数据采集系统,按不同的要求主要有以下几种结构(图 5-12)。

图 5-12(a)所示的结构中,每通道具有独立的 S/H 电路和 A/D 转换器的数据采集系统。这种系统主要适用于高速数据采集,每个通道的采样速度都能达到 A/D 转换器的最大转换速度。采集后各通道被测信号是完整的,有利于分析同一时刻多路被测信号的

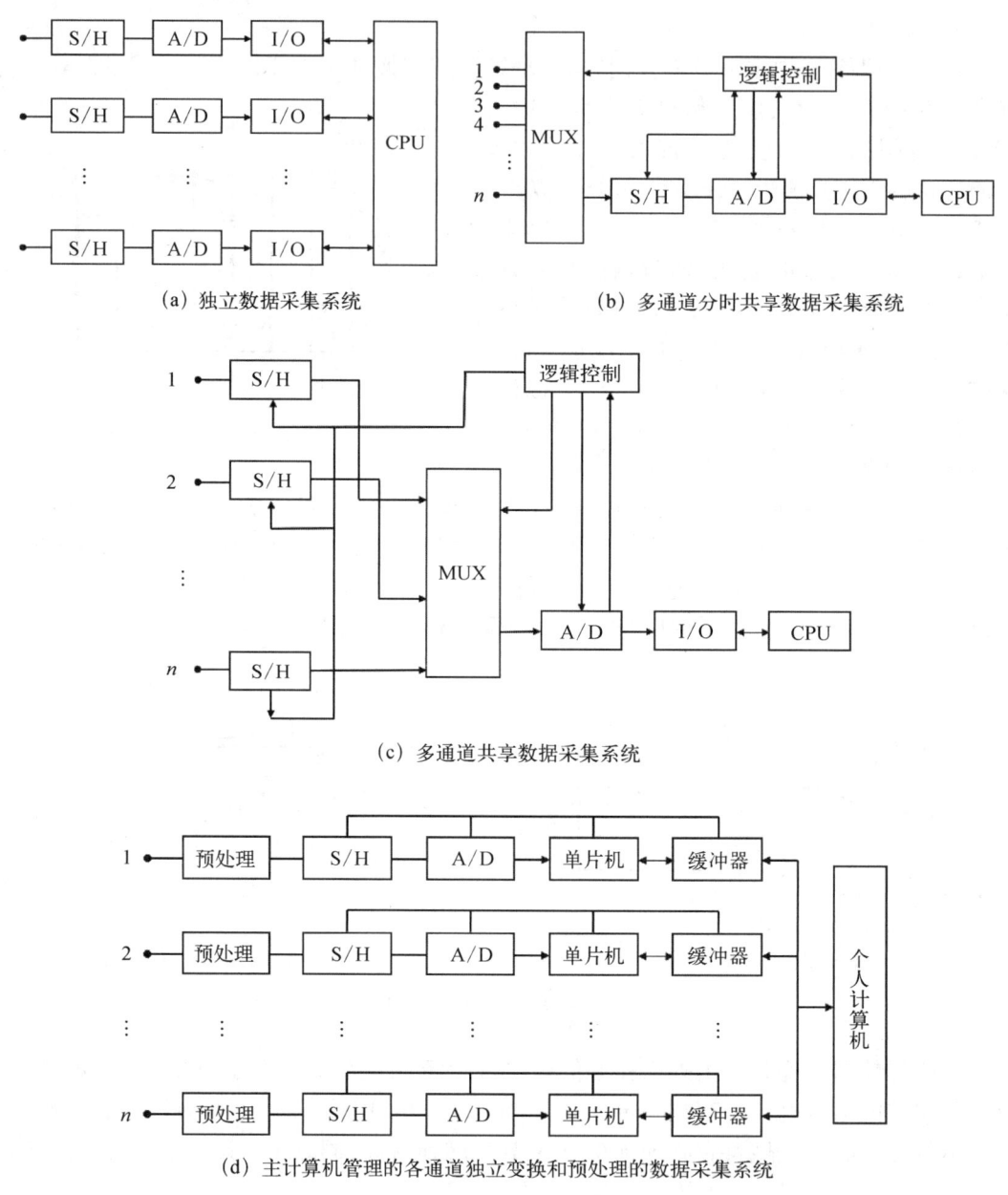

图 5-12 多通道数据采集系统的典型结构

相关关系。多通道分时共享 S/H 电路和 A/D 转换器的数据采集系统如图 5-12(b) 所示,这种系统较为常见,系统结构简单,使用芯片数量少,必要时还可增加多路模拟开关(MUX)来扩展通道数,常采用 n 个通道顺序工作的方式。这种系统一般采样速度不高,只适合测量变化缓慢的信号。而且,信号是通过多路模拟开关(MUX)轮流切换送入 S/H 电路和 A/D 转换器,所以被测信号是断续的,对实时测量必然引入误差。图 5-12(c) 所示为多通道共享 A/D 转换器的数据采集系统。这个结构中,每个通道有一个 S/H 电路,并受同一个信号控制,保证同一时刻采样各通道信号,有利于对各个通道的信号波形进行相关分析。图5-12(d)为主计算机管理的各通道独立变换和预处理的数据采集系统,这种系统的各通道都有S/H电路、A/D转换器和微处理器或单片机,具有很强的独立性。而且,每个通道都可按各自的测试要求选用S/H电路和A/D转换器芯片,并按各通道具体要求设置微处理机和信号预处理的程序,因此可以节省主计算机工作量,特别适合于智能化传感技术和远距离传输的要求。

现在发展的单片集成式数据采集系统,采用厚膜混合技术制造的多功能数据采集模块,把数据采集系统的各部分(如MUX、S/H、A/D、D/A等)全部集中在一个模块里,并与微机接口兼容,在此基础上发展的插卡式数据采集系统和模拟输入、输出插件板,功能强、用途广,极大地简化了系统的设计和结构。

5.2 测试总线技术

计算机系统通常采用总线结构,即构成计算机系统的CPU、存储器和I/O接口等部件之间都是通过总线互连[3]。总线的采用使得计算机系统的设计有了统一的标准可循,不同的开发厂商或开发人员只要依据相应的总线标准即可开发出通用的扩展模块,使得系统的模块化、积木化成为可能。本节主要介绍计算机测控系统中常用的几种总线的发展概况及其基本特点。

5.2.1 总线的基本概念

总线实际是连接多个功能部件或系统的一组公用信号线。根据总线上传输信息不同,计算机系统总线分为地址总线、数据总线以及控制总线。根据信息传送方式,总线可分为并行总线和串行总线。根据总线的位置和功能的不同,可分为芯片(间)总线、(系统)内总线、(系统间)外总线。

芯片总线,也称片级总线,用于同一块电路板上CPU与外围芯片间的互连。系统内总线,也称板级总线,通用微型计算机最常用的是PC总线,测试用系统总线有VXI、PXI、LXI、PC总线等。总线式智能测试仪就是采用该类总线将各模块相连。外总线也称外部总线,它用于微型计算机系统之间的通信网络,或用于微型计算机系统与电子仪器和其他设备的连接。这类总线并非微型计算机所特有,而是借用了工业的总线标准,如串行总线RS-232C、并行总线STD(standard data bus)总线等,测试用外总线主要有GPIB总线。

并行总线速度快,但成本高,不宜远距离通信,通常用作计算机测试仪器内部总线,如STD总线、ISA总线、CompactPCI总线、VXI总线等;串行总线速度较慢,但所需信号线少、成本低,特别适合远距离通信或系统间通信,构成分布式或远程测控网络,如RS-232C、RS422/485,以及近年来广泛采用的现场总线(field bus)。

总线的主要性能指标有位宽、工作频率和带宽等,具体如下。

(1) 总线位宽。总线位宽指总线能同时传输的数据位数,用位(bit)表示,如总线位宽为8位、16位、32位和64位。

(2) 总线工作频率。总线工作频率也称为总线的时钟频率,以MHz为单位。例如,

PCI 总线有 33.3 MHz、66.6 MHz 总线频率。

(3) 总线带宽。总线带宽指单位时间内总线上可传送的最大数据量,单位为 MB/s。它与总线位宽和总线工作频率有关,即总线带宽(MB/s)= 总线工作频率×总线位宽×每个总线周期的传输次数/8。由此可见,总线位宽越大,总线频率越高,则总线传输速率越快。例如,PCI 总线工作频率为 33.3 MHz,位宽 32 位,则总线带宽为 32 × 33.3/8 = 133.2(MB/s)。

目前,计算机系统中广泛采用的都是标准化的总线,具有很强的兼容性和扩展能力,有利于灵活组建系统。同时,总线的标准化,也促使总线接口电路的集成化,既简化了硬件设计,又提高了系统的可靠性。

总线标准化按不同层次的兼容水平,主要分为以下三种。

(1) 信号级兼容。对接口的输入、输出信号建立统一规范,包括输入和输出信号线的数量、各信号的定义、传递方式和传递速度、信号逻辑电平和波形、信号线的输入阻抗和驱动能力等。

(2) 命令级兼容。除了对接口的输入、输出信号建立统一规范外,对接口的命令系统也建立统一规范,包括命令的定义和功能、命令的编码格式等。

(3) 程序级兼容。在命令级兼容的基础上,对输入、输出数据的定义和编码格式也建立统一的规范。

不论在何种层次上兼容的总线,接口的机械结构都应建立统一规范,包括接插件的结构和几何尺寸、引脚定义和数量、插件板的结构和几何尺寸等。常见的信号级兼容的标准总线有 STD、ISA、VME、PXI 和 RS-232C 等,命令级兼容的总线有 GPIB(IEEE 488)等。

5.2.2 总线的通信方式

为了准确可靠地传递数据和系统之间能够协调工作,总线通信通常采用应答方式。应答通信要求通信双方在传递每一个(组)数据的过程中,通过接口的应答信号线彼此确认,在时间和控制方法上相互协调。图 5-13 给出了计算机测试系统中 CPU 与外设应答通信的原理框图。

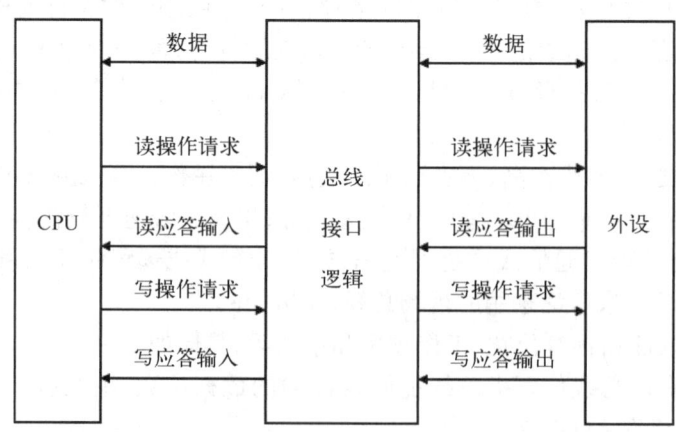

图 5-13 CPU 与外设应答式通信原理

图 5-13 中,CPU 作为主控模块请求与外设通信,它首先发出"读或写操作请求"信号。外设接收到 CPU 发出的请求信号后,根据 CPU 请求的操作,作好相应准备后发出相应应答信息输出给 CPU,如当 CPU 请求读取数据时,外设将数据送入数据总线,然后发出"数据准备好"信息至"读应答输出"信号线。当 CPU 请求输出(写入)数据给外设时,外设作好接收数据的准备后,发出"准备好接收"应答信息至"写应答输出"信号线。CPU 得到相应应答后,即可读入由外设输入的数据或将数据送出给外设。

上述这种由硬件连线实现的应答通信方式通常应用于并行总线,对于串行总线,硬件应答线不存在,此时就必须由软件根据规定的通信协议来实现应答信息的交互。

5.2.3 测控系统内部总线

1. STD/STD32 总线

STD 总线最早由 ProLog 公司于 1978 年提出,1987 年被批准为国际标准 IEEE-961。STD 总线主要应用于工业测控计算机,STD 总线的 16 位总线性能满足嵌入式和实时性应用要求,它的特点是具有丰富的工业 I/O OEM 模板、低成本、低功耗,特别是它的小板尺寸、垂直放置无源背板的直插式结构,使其在空间和功耗受到严格限制的、可靠性要求较高的工业自动化领域得到了广泛应用。1990 年公布 STD32 规范 1.0 版,并于 1996 年发展为 2.1 版。STD32 具有 32 位数据宽度,32 位寻址能力,是工业型的高端计算机。STD32 总线兼容 STD-80 规范,产品可以互操作。STD32 总线支持热插拔和多主系统,满足工业测控冗余设计要求。

2. ISA/PC104/AT96 总线

工业标准架构(industrial standard architecture, ISA)总线是 IBM 公司于 1984 年为推出 PC/AT 机而建立的系统总线标准,也称 AT 总线。它是对 IBM PC/XT 总线的扩展,以适应 8/16 位数据总线要求。ISA 总线面向特定 CPU,应用于 80X86 系列以及 Pentium CPU 的商用和个人计算机。

PC/104 总线电气规范与 ISA 总线兼容。1992 年 PC/104 总线联合会发布 PC/104 规范 1.0 版,1996 年公布 PC/104 规范 2.3 版。PC/104 总线采用层叠互连方式和 3.6 in×3.8 in(约 90 mm×96 mm)的小板结构,使其更适合在尺寸和空间受到限制的嵌入式环境中使用。为了兼容 PCI 总线技术,1997 年 PC/104 总线联合会推出了 PC/104-Plus 规范 1.0 版,在 PC/104 规范 2.3 版的基础上,通过增加另外的连接器,支持 PCI 局部总线规范 2.1 版。

AT96 总线欧洲卡标准(IEEE 996)由德国西门子(SIEMENS)公司于 1994 年发起制定,并在欧洲得到了推广应用。AT96 总线 = ISA 总线电气规范+96 芯针孔连接器(DIN IEC 41612C)+欧洲卡规范(IEC297/IEEE 1011.1)。AT96 总线工控机消除了模板之间的边缘金手指连接,具有抗强振动和冲击能力;其 16 位数据总线、24 位寻址能力、高可靠性和良好的可维护性,更适合在恶劣工业环境中应用。

3. VME/VXI 总线

VME 是 Versa Module Europe 的缩写,1986 年 VME 总线成为 IEC 标准(IEC 821),1987 年成为 IEEE 标准(IEEE 1011)。VME 总线采用高可靠的针式连接器,使得系统的可靠性比采用印刷板板边连接器的系统有极大的提高。VME 总线是一种非复用的 32 位异步总线。只要总线信号所表达的功能被确认有效后,信号就立即被激活。这样无论是快的还是慢的器件,新的或老的技术,都可用于 VME 总线,总线的速度自动与器件的速度相适配。这是其最大的优点。

VXI(VMEbus eXtension for Instrumentation)是 VME 总线在仪器领域的扩展,是在 VME 总线、Eurocard 标准(机械结构标准)和 IEEE488 等的基础上,由主要仪器制造商共同制定的开放性仪器总线标准。1993 年,VXI 规范被采纳为国际标准 IEEE 1155。

从 VXI 总线和 VME 总线工控机运行的操作系统可以看出,VXI 总线工控机制造商希望兼容主流计算机市场提供的丰富向廉价的应用软件开发工具包、外设和驱动软件,而 VME 总线只能利用 OS 制造商或第三方合作伙伴提供的专用开发环境和外设工作。

4. PCI/CompactPCI/PCI – E 总线

PCI(Peripheral Component Interconnect)局部总线由美国 Intel 公司提出,由 Intel 公司联合多家公司成立的 PCISIG(PCI Special Interest Group)制定。PCI 局部总线是微型机上的处理器/存储器与外围控制部件、外围附加卡之间的互连机构,它规定了互连机构的协议、电气、机械以及配置空间规范。在电气方面还专门定义了 5 V 和 3.3 V 的信号环境。特别是 PCI 局部总线规范的 2.1 版定义了 64 位总线扩展和 66 MHz 总线时钟的技术规范。

PCI 局部总线规范是当今微型机行业事实上的标准,也是业界微型机系统及产品普遍遵循的工业标准之一。PCI 局部总线不仅满足高、中、低档台式机的应用需要,而且适应于从移动计算到服务器整个领域的需要。PCI 局部总线的主要特点是如下。

(1)地址、数据多路复用的高性能 32 位或 64 位同步总线。总线引脚数目少,对于总线目标设备只有 47 根信号线,对主设备最多只有 49 根信号线。

(2)高性能和高带宽。PCI 局部总线支持触发工作方式,在 33 MHz 总线时钟、32 位数据通路时可达到峰值 133 MB/s 的带宽。在 66 MHz 总线时钟下,64 位数据通路时可达到峰值 533 MB/s 的带宽。

(3)通用性强,适用面广,PCI 局部总线独立于处理器。当今流行的 Intel 系列的处理器以及其他处理器系列,如 Alpha Axp 系列、PowerPC 系列、SPARC 系列以及下一代处理器都可以使用 PCI 局部总线。

PCI 局部总线的多主线总控能力允许 PCI 总线的主设备能对等地访问总线上的任何主设备或目标设备。PCI 的配置空间规范能保证全系统的自动配置,即插即用,PCI 的向前和向后的兼容性又使得现存的各种产品能平滑地向新标准过渡,保护了用户的利益。

CompactPCI 总线集成了 PCI 总线的电气规范、标准针孔连接器(IEC – 1076 – 4 – 101)以及欧洲卡规范(IEC297/IEEE1011.1),是一种新的工业计算机总线标准。CompactPCI 规范的 1.0 版于 1995 年由 PICMG(PCI Industrial Computer Manufacturers Group)提出,于 1997 年发展为 CompactPCI 规范 2.1 并制定了 CompactPCI 热插拔接口规范(CompactPCI Hot Swap Infrastructure Interface Specification)。设计 CompactPCI 的出发点在于,迅速利用 PCI 的优点,提供满足工业环境应用要求的高性能的核心系统,同时还能充分利用传统的总线产品,如 ISA、STD、VME 或 PC104 来扩充系统的 I/O 和其他功能。因此,CompactPCI 不是重新设计 PCI 规范,而是改造现行的 PCI 规范,使其成为无源底板总线式的系统结构。

例如,原 PCI 规范最多只能接纳 4 块附加的插卡,这对工业应用往往不够。CompactPCI 的基本系统设计成 8 块卡,并可通过 PCI-PCI 桥电路芯片进行扩展,同时,利用桥电路技术,也可将 CompactPCI 与别的总线组成混合系统。

CompactPCI 依附于 PCI 平台,在芯片、软件和开发工具方面可以得到大批量生产制造的 PC 机资源,有利于自身成本的降低。另外,为了利用最新的技术成果,CompactPCI 技术将进一步融合 USB 和 1394 技术,并通过 PCI-USB 和 PCI-1394 桥进行转换。

PCI-X 总线仍采用并行总线技术。PCI-X 总线使用的大多数总线事务基于 PCI 总线,但是在实现细节上略有不同。PCI-X 总线将工作频率提高到 533 MHz,并首先引入了 PME(power management event)机制。除此之外,PCI-X 总线还提出了许多新的特性。Split 总线事务是 PCI-X 总线的一个重要特性。该总线事务替代了 PCI 总线的 Delayed 数据传输方式,从而提高了 Non-Posted 总线事务的传输效率。PCI-X 总线改变了 PCI 总线使用的传送协议。目标设备可以将主设备发送的命令锁存,然后在下一个时钟周期进行译码操作。与 PCI 总线事务相比,PCI-X 总线采用的这种方式,虽然在总线时序中多使用了一个时钟周期,但是可以有效提高 PCI-X 总线的运行效率。PCI-X 总线还增加了一些其他特性,如在总线事务中增加传送字节技术,限制等待状态等机制,并增强了奇偶校验的管理方式。但 PCI-X 还没有得到普及,就被 PCIe(PCI express)总线替代了。

由于 PCI 总线在带宽、流量控制和数据传输质量等方面面临的挑战,从某种程度上来说并不能完全适应现代处理器系统的需要,而使用 PCIe 总线可以有效地解决这些问题。PCIe 总线使用高速差分总线,并采用端到端的连接方式,因此在每一条 PCIe 链路中只能连接两个设备。PCIe 还采用硬件逻辑实现了网络通信中的一些技术概念,如 PCIe 总线由包括事务层、数据链路层和物理层等若干层组成,支持多种数据路由方式,基于多通路的数据传送方式,和基于报文的数据传送方式,并充分考虑了在数据传送中出现的服务质量 QoS(quality of service)问题。PCIe V3.0 支持的最高总线频率为 4 GHz,远高于 PCI-X 总线提供的最高总线频率。

5. PXI 总线

PXI(PCI eXtension for Instrumentation)是 NI 公司于 1997 年 9 月发布的一种新的开放性、模块化仪器总线规范,是 PCI 总线在仪器领域的扩展。PXI 管脚的定义已在 PICMG 的仪器分会中注册,以确保与 CompactPCI 完全兼容,PXI 与 CompactPCI 模块可以在同一系统中共存而不发生冲突。

在当前工业自动化、数据采集和仪器领域的快速发展中,PXI 技术以其卓越的机械、电气和软件特性,成为提升系统性能的关键因素。PXI 在继承 CompactPCI 规范的基础上,通过引入更加坚固的结构设计,不仅保证了硬件的高机械完整性和便捷的安装与拆卸,而且针对工业环境中常见的挑战如振动、冲击、极端温度和湿度等,设定了更严格和细致的性能测试标准。此外,通过在 Compact-PCI 的机械规范中增加对测试环境和主动冷却系统的要求,PXI 不仅优化了系统集成流程,还确保了来自不同供应商的产品能够无缝协同工作,从而大大提高了工业应用中系统的可靠性和互操作性。

PXI 系统与 PC 100%兼容,将 Microsoft Windows 操作系统定义为其标准的系统级软件框架,熟悉台式 PC 的仪器系统开发商,花很少的时间和费用便可将他们的资源应用到更坚固的 PXI 系统中。另外,所有的 PXI 外设必须包括相应的设备驱动软件以降低最终用户的开发成本。

由于 PXI 总线的机械、电气、软件特性是采用成熟 PC 技术的直接结果,PXI 以容易承受的价格提供了其他昂贵测试平台(如 VXI)上高精度仪器才具有的同步、定时特性。此外,组合了主流 PCI 计算机技术和 Windows 软件及坚固的工业封装、功率、冷却及电磁兼容性(electromagnetic compatibility,EMC)的系统规范,新的 PXI 模块仪器在不牺牲测量精度或突破预算的情况下,提供高性能的测试、测量和数据采集。

6. LXI 总线

LXI 总线基于的工业标准以太网(Ethernet)技术,扩展了仪器需要的语言、命令、协议等内容,构成了一种适用于自动测试系统的新一代模块化仪器平台标准。为了满足和 PC 标准 I/O 的需求,几个测试与测量供应商开始将 LAN 和 USB 接口应用到所有新的电子仪器上且获得了业界的认可和广泛使用。LXI 标准将这一特点继续延伸,通过去除前面板、显示器和扩展卡部分为配置系统缩小了物理尺寸。它将提供高可靠性、低成本、灵活紧凑、性能优异的自动测试系统。

LXI 开放式接口标准由国际 LXI 联盟(LXI consortium)管理。该组织作为非营利组织主要负责开发、支持和推进 LXI 标准。LXI 模块带有处理器、电源、触发输入和以太网连接,模块尺寸为全宽或半宽 1U 或 2U 的标准机箱,信号输入和输出在 LXI 模块的前面,LAN 和供电输入则在模块的后面。LXI 模块由计算机控制,所以不需要传统台式仪器的显示、按键和旋钮。LXI 模块用标准网络浏览器查错,用 IVI-COM 驱动程序通信,从而使系统集成变得更加简单。LXI 测试和测量模块适用于设计验证和制造测试系统。价格比台式或 VXI 模块便宜并易于重新配置,可再用和可扩展,显示出 LXI 模块和系统具有很大的潜力。LAN 连通能力使模块能放置在世界任何地方,或从世界任何地方访问。概括起来 LXI 有 5 大特点。

(1) 开放式工业标准。LAN 和 AC 电源是业界最稳定和生命周期最长的开放式工业标准,也由于其开发成本低廉,使得各厂商很容易将现有的仪器产品移植到该 LAN—Based 仪器平台上来。

(2) 向后兼容性。因为 LAN-Based 模块只占 1/2 的标准机柜宽度,体积上比可扩展式(VXI,PXI)仪器更小。同时,升级现有的 ATS(Automatic Test Systems)无须重新配置,并允许扩展为大型卡式仪器(VXI,PXI)系统。

(3) 成本低廉。在满足军用和民用客户要求的同时,保有现存台式仪器的核心技术,结合最新科技,保证新的 LAN-Based 模块的成本低于相应的台式仪器和 VXI/PXI 仪器。

(4) 互操作性。作为合成仪器(Synthetic Instruments)模块,只需 30~40 种左右的通用模块即可解决军用客户的主要测试需求。如此相对较少的模块种类,可以高效且灵活地组合成面向目标服务的各种测试单元,从而彻底降低 ATS 系统的体积,提高系统的机动性和灵活性。

(5) 新技术及时方便地引入。由于这些模块具备完备的 I/O 定义文档(由军标定义),所以,模块和系统的升级仅需核实新技术是否涵盖其替代产品的全部功能。

5.2.4 测控系统外部总线

1. RS-232C 总线

RS-232C 是美国电子工业协会(Electronic Industry Association, EIA)制定的一种串行物理接口标准。RS-232C 总线标准设有 25 条信号线,包括一个主通道和一个辅助通道,在多数情况下,只选用有关的几根线连接,主要使用主通道,对于一般双工通信,仅需几条信号线就可实现,如一条发送线、一条接收线及一条地线。

RS-232C 标准规定的数据传输速率(波特率)为 50 b/s、75 b/s、100 b/s、150 b/s、300 b/s、600 b/s、1 200 b/s、2 400 b/s、4 800 b/s、9 600 b/s、19 200 b/s。RS-232C 标准规定,驱动器允许有 2 500 pF 的电容负载,通信距离将受此电容限制。

RS-232C 传输的信号电平对地对称,与 TTL、CMOS 逻辑电平完全不同,其逻辑 0 电平规定为 5~15 V,逻辑 1 电平规定为 -15~-5 V,因此,计算机系统采用 RS-232C 通信时需经过电平转换接口。此外,RS-232C 未规定标准的连接器,因而同样是 RS-232C 接口却可能互不兼容。

2. RS-449/RS-423A/RS-422A/RS-485 总线

1977 年 EIA 制定了电子工业标准接口 RS-449,并于 1980 年成为了美国标准。RS-449 是一种物理接口功能标准,其电气标准依据 RS-423A 或 RS-422A 以及 RS-485。RS-449 除了与 RS-232C 兼容外,还在提高传输速率、增加传输距离、改进电气性能等方面作了很大努力,并增加了 RS-232C 未用的测试功能,明确规定了标准连接器,解决了机械接口问题。

RS-423A 和 RS-422A 分别给出在 RS-449 应用中对电缆、驱动器和接收器的要求。RS-423A 给出非平衡信号差的规定,采用非平衡(单端)发送、差分接收接口;RS-422A 给出平衡信号差的规定,采用平衡(双端)驱动、差分接收接口。如图 5-14 所示。

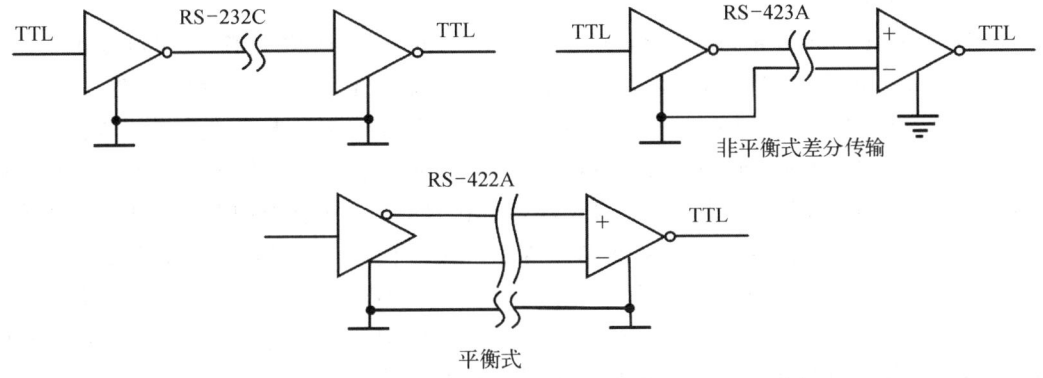

图 5-14 RS-232C、RS-423A、RS-422A 电气连接图

RS-485 是 RS-422A 的变型。RS-422A 为全双工,可同时发送与接收;RS-485 则为半双工,在某一时刻,只能有一个发送器工作。RS-485 是一种多发送器的电路标准,它扩展了 RS-422A 的性能,允许双导线上一个发送器驱动多达 32 个负载设备。负载设

备可以是被动发送器、接收器或收发器(发送器和接收器的组合)。RS-485 用于多点互连时非常方便,可以省掉许多信号线。应用 RS-485 可以非常方便地联网构成分布式测控系统。

3. GPIB 总线

GPIB(General Purpose Interface Bus)是计算机和仪器间的标准通信协议,它是最早的仪器总线,属于命令级兼容的并行总线接口标准。很多仪器都配置了遵循 IEEE488 的 GPIB 接口。

GPIB 通用接口总线最初由惠普(Hewlett-Packard)公司于 1965 年提出,并称之为 HP-IB。1975 年由 IEEE 接纳为 IEEE 4811-1975 标准并于 1978 年对之进行了修订公布为 IEEE 488 并行接口标准。1987 年,IEEE 发布 IEEE 488.2 并将原有标准改称为 IEEE 488.1,而 IEEE 488.2 在 IEEE 488.1 的基础上增加了通信协议和通用命令方面的新内容。1990 年,IEEE 488.2 进一步加入 SCPI(Standard Commands for Programmable Instrumentation)程控仪器标准命令,全面加强了 GPIB 接口总线在编码、格式、协议和命令方面的标准化。

典型 GPIB 测试系统包括一台计算机、一块 GPIB 接口卡和若干台 GPIB 仪器。每台 GPIB 仪器有单独的地址,由计算机控制操作。系统中的仪器可以增加、减少或更换,只需对计算机的控制软件作相应改动。

GPIB 按照位并行、字节串行双向异步方式传输信号,连接方式为总线方式,仪器设备直接并联于总线上而不需中介单元。在价格上,GPIB 仪器覆盖了从比较便宜的到异常昂贵的仪器。GPIB 总线上最多可连接 15 台设备。最大传输距离为 20 m,信号传输速度一般为 500 kB/s,最大传输速度为 1 MB/s,不适合于对系统速度要求较高的应用。为解决此缺陷,NI 公司于 1993 年提出了 HS 488 高速接口标准,将传输速度提高到了 8 MB/s。该标准与 IEEE 488.1 和 IEEE 488.2 兼容,具有 HS 488 接口的仪器可以与具有 IEEE 488.1/2 接口的仪器共同使用。

4. USB 总线

USB 总线(Universal Serial Bus)是由 Intel、Compaq、Digital、IBM、Microsoft、NEC、NorthernTelecom 七家世界著名的计算机和通信公司共同推出的串行接口标准。1995 年 11 月正式发布了 USB0.9 规范,1997 年开始有真正符合 USB 技术标准的外设出现。

USB1.1 主要应用在中低速外部设备上,它提供的传输速度有低速 1.5 Mb/s 和全速 12 Mb/s 两种。直到 1999 年 2 月,USB2.0 规范的出现,情况才有所改观。USB2.0 向下兼容 USB1.1,其速度可高达 480 Mb/s,支持多媒体应用。使用 USB 接口可以连接多个不同的设备,支持热插拔,在软件方面,为 USB 设计的驱动程序和应用软件可以自动启动,无需用户干预。USB 设备也不涉及中断冲突等问题,它单独使用自己的保留中断,不会同其他设备争用计算机有限的资源,为用户省去了硬件配置的烦恼。

USB 接口连接的方式也十分灵活,既可以使用串行连接,也可以使用 Hub,把多个设备连接在一起,再同 PC 机的 USB 口相接。在 USB 方式下,所有的外设都在机箱外连接,不必打开机箱,不必关闭主机电源。USB 采用"级联"方式,即每个 USB 设备用一个 USB 插头连接到一个外设的 USB 插座上,而其本身又提供一个 USB 插座供下一个 USB 外设连接用。通过这种类似"放射源"链式的连接，一个 USB 控制器理论上可以连接多达 127 个外设，而每个外设间距离（电缆长度）达 5 m。USB 还能智能识别 USB 链上外围设备的接入或拆卸，真正具备"即插即用"的功能。而且 USB 接口提供了内置电源，能向低压设备提供 5 V 的电源，从而降低了这些设备的成本并提高了性价比。

5. 现场总线

现场总线是一种工业数据总线，主要解决智能化仪表、控制器、执行机构等现场设备间的数字通信，以及这些现场控制设备和高级控制系统之间的信息传递问题。从 1984 年起，美国仪表学会（Instrument Society of America，ISA）开始制定关于现场总线的规范 ISA SP50，并于 1992 年完成了物理层标准的制定。在 1992~1993 年间，形成了关于现场总线标准制定的两大国际化组织。到 1994 年后期，两大组织合并成唯一的现场总线标准化组织：现场总线基金会（Fieldbus Foundation，FF）。

根据 FF 的定义：现场总线是连接智能现场设备和自动化系统的数字式、双向传输、多分支结构的通信网络。其技术特点有以下几个方面：

现场总线是用于过程自动化和制造自动化的现场设备或现场仪表互连的现场数字通信网络，利用数字信号代替模拟信号，其传输抗干扰性强，测量精度高，大大提高了系统的性能。现场总线网络是开放式互联网络，用户可以自由集成不同制造商的通信网络，通过网络对现场设备和功能块统一组态，把不同厂商的网络及设备有机地融合为一体，构成统一的现场总线控制系统（Fieldbus Control System，FCS）。

所有现场设备直接通过一对传输线（现场总线）互连，双向传输多个信号，可大大减少连线的数量，从而降低费用，易于维护。相比于设备控制系统（Device Control System，DCS），现场总线减少了专用的 I/O 装置及控制站，降低了成本，提高了可靠性。同时，增强了系统的自治性，系统控制功能更加分散，智能化的现场设备可以完成许多先进的功能，包括部分控制功能，促使简单的控制任务迁移到现场设备中来，使现场设备既有检测、变换功能，又有运算和控制功能，一机多用。这样既节约了成本，又使控制更加安全和可靠。FCS 废除了 DCS 的 I/O 单元和控制站，把 DCS 控制站的功能块分散到现场设备，实现了彻底的分散控制。

5.2.5 无线数据传输

无线传感器网络（Wireless Sensor Network，WSN）是一种新兴的科学技术网络，最早的研究从美国军方开始。无线传感器网络是由大量具有特定功能的传感器节点通过自组织的无线通信方式，相互传递信息，协同地完成特定功能的智能专用网络。它综合了传感器技术、嵌入式系统技术、网络技术、通信技术、分布式信息处理技术、微电子制造和软件编程等技术，可实时监测、感知和采集网络所监控区域内的各种环境或监测对象的信息，并对收集到的信息进行处理后传送给终端用户。无线传感器网络在工业、农业、交通、军事、安全、医疗、空间探测，以及家庭和办公环境等众多领域都有着广泛应用，其研究、开发和应用关系到国家安全、经济发展等许多重要方面。由于无线传感器网络具有广阔的应用前景和巨大的应用价值，近年来在国际上引起了广泛的关注，并投入了大量资金。例如,美国自然科学基金委员会在2003年就制定了无线传感器网络研究计划,并投资3 400万美元用于支持无线传感器网络方面的基础研究。国际上各机构组织对无线传感器网络及相关研究的高度重视,也大大促进了无线传感器网络的发展,使无线传感器网络在许多应用领域都开始发挥其独特的作用。

无线传感器网络是一种"智能"网络。与传统网络相比,无线传感器网络的主要特点如下。

(1) 传感器节点数目大,密度高,采用空间位置寻址。

在一个无线传感器网络中,为保证网络可用性和生存能力,可能有成千上万的节点,因而其节点密度高;且由于传感器节点数目大,网络中一般不支持任意两个节点之间的点对点通信,因而在进行数据的传输中采用空间位置寻址。

(2) 传感器节点的能量、计算能力和存储容量有限。

随着传感器节点的微型化,在设计中大部分节点的能量靠电池提供,其能量有限,而且由于条件限制,难以在使用过程中给节点补充能量或更换电池,所以传感器节点的能量限制是整个无线传感器网络设计的瓶颈,它直接决定了网络的工作寿命;另一方面,传感器节点的计算能力和存储能力都较低,使得其不能进行复杂的计算和数据存储。因而对于无线传感器网络的研究者们提出了挑战,必须设计简单有效的路由协议等,以适用于无线传感器网络。

(3) 无线传感器网络的拓扑结构易变化,具有自组织能力。

由于无线传感器网络中节点节能的需要,传感器节点可在工作和睡眠状态之间切换,传感器节点随时可能由于各种原因发生故障失效,或者可能为网络添加新的传感器节点,这些情况的发生都使得无线传感器网络的拓扑结构在使用中很容易发生变化。此外,如果节点具备移动能力,也必定会带来网络的拓扑变化。基于网络的拓扑结构易变化,无线传感器网络具有自组织、自配置的能力。

(4) 传感器节点具有数据融合能力。

在无线传感器网络中,由于传感器节点数目大,很多节点会采集到相同类型的数据,因而,通常要求其中的一些节点具有数据整合能力,能对来自多个传感器节点采集的数据进行融合,再送给信息处理中心。数据融合可以减少冗余数据,从而可以减少在传送数据进程中的能量消耗,延长网络的寿命。

与无线Mesh(网状)网络相比,无线传感器网络的业务量较小,无线Mesh网络业务量较大,主要是Internet业务(包括多媒体业务);无线传感器网络移动性较强,因而能源问题是无线传感器网络的主要问题,而无线Mesh网络是固定的,即使移动,其移动性也很小,所以可以直接由电网供电,故其节点能量不受限制。

无线传感器网络是无线自组织(Ad-hoc)网络的一种典型应用,其必然具有无线自组织特征,但与传统的Ad-hoc网络相比,又有一些不同之处。主要区别有以下几点:

(1) 在网络规模方面,无线传感器网络包含的节点数量比Ad-hoc网络高几个数量级;

(2) 在分布密度方面,无线传感器网络节点的分布密度很高;

(3) 由于能量限制和环境因素,无线传感器网络节点易损坏和出故障;

(4) 由于节点的移动和损坏,无线传感器网络的拓扑结构频繁变化;

(5) 在通信方式方面,无线传感器网络节点主要使用广播通信,而 Ad-hoc 节点采用点对点通信;

(6) 无线传感器网络节点的能量、计算能力和存储能力受限;

(7) 由于无线传感器网络节点数量的原因,无线传感器网络节点没有统一标识;

(8) 无线传感器网络以数据为中心。

通常情况下,无线传感器网络系统结构如图 5-15 所示。

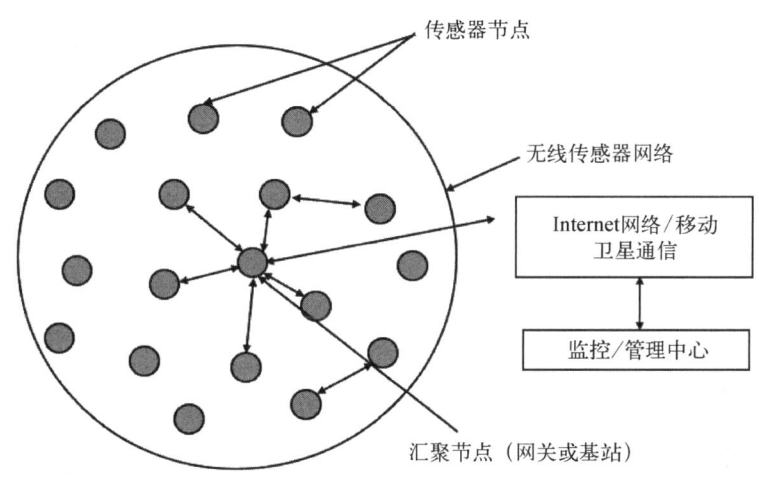

图 5-15 一个典型的无线传感器网络系统结构

具有射频功能的传感器节点分布于无线传感器网络的各个部分,负责对数据的感知和采集,并且通过无线传感器网络通信技术将数据发送至汇聚节点(网关或者基站)。汇聚节点与监控或管理中心通过公共网络等(如 Internet 网络/卫星通信网络等)进行通信,从而用户对收集到的数据进行处理分析,以便作出判断或者决策。

与其他网络(如 Internet 网络)一样,无线传感器网络分层网络通信协议包括物理层、数据链路层、网络层、传输层和应用层,其协议体系结构如图 5-16 所示。物理层负责对收集到的数据进行抽样量化,以及信号的调制、发送与接收,也就是进行比特流的传输;数据链路层主要负责数据成帧、帧检测、媒质接入控制以及差错控制来降低节点间的传输冲突;网络层主要完成数据的路由转发,实现传感器与传感器、传感器与信息接收中心间的通信;如果信息只是在无线传感器网络内部传递,则传输层可以不需要,但是从实际应用来看,无线传感器网络需要和外部的网络进行通信来传递数据,这时传输层将提供无线传感器网络内部以数据为基础的寻址方式,并将其变换为外部网络的寻址方式,也就是完成数据格式的转换功能;在应用层,根据用户不同需要采用不同的应用软件,就可实现无线传感器网络专门的应用目的。与蜂窝网、无线局域网等其他无线通信网络相比,无线传感器网络有上述显著特点。根据其特性并结合实际应用,无线传感器网络需要采用各种灵活的解决方案。比如,在物理层,可以采用低阶调制技术、超宽带无线通信技术、无线射频识别技术等;在媒质访问控制子层可以采用分布式接入控制算法、公平资源分配算法等;在网络层,针对不同应用需要,可采用各种节省能量的分布式路由算法和协议,以及数据融合的算法。由图 5-16 可见，在无线传感器网络协议体系结构中定义了跨层管理技术和应用支持技术，如能量管理、拓扑管理等。

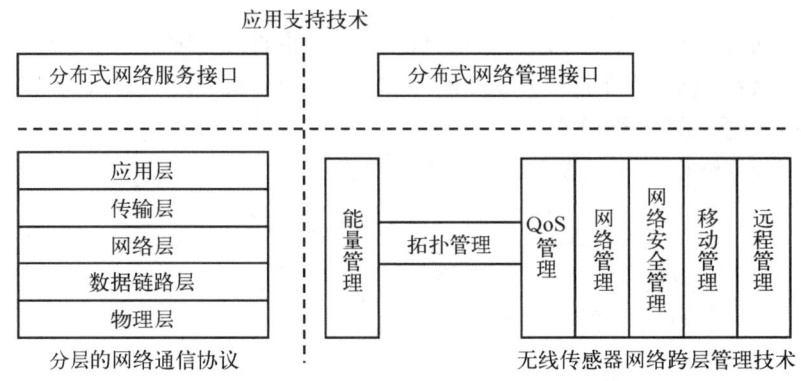

图 5-16　无线传感器网络协议体系结构图

以下是几种常用的无线传输标准。

1. 蓝牙

蓝牙(Bluetooth)是一种支持设备短距离通信(一般为 10 m 以内)的无线电技术。能在移动电话、掌上电脑、无线耳机、笔记本电脑、相关外设等设备之间进行无线信息交换。蓝牙分 24GHz M 频段、包技术、对点及点对多点通信和全球通用的 24GHz ISM 频段。与普通的无线通信技术相比，蓝牙具有以下特点。

(1) 使用方便灵活，低成本运行。蓝牙占用的频段属于工业和医疗的自频段，无须申请无线电波使用许可证，在使用中对频率资源的占用不产生费用，方便大范围推广。随着集成电路技术的不断发展，蓝牙芯片的生产成本可制在 3 美元左右。

(2) 高传输速率。蓝牙数据传输速率可达每条信道 721 kbps，在普通场合下，无线数据传输足以胜任。

(3) 超低功耗。通常蓝牙的硬件电路是 1 cm^3 的嵌入式微功率芯片，其功耗为兆瓦级，不超过 100 mW，满足传感器应用。

(4) 抗干扰能力强，保密性好。

蓝牙的实现依托硬件电路和软件程序，其技术体系包括应用层、中间层和底层。底层构成了支撑蓝牙技术的主要硬件，包括射频、基带单元和链路管理等底层硬件，如图 5-17 所示。

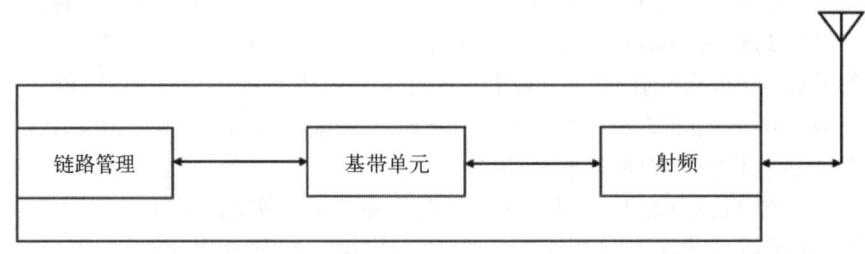

图 5-17　底层硬件

中间层构成了支撑蓝牙技术的软件,包括逻辑链路控制和适配协议(L2CAP)服务发现协议、串口仿真协议和通信协议等。

应用层对应各种应用"剖面"。每种应用剖面与 SIG 定义的蓝牙技术的基应用模型对应,通过定义"剖面",规范基本应用模型在使用时的功能和使用协议,使得不同厂家生产的蓝牙产品在同种应用中可以互通。目前一共定义了 13 个"剖面",包括文件传输、数据同步、局域网接入等。

2. ZigBee

ZigBee 技术的特点是近距离、低复杂度、自组织、低功耗、低成本,其可以在 2.4 GHz(全球流行)、868 MHz(欧洲流行)和 915 MHz(美国流行)频段工作,分别具有最高 250 kbps、20 kbps 和 40 kbps 的传输速率,其传输距离为 50~200 m,还可以继续增加。

ZigBee 网络由 3 种设备组成:协调器、路由器和传感节点。ZigBee 支持星型、树型和网状网络拓扑结构。在星型网络拓扑结构中,协调器负责网络设备的初始化和维护,传感节点直接与协调器通信,能提供路由消息、安全管理和其他服务;在树型和网状网络拓扑结构中,协调器负责建立网络和选定参数,并通过路由器扩展网络。

3. 无线接口技术

IEEE 802.11 标准是无线局域网标准,主要用于解决办公室局域网和校园网中用户与用户终端的无线接入问题,业务主要限于数据存取,其工作频率为 2.4~2.483 5 GHz。在开放性区域的通信距离可达 300 m,在封闭性区域的通信距离为 76~122 m。

5.3 虚拟仪器技术

5.3.1 概述

1. 虚拟仪器的概念

随着微电子技术、计算机技术、软件技术、通信技术、现代测量技术的发展,电子测量仪器在许多方面突破了传统仪器的概念,其功能和作用也发生了质的变化。在以计算机为平台的测控仪器中软件和总线的作用日渐突出,测试仪器的物理功能越来越多,计算功能越来越强。传统硬件化仪器越来越不能满足测试仪器日益强大的功能要求;同时被测对象的频率范围越来越宽,因此要求总线具有相应的高速数据传输能力和灵活的扩展性能;另外,面对各种各样复杂的测试要求,希望软件系统不仅能完成测试所需的功能,而且还要易于使用。在这个背景下,软件即仪器的时代到来了,这种全新的软件化仪器被称为虚拟仪器[4,5]。

"虚拟"仪器(virtual instruments,VI),是目前国内外测试技术界和仪器制造界十分关注的热门话题。虚拟仪器是一种概念性仪器,迄今为止,业界还没有一个明确的国际标准和定义。虚拟仪器实际上是一种基于计算机的自动化测试仪器系统,是现代计算机技术和仪器技术完美结合的产物,是当今计算机辅助测试(computer aided test,CAT)领域的一项重要技术。虚拟仪器利用加在计算机上的一组软件与仪器模块相连接,以计算机为核心,充分利用计算机强大的图形界面和数据处理能力提供对测量数据的分析和显示。

虚拟仪器技术的开发和应用的活跃源于1986年美国NI公司设计的LabVIEW,它是一种基于图形的开发、调试和运行程序的集成化环境,实现了虚拟仪器的概念。NI提出的"软件即仪器"(The software is the instrument)的口号,彻底打破了传统仪器只能由生产厂家定义,用户无法改变的模式,利用虚拟仪器,用户可以很方便地组建自己的自动测试系统。

2. 虚拟仪器的出现

电子测量仪器发展至今,大体分为四代:模拟仪器、数字化仪器、智能仪器和虚拟仪器。第一代模拟仪器,如指针式万用表、晶体管电压表等。其基本结构是电磁机械式的,借助指针来显示最终结果;第二代数字化仪器,这类仪器目前相当普及,如数字电压表、数字频率计等,这类仪器将模拟信号的测量转化为数字信号测量,并以数字方式输出最终结果;第三代智能仪器,这类仪器内置微处理器,既能进行自动测试又具有一定的数据处理能力,习惯上称为智能仪器,其功能块以硬件或固化的软件的形式存在;第四代虚拟仪器,虚拟仪器是由计算机硬件资源、模块化仪器硬件和用于数据分析、过程通信及图形用户界面的软件组成的测控系统;是一种由计算机操纵的模块化仪器系统。

虚拟仪器可广泛应用于电子测量、振动分析、声学分析、故障诊断、航天航空、军事工程、电力工程、机械工程、建筑工程、铁路交通、地质勘探、生物医疗、教学及科研等诸多方面和国民经济的各个领域。虚拟仪器的发展对科学技术的发展和国防、工业、农业的生产将产生重大的影响。

与传统仪器相比,虚拟仪器具有以下优点:

(1) 融合计算机强大的硬件资源,突破了传统仪器在数据处理、显示、存储等方面的限制,大大增强了传统仪器的功能;

(2) 利用了计算机丰富的软件资源,实现了部分仪器硬件的软件化,增加了系统灵活性,通过软件技术和相应数值算法,可以实时、直接地对测试数据进行各种分析与处理,同时,图形用户界面(GUI)技术使得虚拟仪器界面友好、人机交互方便;

(3) 基于计算机总线和模块化仪器总线硬件实现了模块化、系列化,提高了系统的可靠性和易维护性;

(4) 基于计算机网络技术和接口技术,具有方便、灵活的互联能力,广泛支持各种工业总线标准,因此,利用VI技术可方便地构建自动测试系统,实现测量、控制过程的智能化、网络化;

(5) 基于计算机的开放式标准体系结构,虚拟仪器的硬、软件都具有开放性、可重复使用及互换性等特点,用户可根据自己的需要,选用不同厂家的产品,使仪器系统的开发更为灵活、效率更高,缩短了系统组建时间。

3. 虚拟仪器的构成

虚拟仪器系统的结构和体系结构分别如图5-18、图5-19所示。

下面从硬件、软件两个方面介绍虚拟仪器的构建技术。

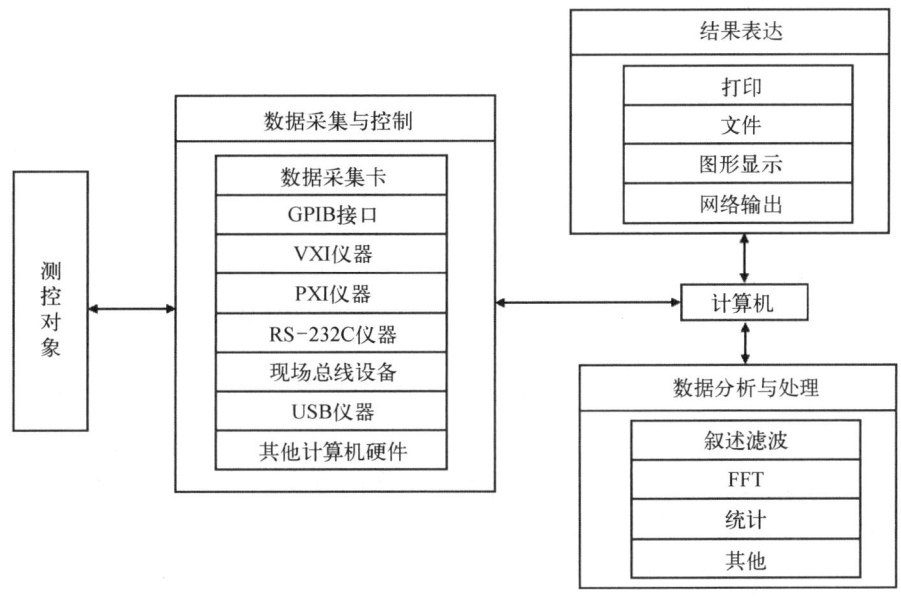

图 5-18 虚拟仪器结构

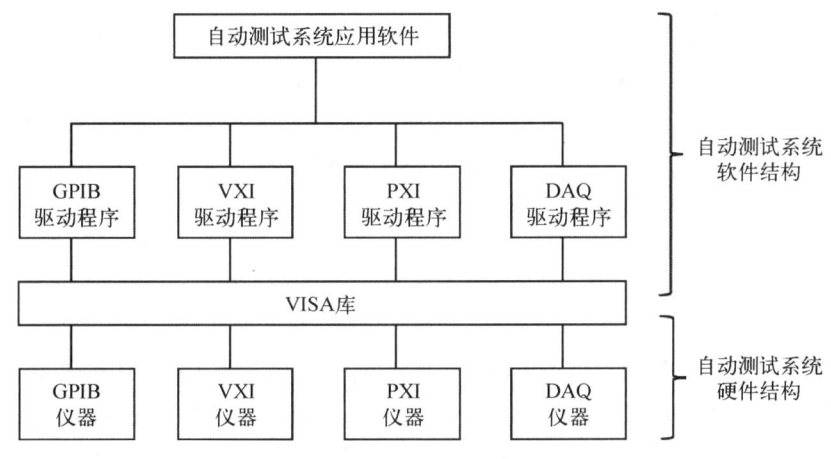

图 5-19 虚拟仪器体系结构

5.3.2 虚拟仪器的硬件系统

虚拟仪器的硬件系统一般分为计算机硬件平台和测控功能硬件。

1. 计算机硬件平台

计算机硬件平台可以是各种类型的计算机,如普通台式计算机、便携式计算机、工作站、嵌入式计算机等。计算机管理着虚拟仪器的硬、软件资源,是虚拟仪器的硬件基础。计算机技术在显示、存储能力、处理性能、网络、总线标准等方面的发展,导致了虚拟仪器系统的快速发展。

2. 测控功能硬件

虚拟仪器测控功能平台按照其硬件的不同可分为 GPIB、VXI、PXI、LXI 和 PC 插卡式等标准体系结构。其中前面几种仪器总线已在上节作了简要介绍,这里简要介绍 PC 插卡式虚拟仪器系统。

PC 插卡是基于计算机标准总线的内置(如 ISA、PCI、PC/104 等)或外置(如 USB、IEEE 1394 等)功能插卡,其核心主要是数据采集(Data AcQuisition,DAQ)卡。它更加充分地利用计算机的资源,大大增加了测试系统的灵活性和扩展性。利用 DAQ 可方便快速地组建基于计算机的仪器,实现"一机多型"和"一机多用"。在性能上,随着 A/D 转换技术、仪器放大技术、抗混叠滤波技术与信号调理技术的迅速发展,DAQ 的采样速率已达到 1 GHz,精度高达 24 位,通道数高达数十个,并能任意结合数字 I/O、模拟 I/O、计数器/定时器等通道。

仪器厂家生产了大量的 DAQ 功能模块可供用户选择,如示波器、数字万用表、串行数据分析仪、动态信号分析仪、任意波形发生器等。在 PC 计算机上插接若干 DAQ 功能模块,配合相应的软件,就可以构成一台具有若干功能的 PC 仪器("个人仪器")。PC 仪器既具有高档仪器的测量品质,又能满足测量需求的多样性。对大多数用户来说,这种方案既实用又具有很高的性能价格比。

5.3.3 虚拟仪器的软件系统

虚拟仪器技术的核心思想,就是利用计算机的硬/软件资源,使本来需要硬件实现的技术软件化(虚拟化),以便最大限度地降低系统成本,增强系统的功能与灵活性。基于软件在 VI 系统中的重要作用,NI 提出了"软件即仪器"的口号。VPP 系统联盟(VXI Plug&Play Systems Alliance)提出了系统框架、驱动程序、VISA(Virtual Instrumentation Software Architecture)、软面板、部件知识库等一系列 VPP 软件标准,推动了虚拟仪器软件标准化的进程。

虚拟仪器的软件框架从底层到顶层,包括三部分:VISA 库、仪器驱动程序、应用软件。

(1) VISA 虚拟仪器软件体系结构,实质就是标准的 I/O 函数库及其相关规范的总称。一般称这个 I/O 函数库为 VISA 库。它驻留于计算机系统之中执行仪器总线的特殊功能,是计算机与仪器之间的软件层连接,以实现对仪器的程控。它对于仪器驱动程序开发者来说是一个可调用的操作函数集。

(2) 仪器驱动程序是完成对某一特定仪器控制与通信的软件程序集。它是应用程序实现仪器控制的桥梁。每个仪器模块都有自己的仪器驱动程序,仪器厂商以源码的形式提供给用户。

(3) 应用软件建立在仪器驱动程序之上,直接面对操作用户,通过提供直观友好的测控操作界面、丰富的数据分析与处理功能,来完成自动测试任务。

对于虚拟仪器应用软件的编写,大致可分为以下两种方式。

(1) 用通用代码式编程软件进行编写。主要有 Microsoft 公司的 Visual Basic 与 Visual C++、Borland 公司的 Delphi、Sybase 公司的 PowerBuilder 等。

(2) 用专业图形化编程软件进行开发。如 HP 公司的 VEE、NI 公司的 LabVIEW 等软件。

当前比较流行的编程环境是 LabVIEW 和 Lab Windows/CVI，都是美国 NI 公司推出的面向计算机测控领域虚拟仪器的软件开发平台，介绍如下。

1. LabVIEW

LabVIEW（Laboratory Virtual Instrumentation Engineering Workbench，实验室虚拟仪器集成环境）是一种图形化编程语言，是 NI 公司的软件产品，是目前应用较广、功能较强的图形化软件集成开发环境。LabVIEW 用图标代码代替编程语言创建应用程序，用数据流编程方法描述程序的执行，用图标和连线代替文本形式编写程序，为虚拟仪器设计者提供了便捷的设计环境。设计者可以轻松组建一个测试系统以及构造自己的仪器面板，无需进行任何繁琐的程序代码编写。LabVIEW 作为一种强大的虚拟仪器开发平台，广泛地被工业界、学术界和研究实验室所接受。LabVIEW 可生成独立的可执行文件，使用户的数据采集、测试和测量方案得以高速运行。

LabVIEW 集成了与 GPIB、VXI、RS－232C 和数据采集卡通信的全部功能，并且还内置了用于 TCP/IP、ActiveX 等软件标准的库函数。在这种通用程序设计系统中，提供的应用程序多达数百种，除具备其他语言所提供的常规函数功能和上述的生成图形界面的大量模板外，内部还包括许多特殊的功能库函数和开发工具库以及多种硬件设备驱动功能：从底层的 I/O 接口控制子程序到大量的仪器驱动程序，基本的数学函数、字符串处理函数到高级分析库函数，对 TCP/IP 协议、ActiveX 标准控件的支持到具有硬件底层通信驱动以及调用其他语言的代码级模块等，这些都可以供用户直接调用，以完成复杂的面向仪器编程和进行诸如小波变换和联合时频分析、数字图像处理等的测试与分析。

LabVIEW 支持 Windows、Macintosh 等操作系统平台，并可把在不同平台上开发的应用程序直接进行移植，提供了大量的通过 DLL（动态链接库）、DDE（动态数据交互）等与外部代码或软件进行连接的机制，扩展了 ActiveX 技术应用，并可以与 Mathworks 公司的 MATLAB 及 NI 公司的数学和分析软件进行无缝集成。

2. LabWindows/CVI

NI 公司的 LabWindows/CVI 是一个用于测试和测量的 ANSI C 开发环境。使用 LabWindows/CVI 来开发高性能的、可靠的应用程序，可用于测试、航天、通信、设计验证和汽车工业等领域。开发人员可以在设计阶段利用 LabWindows/CVI 的硬件配置助手、综合调试工具以及交互式执行功能，来运行各项功能，使得这些领域的开发流水线化。通过内置的函数库，可以迅速地开发出复杂的应用程序，例如，多线程编程和 ActiveX 的服务器/客户端程序。由于 LabWindows/CVI 的便利性，可以在相似环境中重复使用以前的代码来维护代码投资，并且实现 Windows、Linux 或实时平台上分布测试系统的无缝集成。

LabWindows/CVI 是为 C 语言程序员提供的软件开发系统，在其交互式开发环境中编写的程序必须符合标准 C 语言规范。使用 Lab Windows/CVI 可以完成如下工作：① 交互式的程序开发；② 具有功能强大的函数库，用来创建数据采集和仪器控制的应用程序；③ 充分利用完备的软件工具进行数据采集、分析和显示；④ 利用向导开发 IVI 仪器驱动程序和创建 ActiveX 服务器；⑤ 为其他程序开发 C 目标模块、动态链接库和 C 语言库。

5.4 多传感器信息融合

5.4.1 信息融合基本原理

多传感器智能化技术迅速发展,已成为改善传感器系统性能的最有效的手段[6,7]。多传感器智能化技术包括以下两大方面。

其一,将多个传感器与计算机(或微处理器)组建智能化多传感器系统;其深刻内涵是提高某点位置处(单点)某一个参量(单参量) x_1 的测量准确度,而不是一般意义的多点多参量测量系统。

其二,将多个传感器获得多个信息的数据进行融合处理,实现某种改善传感器性能的智能化功能,在抑制交叉敏感改善传感器稳定性的同时,系统的线性度也得到改善。

多传感器技术改善传感器系统性能的基本方法有二:模型法和冗余法。

1. 模型法

以消除干扰量交叉敏感的影响为例,模型法的基本思路是:当以改善传感器稳定性,测量参量为 x_1 的传感器存在干扰量 x_2 时,若欲消除干扰量 x_2 的影响,则需监测该干扰参量 x_2,从而建立测量参量 x_1 与 x_2 的多(或者 2 个)传感器系统;若欲消除 n 个干扰量的影响,则需建立测量 $n+1$ 个参量的多($n+1$ 个)传感器系统。基于模型法改善稳定性,消除两个干扰量影响的三传感器—智能传感器系统框图如图 5-20 所示。

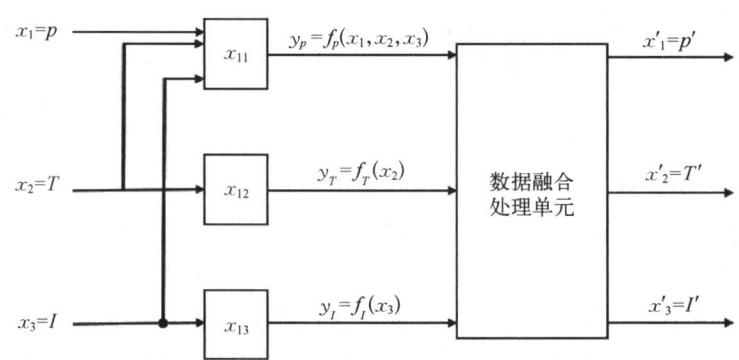

图 5-20 基于模型法的三传感器—智能传感器系统

(1) 传感器单元。x_1 为主传感器及其调理电路单元。设其目标参量为压力 $x_1 = p$。x_2、x_3 分别为辅传感器及其调理电路单元,它们的目标参量分别是温度 $x_2 = T$ 与电流 $x_3 = I$,这些参量是主传感器的干扰量。每个传感器的输出分别为:

(1) 主传感器(压力) $y_p = f_p(x_1, x_2, x_3) = f_p(p, T, I)$ 是三元函数模型;
(2) 辅传感器(温度) $y_T = f_T(x_1, x_2, x_3) = f_T(T)$,可用一元函数模型近似;
(3) 辅传感器(电流) $y_I = f_I(x_1, x_2, x_3) = f_I(I)$,可用一元函数模型近似。

图 5-20 中的多传感器-智能传感器系统,是为消除 $n = 2$ 个干扰量(温度 T、电流 I)改善压力传感器 $x_1 = p$(压力)而建立的($m = 3$)三传感器-智能传感器系统。系统中传感器的总数:

$$m = n + 1 \tag{5-3}$$

式中，n 为欲消除的干扰量数。

（2）数据融合处理单元：图 5-20 中的数据融合处理单元是存入计算机内进行数据融合的智能化软件模块。该模块实现由 $m = 3$ 个传感器输出的数据 y_P、y_T、y_I，求目标参量 $x_1 = p$ 某种融合算法。根据已建立的逆模型：

$$x_1 = p = g(y_P, y_T, y_I) \tag{5-4}$$

计算被测目标参量，其计算所得的值 $p' = x_1'$ 消除了干扰量 T 与 I 的影响，更接实际值 p。不仅如此，模型法在消除交叉敏感提高传感器系统稳定性的同时，也进行了非线性校正，系统的线性度也得到改善。

2. 冗余法

采用冗余法消除干扰量影响，改善传感器稳定性的基本思路是：不去监测主测参量为 x_1 的传感器的干扰量，不去探究干扰量对主测参量 x_1 传感器的影响规律，而是采用与主测参量 x_1 同类的多个（至少 3 个）传感器建立测量主测参量 x_1 的多传感器系统。基于冗余法消除传感器漂移改善稳定性的多传感器-智能传感器系统框图如图 5-21 所示。

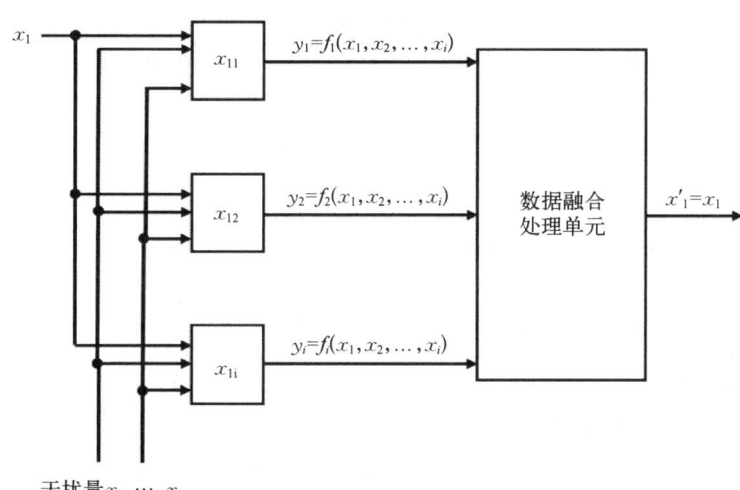

图 5-21 基于冗余法的多传感器-智能传感器系统框图

（1）传感器单元均为主测同一参量 x_1 的传感器，它们的输出均受干扰量 $x_2, \cdots, x_i$ 的影响，每个传感器的输出分别为：

传感器 x_{11} $y_1 = f_1(x_1, x_2, \cdots x_i)$
传感器 x_{12} $y_2 = f_2(x_1, x_2, \cdots x_i)$
……
传感器 x_{1i} $y_i = f_i(x_1, x_2, \cdots x_i)$
传感器数量 $i \geqslant 3$

（2）数据融合处理单元。图 5-21 中的数据融合处理单元是在计算机中进行数据融合处理的智能化软件模块，为消除传感器性能漂移、提高稳定性而采用多传感器数据主元分析融合算法。

5.4.2 多传感器信息融合结构模型

1. PCA 模型

主成分分析(principal component analysis, PCA)可以达到的主要目的是使数据降维,将原数据进行转换,获得少数几个新变量,这些新变量为原变量的线性组合,同时,这些变量要尽可能多地表征原变量的数据特征而不丢失信息。PCA 已在实现数据的简化和压缩、建模、奇异值检测、特征变量的提取与选择、分类和预报等广大领域获得了成功应用。PCA 的操作涉及多维空间中的投影概念。不失一般性,为说明简单起见,这里以二维空间中的主成分分析为例来说明 PCA 的算法思想。假定在二维空间中有一组测试点 (y_{1i}, y_{2i}) ($i=1, 2, \cdots, m$),如图 5-22 所示。

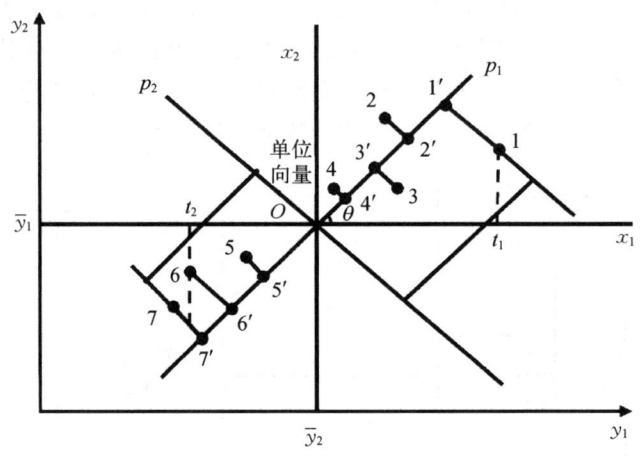

图 5-22 二维空间中的 PCA 示意图

如果将二维数据降至一维数据,也就是将二维空间的点投影到一维空间的一条线上,在没有任何约束条件的情况下,其投影的方向有无穷多个,这是没有意义的。PCA 操作采用如下约束条件:在一维空间中的这条直线必须包含原数据的最大方差,即沿着这条直线使原数据的方差达到最大,图 5-22 中点 i ($i=1, 2, \cdots, 7$) 向直线 p_1 投影为点 i' ($i'=1, 2, \cdots, 7$),这些点的重心为 O,其分布可用它们到中心点 O 的距离的平方和表示。原数据点的距离分布为

$$S_2 = |O_1|^2 + |O_2|^2 + \cdots + |O_7|^2 \tag{5-5}$$

如果用 p_1 上的投影表示,则

$$|O_i|^2 = |O_{i'}|^2 + |ii'|^2 \tag{5-6}$$

所以,

$$S_2 = |O_{1'}|^2 + |O_{2'}|^2 + \cdots + |O_{7'}|^2 + |11'|^2 + |22'|^2 + \cdots + |77'|^2 \tag{5-7}$$

PCA 选择投影直线 p_1 使式（5-7）中 S_2 的值最大。这条直线也正好是这些原数据点的最好拟合线，它使得所有的原始数据点到 p_1 直线上对应投影点垂直距离的平方和最小。

称 p_1 为主成分空间，图中箭头表示该空间中的单位向量，即载荷向量。如点 1 和点 7 在 p_1 空间中的投影点分别为 $1'$ 和 $7'$，它们在 p_1 空间中的坐标分别为 t_1 和 t_7，即在 p_1 空间中用载荷向量对投影点距重心点距离度量的得分。

上述例子中，使用一维新变量 p_1 表征二维的原数据 (y_{1i}, y_{2i}) $(i=1, 2, \cdots, m)$ 的结构特征，新变量包含了原数据中绝大部分的信息特征，称为第一主成分。还有部分剩余的信息没有被包含进来，可以使用与选取第一主成分相同的方法，再选出第二主成分来描述这剩余信息部分。第二主成分应在与第一主成分不相关的其余变量中能包含最大的方差。对于多维空间，依此类推，可以选出第三、第四等主成分。

其实，PCA 对原变量的变换得到的新变量就是原变量的线性组合，如图 5-22 所示。原坐标系的原点经过转换后，放到重心 O 处。根据几何规则，新变量可以由原数据以线性组合的形式表示：

$$\begin{bmatrix} p_1 \\ p_2 \end{bmatrix} = \begin{bmatrix} \cos\theta & \sin\theta \\ -\sin\theta & \cos\theta \end{bmatrix} \begin{bmatrix} x_1 \\ x_2 \end{bmatrix}$$

$$p_1 = ax_1 + bx_2 = x_1\cos\theta + x_2\sin\theta$$
$$p_2 = cx_1 + dx_2 = x_1(-\sin\theta) + x_2\cos\theta$$

(5-8)

$$x_{1i} = y_{1i} - \overline{y}_1$$
$$x_{2i} = y_{2i} - \overline{y}_2$$

(5-9)

式中，$a^2 + b^2 = 1$，$c^2 + d^2 = 1$；主成分 1 为

$$\begin{bmatrix} a \\ b \end{bmatrix} = \begin{bmatrix} \cos\theta \\ \sin\theta \end{bmatrix}$$

主成分 2 为

$$\begin{bmatrix} c \\ d \end{bmatrix} = \begin{bmatrix} -\sin\theta \\ \cos\theta \end{bmatrix}$$

将二维空间的 PCA 算法扩展到多维，就是常用的 PCA 算法。

2. PCA 算法

假设：

$$x = \begin{bmatrix} x_{11} & x_{12} & \cdots & x_{1m} \\ x_{21} & x_{22} & \cdots & x_{2m} \\ \vdots & \vdots & & \vdots \\ x_{n1} & x_{n2} & \cdots & x_{nm} \end{bmatrix}$$

是一个 $n \times m$ 的数据矩阵，其中每一列对应一个变量，每一行对应一个样本。例如，若一组

压阻式压力传感器标定数据,$m = 3$ 表示压力、温度和电流三个传感器,$n = 28$,表示共有 28 组样本。x 可以分解为 m 个向量的外积之和,即

$$x = t_1 p_1^T + t_2 p_2^T + \cdots + t_m p_m^T \tag{5-10}$$

式中,$t_i \in \mathbb{R}^n$ 为得分向量;$p_i \in \mathbb{R}^m$ 为载荷向量。x 的得分向量也称 x 的主成分。式(5-10)可以写成矩阵形式:

$$x = Tp^T \tag{5-11}$$

式中,$T = [t_1, t_2, \cdots, t_n]$ 为得分矩阵;$p = [p_1, p_2, \cdots, p_n]$ 为载荷矩阵。

各个得分向量之间是正交的,即对任何 i 和 j,当 $i \neq j$ 时,满足 $t_i^T t_j = 0$。各个载荷向量之间也是互相正交的,同时每个载荷向量的长度都为 1,即

$$\begin{aligned} p_i^T p_j &= 0, \ i \neq j \\ p_i^T p_j &= 1, \ i = j \end{aligned} \tag{5-12}$$

将式(5-10)两侧同时右乘 p_1,可以得到下式:

$$xp_1 = t_1 p_1^T p_1 + t_2 p_2^T p_1 + \cdots + t_i p_i^T p_1 + \cdots + t_m p_m^T p_1 \tag{5-13}$$

将式(5-12)代入式(5-13),可得

$$t_1 = xp_1 \tag{5-14}$$

式(5-14)说明,每一个得分向量实际上是数据矩阵 x 在这个得分向量 t_1 相对应的载荷向量方向 p_1 上的投影。向量 t_1 的长度反映了数据矩阵 x 在 p_1 方向上的覆盖程度。它的长度越大,x 在 p_1 方向上的覆盖程度或变化范围越大。如果将得分向量按其长度做以下排列:

$$\|t_1\| > \|t_2\| > \cdots > \|t_m\|$$

那么载荷向量 p_1 将代表数据 x 变化最大的方向。p_2 与 p_1 垂直并代表数据 x 变化的第二大方向,p_m 将代表数据 x 变化最小的方向。

当矩阵 x 中的变量间存在一定程度的线性相关时,数据 x 的变化将主要体现在最前面的几个载荷向量方向上,数据矩阵 x 在最后面的几个载荷向量上的投影将会很小,它们主要是由于测量噪声引起的。这样就可以将矩阵 x 进行主元分解后写成下式:

$$x = t_1 p_1^T + t_2 p_2^T + \cdots + t_k p_k^T + E \tag{5-15}$$

式中,E 指的是误差矩阵,代表 x 在 p_{k+1} 到 p_m 等载荷向量方向上的变化。很多实际应用中,k 往往要比 m 小得多。由于误差矩阵 E 主要是由于测量噪声引起的,所以将 E 忽略掉往往会起到清除测量噪声的效果,不会引起数据有用信息的明显损失。

5.4.3 多传感器信息融合过程

1. 采用融合技术的故障检测思想

传感器特性漂移表现为传感器性能不稳定,这种现象普遍存在。传感器性能不稳定

已成为实时在线监测系统的瓶颈。例如，在电力系统中，如果一个实时在线监测系统在一年中出现 1~2 次误报，那么这个监测系统将是不可信任而必须撤出的。因此，实时在线监测系统对其中的传感器的稳定性提出了更严格的要求，务必杜绝因传感器本身特性漂移而产生误报的现象。

冗余法是传感器故障诊断及漂移消除的一种有效方法。其基本思路是：不去探究引起传感器漂移的是哪种干扰量，以及干扰量对传感器漂移产生怎样的影响。监测一个参量本来只需要一个传感器，而冗余法则采用多个目标参量相同的传感器（至少三个）来监测同一个被测量，建立监测同一被测量的多传感器系统。需要对多路同种传感器的输出信号进一步进行数据融合处理，以识别并克服传感器的漂移。以下将介绍基于主成分分析融合算法的多传感器数据融合处理法在消除传感器漂移中的应用。

首先逐个建立传感器正模型来表达传感器正常工作时输入与输出的特征关系，它们对被测量的变化具有相互关联的响应特性。而在工作一定时间之后，当某个传感器输入输出特性发生漂移时，其输出测量值就会出现与该传感器模型正常输出不相符的现象，且与其他传感器的输出的关联性降低。利用已建立的传感器正模型对各传感器实际运行中的输出测量值进行分析，通过对分析结果进行评价从而判断各传感器是否正常工作。平方预报误差（squared prediction error, SPE）为评价传感器是否正常工作的统计量。

首先，计算平方预报误差。测得一组数据向量 $x = [x_1, x_2, \cdots x_m]$，其中 x_i 为第 i 个传感器的输出数据，则利用主元分析技术可获得向量 x 的近似值或估计值为

$$\hat{x} = tp_h^T = xp_hp_h^T = xC \tag{5-16}$$

式中，$C = p_hp_h^T$，$p_h = [p_1, p_2, \cdots, p_h]$，$h$ 为选定的主元个数；t 为 PCA 主元向量，且：

$$t = xp_h$$

真实值 x 和估计值 $\hat{x}$ 之差为

$$\Delta x = \hat{x} - x = x(I - C)$$

则平方预报误差 SPE 为

$$\mathrm{SPE}(x) = \|x\|^2 \tag{5-17}$$

SPE 统计量代表的是数据中没有被 PCA 模型所解释的变化，在正常情况下，SPE 的值比较小。当某个传感器发生故障时，该传感器输出与阵列中其他传感器输出之间的关联关系将发生改变。此时，由正常运行数据建立起来的 PCA 模型将产生很大的 SPE 值。由此可以指示出某传感器发生故障。利用各传感器对 SPE 的贡献量，可基本判定是哪个传感器发生了故障，一般认为贡献量最大的传感器发生了故障。

随后确定 SPE 控制限。当传感器发生漂移时，SPE 值会随着漂移值的增大而增大，根据这一特性，可用交叉假设法来确定 SPE 的控制限。设置控制限就是设置一个阈值，当漂移值达到设定的阈值时，系统发出故障报警或从传感器阵列中剔除故障传感器，以保证监测系统整体工作正常。

传感器阵列在正常情况下的输出数据矩阵 $x \in \mathbb{R}^{n \times m}$，其中，$n$ 为数据组数（或样本数），m 为传感器个数。x 的表达式如下：

$$x = [x_1, x_2, \cdots x_m]$$

式中，x_i 为第 i 个传感器的输出数据。

首先利用 x 建立主元分析模型，得到选取主元所对应的载荷矩阵 p_h，然后依次假设传感器 $1, 2, \cdots, m$ 发生漂移，漂移量为 $a\%$，则可得到 m 个数据矩阵 x_i，$(i = 1, 2, \cdots, m)$ 表达式如下：

$$x_i = [x_1, x_2, \cdots, x_{i-1}, x_i + a\% \times L, x_{i+1}, \cdots, x_m] \quad (5-18)$$

式中，L 为传感器的量程。

接着计算数据矩阵 x 的 SPE 值，则可得到 $n \times m$ 个 SPE 值，对这些 SPE 值求平均，得到的平均值可认为是传感器漂移 $a\%$ 时的 SPE 值的控制限。

2. 传感器故障检测方法

传感器故障检测主要分为以下两部分。

1）建立 PCA 传感器模型，以反映传感器的正常运行状况。

（1）在传感器的量程范围内，收集传感器在正常情况下的输出数据：

$$x = \begin{bmatrix} x_{11} & x_{12} & \cdots & x_{1m} \\ x_{21} & x_{22} & \cdots & x_{2m} \\ \vdots & \vdots & & \vdots \\ x_{n1} & x_{n2} & \cdots & x_{nm} \end{bmatrix}$$

式中，n 为样本数；m 为传感器个数。

（2）对 x 进行如下归一化处理，目的是消除由于不同量纲所造成的虚假变异影响：

$$x_i = [x - (1, 1, \cdots, 1)^T M] \, \mathrm{diag} \, \frac{\frac{1}{s_1}, \frac{1}{s_2}, \cdots, \frac{1}{s_m}}{\sqrt{n-1}} \quad (5-19)$$

式中，$M = [m_1, m_2, \cdots, m_m]$ 为变量 x 的均值；diag 为对角矩阵，对角元素为变量的标准差的倒数，即

$$\frac{1}{s_1}, \frac{1}{s_2}, \cdots, \frac{1}{s_m}$$

（3）对 x 进行奇异分解：

$$x_s = \sigma_1 u_1 v_1^T + \sigma_2 u_2 v_2^T + \cdots + \sigma_m u_m v_m^T \quad (5-20)$$

式中，$\sigma_i u_i$ 记为第 i 个主元的分向量 t_i；v_i 为 x 的第 i 个载荷向量。

计算 x 的特征值：

$$\lambda_j = \sigma_j^2, \ (j = 1, 2, \cdots, m) \quad (5-21)$$

计算解释度：

$$S = \frac{\sum_{j=1}^{h} \lambda_j}{\sum_{j=1}^{m} \lambda_j} \qquad (5-22)$$

（4）根据解释度大小确定主元个数。

（5）确定 SPE 的控制限。

2）利用 PCA 模型进行传感器故障检测。

（1）采集传感器阵列的当前输出数据 $x = [x_1, x_2, \cdots, x_m]$，其中 x_i 为第 i 个传感器的输出数据。利用已建立的 PCA 模型计算 x 的近似值（或称为估计值）：

$$\hat{x} = t p_h^T = x p_h p_h^T = xC \qquad (5-23)$$

式中，$C = p_h p_h^T$；$p_h = [p_1, p_2, \cdots p_h]$；$h$ 为选定的主元个数。

（2）计算实际采样值与估计值之差：

$$\Delta x = \hat{x} - x = x(C - I) = [\Delta x_1, \Delta x_2, \cdots, \Delta x_m] \qquad (5-24)$$

则 SPE 值为

$$\text{SPE}(x) = \|\Delta x\|^2$$

（3）比较当前 SPE 值与 SPE 值控制限，若 SPE 值大于 SPE 值控制限，则认为传感器阵列中有传感器发生故障。

（4）若当前 SPE 值超出了 SPE 值控制限，同时计算各传感器对 SPE 的贡献量［即比较式(5-24)中的 Δx_i 的绝对值的大小］，并认为其中贡献量最大的传感器发生了故障。

5.5 小　　结

本章围绕自动测试系统的构成、数字测试技术、测试总线技术、多传感器信息融合（包括基本原理、融合结构模型以及融合过程）展开论述。首先介绍了自动测试系统，自动测试系统（automatic test system，ATS）是指以计算机为核心，在程控指令的指挥下，能完成某种测试任务而组合起来的测量仪器和其他设备的有机整体。它将测试从信号检出、信号处理、数据分析与判断、结果显示、数据存储等各个环节有机集成，从而自动完成测试全过程，以构成自动测试系统。计算机系统通常采用总线结构，即构成计算机系统的 CPU、存储器和 I/O 接口等部件之间都是通过总线互连。总线的采用使得计算机系统的设计有了统一的标准可循，不同的开发厂商或开发人员只要依据相应的总线标准即可开发出通用的扩展模块，使得系统的模块化、积木化成为可能。

多传感器智能化技术迅速发展，已成为改善传感器系统性能的最有效的手段。多传感器智能化技术包括两大方面：其一，将多个传感器与计算机（或微处理器）组建智能化多传感器系统；其深刻内涵是提高某点位置处（单点）某一个参量（单参量）x_1 的测量准确度，而不是一般意义的多点多参量测量系统。其二，将多个传感器获得多个信息的数据进行融合处理,实现某种改善传感器性能的智能化功能,在抑制交叉敏感改善传感器稳定性的同时,系统的线性度也得到改善。多传感器技术改善传感器系统性能的基本方法包括模型法和冗余法。

思 考 题

5.1 自动测试系统由哪三大部分组成?
5.2 作为总线及技术指标,总线位宽、总线工作频率、总线带宽都有哪些特点?
5.3 简述虚拟仪器技术的概念。
5.4 多传感器智能化技术包括哪几部分?
5.5 简述模型法和冗余法的特点和区别。

参 考 文 献

[1] 徐立军. 自动测试原理与系统[M]. 北京:科学出版社,2022.
[2] 柳爱利,周绍磊. 自动测试技术[M]. 北京:电子工业出版社,2007.
[3] 孙增圻. 计算机控制理论及应用[M]. 北京:清华大学出版社,2008.
[4] 田涛. 过程计算机控制及先进控制策略的实现[M]. 北京:机械工业出版社,2006.
[5] 郝丽,赵伟. LabVIEW 虚拟仪器设计[M]. 北京:清华大学出版社,2021.
[6] 何友,王国宏,陆大䍆,等. 多传感器信息融合及应用[M]. 2版. 北京:电子工业出版社,2007.
[7] 孙力帆. 多传感器信息融合理论技术及应用[M]. 北京:中国原子能出版社,2019.